"十四五"职业教育国家规划教材

# 传感器技术及应用
# （第2版）

汤 平　邱秀玲　主　编

叶婧靖　　副主编

电子工业出版社

**Publishing House of Electronics Industry**

北京·BEIJING

## 内 容 简 介

传感器技术涉及的内容很多，本书选择在实践上有代表性的传感器及现代感知技术，如 RFID、生物识别和图像识别等作为对象，介绍其原理和应用。考虑到高职教学的认知规律，本书在编写过程中，本着"必需、够用"的原则，对传感器理论知识进行了简化，突出了传感器的应用，尽量使实践过程由易到难逐步递进。兼顾经典与现代传感器技术，突出实践，以项目化方式编写是本书的特点。

本书可作为高职高专电子信息工程技术、应用电子技术、物联网应用技术、人工智能技术、工业互联网技术、机电一体化技术及智能控制技术等专业的必修或选修教材；也可作为职业教育本科、应用型本科、学术型本科相关专业本科生教材；还可作为相关工程技术人员的参考书。

**图书在版编目（CIP）数据**

传感器技术及应用 / 汤平，邱秀玲主编． —2 版． —北京：电子工业出版社，2023.3

ISBN 978-7-121-44870-6

Ⅰ．①传… Ⅱ．①汤… ②邱… Ⅲ．①传感器－高等职业教育－教材 Ⅳ．①TP212

中国国家版本馆 CIP 数据核字（2023）第 014870 号

责任编辑：郭乃明　　　　　特约编辑：田学清

印　　刷：涿州市京南印刷厂

装　　订：涿州市京南印刷厂

出版发行：电子工业出版社

　　　　　北京市海淀区万寿路 173 信箱　　　邮编　100036

开　　本：787×1 092　1/16　　印张：18　　字数：495 千字

版　　次：2019 年 9 月第 1 版

　　　　　2023 年 3 月第 2 版

印　　次：2024 年 8 月第 7 次印刷

定　　价：57.00 元

# 前　言

自本书第 1 版出版以来，高等职业教育不断推陈出新，课程思政、"三教改革"、中国特色高水平高职学校和专业建设计划（简称"双高"计划）、职教本科等新概念和新政策不断出现；与此同时，传感器技术不断创新发展，新效应、新材料、新工艺、新器件、新应用不断出现。本书获评"十三五"职业教育国家规划教材后，在第 1 版的基础上，结合高等职业教育发展情况、传感器技术发展及应用情况进行适当修改，以体现校企合作双元编写模式；体现国家"双高"计划及现代学徒制试点的研究成果；体现传感器技术发展的新成果，并有机地融入了课程思政内容。

本次修订内容：新增传感器新技术、新成果的知识；新增课程思政内容；细心增删、修改、提炼原有内容；补充完善在线课程资源。

经过本次修订，本书有以下特点。

（1）传统传感器教材按传感器工作原理划分章节，本书按被测物理量的类型来划分项目，方便学生学习传感器的选型和应用。

（2）本书的编写采用项目化编写方法，将传感器技术和生产实际结合，将传感器技术融入项目中，通过项目实施带动知识和技能学习。

（3）本书以典型传感器为主，兼顾 RFID、生物识别、图像识别等现代感知技术的学习。

（4）在传感器综合应用部分，引导学生将传感器技术与其他课程（如单片机技术、模拟电子技术、仿真技术等）的知识相结合，引导学生将各学科知识融会贯通，解决较为复杂的传感器应用开发问题。

（5）本书的配套教学资源丰富，包括课件（PPT）、思政小视频（扫码观看）、课后练习、网络课程（智慧职教省级资源库课程《传感器技术及应用》https://www.icve.com.cn）等内容，方便广大师生选用。

本书第 2 版由重庆航天职业技术学院汤平、邱秀玲任主编，叶婧靖任副主编，汤平编写了项目一、六、八~十一，邱秀玲编写了项目二~五，叶婧靖编写了项目七，全书由邱秀玲负责统稿，由汤平审稿，邱秀玲主持在线课程建设。毛坤朋因工作关系不再参与本书的修订、编写工作，在此对他在编写本书第 1 版时的出色工作表示由衷感谢。

本书的编写得到了重庆航天火箭电子技术有限公司、重庆长安公司、重庆市松澜科技有限公司等企业的大力支持；引用了重庆川仪、上海天沐等国产传感器企业的技术资料；参考了许多相关文献与教材资料，在此向以上公司、企业相关人士，以及相关文献作者一并致以衷心感谢。

　　由于传感器技术涉及的学科众多且发展迅速，而作者学识有限，书中错误与缺点在所难免，恳请广大读者批评指正。

编　者

2022 年 3 月

# 目　　录

## 第三部分　现代感知技术及其应用

# 第四部分　传感器技术综合应用

# 第一部分

# 传感器基础知识

什么是传感器？传感器是一个专业术语，从字面理解，它有"感"和"传"的能力。传统传感器具有"感"（感知物理量变化）的能力，不具备"传"（传输）的能力；而现代智能传感器除了具有"感"和"传"的能力，还由于拥有了处理器和通信部件，具备了数据处理和通信的能力。本书的第一部分主要介绍传感器的概念、分类、应用、主要性能指标、选型和标定等基础知识。

# 项目一 认识传感器

## 项目目标

（1）知识目标：掌握传感器的主要性能指标与选型方法；理解传感器的概念；了解传感器的应用、分类、发展及标定。

（2）技能目标：能够根据传感器选型的基本原则、参数要求进行简单的传感器选型；了解传感器标定的知识。

（3）素质目标：培养学生谦虚好学的学习态度、认真细致的工作态度、严谨的工作作风、良好的职业习惯和创新思维能力。

## 项目知识

### 一、传感器的概念与应用

#### 1. 传感器基本概念

世界是由物质组成的，不同的物质具有不同的形态。表征物质特性及运动形式的参数很多，根据物质的电特性，可将这些参数分为电量和非电量两类。

电量：一般指物理学中的电学量，如电压、电流、电阻、电容及电感等。

非电量：指除电量之外的参数，如压强、流量、尺寸、位移、质量、力、速度、加速度、温度、浓度及酸碱度等。

人们为了从外界获得信息，必须借助感觉器官。人的感觉器官具有视觉、听觉、嗅觉、味觉、触觉等，可以直接感受周围事物的变化，人的大脑对感觉器官接收到的信息进行加工、处理，从而调节人的行为。人们在研究自然现象、规律及生产活动的过程中，有时要对某一事物的存在与否进行定性分析，有时要通过大量的测量实验对研究对象进行精确的定量分析，所以单靠人的自身感觉器官的功能是远远不够的，须借助某种仪器来完成，这种仪器就是传感器。传感器是人类"五官"的延伸，是信息采集系统中最重要的部件。

人们为了认识物质及事物的本质，对物质特性进行测量，其中大多数是对非电量的测量。非电量不能直接用一般的电工仪表和电子仪器进行测量，因为一般的电工仪表和电子仪器只能测量电量，要求输入的信号为电信号。测量时，我们一般先将非电量转化成与其有一定关系的电量，再进行测量，实现这种转换技术的仪器就是传感器。

传感器是获取自然或生产中信息的关键仪器，是现代信息系统和各种装备不可缺少的信息采集工具。

在国家标准 GB7665-2005 中，传感器（Transducer/Sensor）的定义为：能感受被测量并按照一定的规律转换成可用输出信号的器件或装置。

传感器通常由敏感元件、转换元件、测量电路和辅助电源四部分组成，如图 1.1 所示。在图 1.1 中，敏感元件能直接感受和响应被测量的变化，并输出与被测量成确定关系的某一物理量；转换元件将敏感元件输出的物理量转换成适于传输和测量的电信号；测量电路将转换元件输出的电信号进一步转换和处理，如放大、滤波、线性化、补偿等，以便获得更好的品质，便于后续电路实现显示、记录、处理及控制等功能；辅助电源为传感器中的元器件和电路提供工作能源。有的传感器须外加电源才能工作，如光敏电阻、半导体温度传感器等，而有的传感器不用外加电源就能工作，如压电式传感器、双金属片温度传感器等。

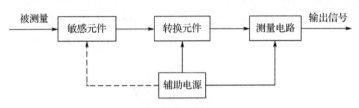

图 1.1　传感器的组成

被测量一般指非电量，如物理量、化学量、生物量等；可用输出信号一般指模拟量形式的电压、电流信号（连续量）和离散量形式的电平转换的开关信号、脉冲信号等。根据信息理论的相关知识，被测量应包括多种信息，如声音、图像、味觉、触觉、空间位置等。

随着科学技术的发展，传感器技术、通信技术和计算机技术成为现代信息产业的三大支柱，分别充当信息系统的"感官""神经""大脑"，构成了一个完整的自动检测系统。

在利用信息的过程中，首先要解决的问题就是如何获取可靠、准确的信息，而传感器精度的高低直接影响计算机控制系统的精度。没有性能优良的传感器，就没有现代控制技术的发展。

### 2. 传感器的应用

随着计算机、生产自动化、现代通信、军事、交通、环保、能源、物联网等科学技术的发展，对传感器的需求与日俱增。对传感器的应用已渗入国民经济的各个部门及人们的日常生活之中。可以说，从太空到海洋，从各种复杂的系统工程到人们日常的衣食住行，都离不开传感器。传感器技术及其应用对国民经济的发展起着巨大的作用。

1）传感器在工业检测和自动控制系统中的应用

在石油、化工、电力、钢铁、机械等行业中，传感器起着相当于人们感觉器官的作用，首先其每时每刻按需要完成对各种信息的检测，再把大量测得的信息传输给计算机进行处理，用以进行生产过程、产品质量、工艺管理与安全等方面的控制。图 1.2 所示为电子标签在家电生产工序追踪管理中的应用。

2）传感器在汽车中的应用

传感器在汽车中的应用已经不局限于对行驶速度、行驶距离、发动机转速及燃料剩余量等参数的测量，还应用于汽车安全气囊系统、防盗装置、防滑控制系统、防抱死装置、电子变速控制装置、排气循环装置及汽车"黑匣子"等设备中。

随着汽车电子技术、汽车安全技术和车联网技术的发展，语音控制、人工智能技术在汽车领域的应用更为广泛。图 1.3 所示为某型无人驾驶汽车，其采用了激光传感器、位置传感器、车载雷达等。

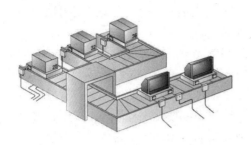

图 1.2　电子标签的应用　　　　　　图 1.3　无人驾驶汽车

3）传感器在家用电器中的应用

传感器已在现代家用电器中得到普遍应用，如电子炉灶、吸尘器及家庭影院等。图 1.4 所示为燃气监测记录仪。

图 1.4　燃气监测记录仪

随着物联网技术的发展，新研制的安防系统中也应用了传感器，如红外报警器、气体检测报警器、指纹门锁、虹膜识别、窗磁等部件中都应用了传感器。

4）传感器在机器人中的应用

在机器人开发过程中，让机器人能够"看""听""行""取"，甚至具有一定的智能分析能力，都离不开对各种传感器的应用。图 1.5（a）所示为欧姆龙并联机器人，其采用了工业相机进行图像识别，可以根据识别结果执行抓取等动作，还可以和人进行乒乓球比赛；图 1.5（b）所示为海尔扫地机器人，它采用了红外导航、灰尘自动识别、超声波测距防撞等传感器技术，可以用手机遥控，也可以自动充电。

思政小视频

微课：传感器应用-机器狗

（a）欧姆龙并联机器人　　　　　　　　（b）海尔扫地机器人

图 1.5　机器人应用

5) 传感器在医疗及人体医学上的应用

应用医用传感器可以对人体的表面和内部温度、血压及腔内压力、血液及呼吸系统流量、血液中特定物质的含量、脉波及心音、脑电波等进行高准确度的测量。图 1.6 所示为脑电波检测仪。此外，病人的监护、管理也采用了基于射频识别（Radio Frequency Identification，RFID）的跟踪技术。

6) 传感器在环境检测中的应用

为保护环境，改善人们的生活状态，利用传感器制成的各种环境监测仪器正在发挥着积极的作用。图 1.7 所示为空气质量变送器。

图 1.6　脑电波检测仪　　　　　　　　图 1.7　空气质量变送器

7) 传感器在航空航天中的应用

为了解飞机或火箭的飞行轨迹，并把它们控制在预定的轨道上运行，就要使用传感器进行速度、加速度和飞行距离的测量。要控制飞行器飞行的方向，就必须掌握它的飞行姿态，这可以使用红外水平线传感器、陀螺仪、阳光传感器、星光传感器及地磁传感器等进行测量。图 1.8（a）所示为光电分布式孔径系统——飞行员的"电子眼"，它利用布置在战机周身的多个光电式传感器，为飞行员提供球形视野。该系统采用分布式孔径技术，在机身外 6 个方向上布置了传感器，为飞行员提供全方位态势感知。

思政小视频

微课：科学巨人
钱学森

工作过程中，6 个传感器获取机身周边各个角度的战场原始图像，通过光纤总线传输至综合处理机，综合处理机对六通道图像进行同步检测，比照目标威胁库判定机型，形成目标数据集。同时，综合处理机对图像进行预处理、边缘融合拼接后，形成视觉可接受的全景红外图像，再传至飞行员头盔显示器。

我国航天人发扬"特别能吃苦，特别能战斗，特别能攻关，特别能奉献"的航天精神，取得了一系列伟大的成就。神舟系列飞船、天宫系列空间实验室是其中的代表作，也是传感器技术、自动控制技术的系统集成应用。图 1.8（b）所示为中国航天的标志性技术成果——神舟十一号成功对接天宫二号。

（a）光电分布式孔径系统——飞行员的"电子眼"　　　（b）神舟十一号与天宫二号对接成功

图 1.8　传感器在航空航天的应用

8）传感器在物联网中的应用

有学者预计：到 2045 年，连接到互联网的设备将会超过一千亿，构成一个庞大的物联网系统。这些设备包括移动设备、可穿戴设备、家用电器、医疗设备、工业探测器、监控摄像头、汽车，甚至服装等。它们所创造并分享的数据将会给我们的工作和生活带来一场新的信息革命。图 1.9 所示为传感器在智能家居中的应用。智能家居系统可包括智能家电控制、智能照明、安防控制、家庭影院、自动驾驶等子系统，集成了温度、湿度、光照、声音、指纹等传感器。

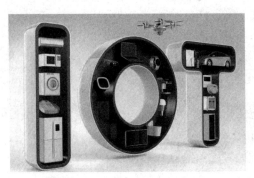

图 1.9　传感器在智能家居中的应用

## 二、传感器的分类与发展

### 1．传感器的分类

常见的传感器分类如表 1.1 所示。

表 1.1　常见的传感器分类

| 分　类　法 | 类　　别 | 说　　明 |
|---|---|---|
| 按工作效应分 | 物理型、化学型、生物型 | 以转换中的物理效应、化学效应等命名 |
| 按工作原理分 | 结构型 | 以其转换元件结构参数的变化实现信号转换 |
| | 物性型 | 以其转换元件物理特性变化实现信号转换 |
| 按能量关系分 | 能量转换型 | 传感器输出量直接由被测量能量转换而得 |
| | 能量控制型 | 传感器输出量的能量由外源供给，但大小受被测量控制 |
| 按作用原理分 | 应变式、电容式、压电式、热电式等 | 以传感器对信号转换的作用原理命名 |
| 按输入量分 | 位移、压力、温度、流量、气体等 | 以被测量命名（按用途分类） |
| 按输出量分 | 模拟式 | 输出量为模拟信号 |
| | 数字式 | 输出量为数字信号 |

传感器按照其工作效应，一般可分为物理型、化学型和生物型三大类；按输入量分类，一般可以分为温度、压力、流量、物位、加速度、速度、位移、力矩、湿度、黏度、浓度等传感器。传感器按工作效应分类，便于学习研究、把握本质与共性；按被测量分类，能很方便地表示传感器的功能，便于选用。

传感器又可分为结构型传感器和物性型传感器。物性型传感器是利用某些功能材料本身所具有的内在特性及效应感受被测量，并将其转换成电信号的传感器，这种传感器将敏感元件与转换元件合为一体，一次性完成"被测非电量→有用电量"的直接转换。结构型传感器是以结构为基础，利用某些物理规律来感受被测量，并将其转换成电信号的传感器，这种传感器通过转换元件，才能实现"被测非电量→有用非电量→有用电量"的间接转换。

按照敏感元件输出能量的来源又可以把传感器分成以下三类。

（1）自源型：此为仅含有转换元件的最简单、最基本的传感器类型。其特点是不需要外接能源，其转换元件具有从被测对象直接吸取能量，并将其转换成电量的电效应，但此类传感器输出能量较弱，如热电偶、压电元件、光电池等。

（2）带激励源型：此类传感器由转换元件和辅助能源构成。这里的辅助能源起激励作用，它可以是电源，也可以是磁源。如某些磁电式传感器、霍尔式传感器等电磁感应式传感器均属于这一类型，其特点是不需要转换（测量）电路即可有较大的电量输出。

（3）外源型：此类传感器由利用被测量实现阻抗变化的转换元件构成，必须由外部电源经过转换电路在转换元件上加入电压或电流，才能输出电量。这些转换电路又称"信号调理与转换电路"。常用的有电桥、放大器、振荡器、阻抗转换器和脉冲宽度调制电路等。

自源型传感器和带激励源型传感器由于其转换元件起着能量转换的作用，故也叫能量转换型传感器。能量转换型传感器涉及的物理效应有压电效应、磁致伸缩效应、热释电效应、光生伏特效应、光电放射效应、热电效应、光子滞后效应、热磁效应、热电磁效应及电离效应等。

外源型传感器又称能量控制型传感器，此类传感器涉及的物理效应有应变电阻效应、磁阻效应、热阻效应、光电阻效应、霍尔效应及阻抗（电阻、电容、电感）几何尺寸的控制等。

### 2．传感器技术的发展趋势

1）采用高新技术设计开发新型传感器

随着微电子机械系统（Micro Electro Mechanical System，MEMS）的高速发展，其逐渐成为新一代微传感器、微系统的核心技术，也是传感器技术领域中带有革命性变化的高新技术。

人们通过不断发现与利用新效应（如物理、化学反应和生物效应）发展新一代传感器，加速开发新型敏感材料。微电子、光电子、生物化学、信息处理等互相渗透和综合利用，催生出一批性能先进的传感器。例如，日本欧姆龙生产的 ZW-S7030 型位移传感器，分辨率为 0.016μm，线性度为±2.0μm；上海天沐生产的 NS-TH3 系列称重传感器，非线性误差≤± 0.05%，均能实现较高的测量精度。

空间技术、海洋开发、环境保护及地震预测等都要求检测技术满足研究宏观世界的要求。细胞生物学、遗传工程、医学及微加工技术等又希望检测技术的发展能跟上研究微观世界的步伐。这对传感器的研究、开发提出许多新的要求，其中重要的一点就是扩大检测范围，不断突破检测参数的极限。

2）传感器的微型化

各种控制仪器设备的功能越来越强大，要求各个部件的体积越小越好，因而传感器的体积也是越小越好。微传感器的特征之一就是体积小，其敏感元件的尺寸一般为微米级，是由微机械加工技术（包括光刻、腐蚀、淀积、键合和封装等）制作而成的。目前应用较为广泛的主要有微型压力传感器和微型加速度传感器等，它们的体积只有传统传感器的几十分之一乃至几百分之一，质量从千克级下降到克级。例如，美国 Entran 公司生产的量程为 2～500PSI （1PSI=6.89kPa）的微型压力传感器，直径仅为 1.27mm，可以放在较粗的人体血管中而不会对血液流通产生大的影响。

3）传感器的集成化

传感器的集成化包含三方面含义。一是将传感器与其后续电路（如放大电路、运算电路、温度补偿电路等）制成一个组件，实现集成化。与一般传感器相比，集成化的传感器具有体积小、反应快、抗干扰能力强、稳定性好等优点。二是将同一类传感器集成在同一芯片上，构成二维阵列式传感器，可用于测量物体的表面状况。三是指传感器能感知与转换两种及以上的物理量。例如，使用特殊的陶瓷把温度敏感元件和湿度敏感元件集成在一起，制成温度/湿度传感器；将检测几种不同气体的敏感元件用厚膜制造工艺集成在同一基片上，制成可同时检测多种气体的多功能传感器；在同一片硅片上集成应变计和温度敏感元件，制成可同时测量压力和温度的多功能传感器（该传感器还可以实现温度补偿）等。

4）传感器的智能化

随着现代科技的发展，传感器的功能已突破传统定义，其输出不再是单一的模拟信号，而是经过微处理器"加工"的数字信号，有的传感器甚至带有控制功能，这就是所谓的数字式传感器。随着计算机的飞速发展及单片机的日益普及，全世界进入数字时代，人们在处理被测信号时首先想到的是单片机或计算机。输出的信号可直接用于数字化处理的传感器就是数字式传感器。数字式传感器的特点如下。

①将模拟信号转换成数字信号输出，提高了传感器输出信号时的抗干扰能力，特别适用于电磁干扰强、信号传输距离远的工作场合。

②可通过软件对传感器进行线性修正及性能补偿，减少系统误差。

③一致性与互换性好。

图 1.10 所示为数字式传感器的结构框图。模拟传感器产生的信号经过放大、A/D 转换、线性化及量纲处理后变成纯粹的数字信号，该数字信号可根据要求以各种标准（如 RS-232、RS-422、RS-485、USB 等）传输至微处理器，可以线性、无漂移地再现模拟信号，按照给定程序去控制某个对象（如电动机）等。

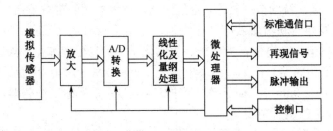

图 1.10　数字式传感器的结构框图

传感器与单片机或嵌入式系统结合，构成智能传感器，通过校准灵敏度和零点漂移、对输出信号进行线性化处理等方法提高传感器的精度；通过提供量程转换、状态识别、自动诊断、通信、显示功能增强传感器的功能。

此外，RFID 技术、生物识别技术和图像识别技术等自动识别技术的飞速发展及应用也极大地促进了传感器的智能化。

5）传感器的网络化

网络化传感器是一种新兴设备，其基本思想是基于模块化结构，采用标准的网络协议，将传感器和网络技术有机地结合起来。网络化传感器利用 TCP/IP 等通信协议，将现场测控数据就近输入网络，并与网络上有通信能力的节点直接进行通信，实现数据的实时发布和共享。随着传感器的自动化、智能化水平的提高，多个传感器联网的工作模式已逐渐推广开来，虚拟仪器、三维多媒体等新技术开始实用化，因此通过网络，传感器与用户可异地交换信息，厂商能直接与异地用户交流，及时完成传感器故障诊断、软件升级等工作，使传感器操作过程更加简单，功能更换和扩展更加方便。网络化传感器的结构如图 1.11 所示。

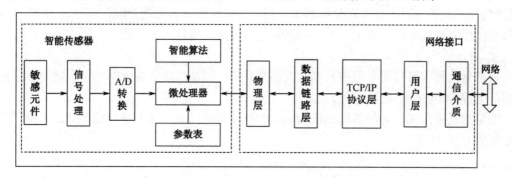

图 1.11  网络化传感器的结构

敏感元件输出的模拟信号经信号处理等步骤后，根据程序的设定和网络协议（TCP/IP）被封装成数据帧，并加入目的地址，通过网络接口传输到网络上。反过来，网络接口又能接收网络上其他节点传给自己的数据和命令，实现对本节点的操作，这样传感器就成为测控网中的一个独立节点，可以更加方便地在物联网中使用。

## 三、传感器的基本特性及性能指标

通常，各种检测场合要求传感器能感受被测非电量的变化，并能不失真地将其转换为相应的电量，转换的结果主要是由传感器的基本特性决定的。传感器的基本特性可以分为静态特性和动态特性。

### 1. 传感器的静态特性

静态特性是指被测量不随时间变化或随时间缓慢变化时传感器的输入与输出间的关系，静态特性主要研究非线性、滞后、重复、灵敏度、分辨力等性能指标。

1）传感器的静态数学模型

传感器的输入/输出关系或多或少地存在非线性问题，在不考虑迟滞、蠕变、不稳定性等因素的情况下，其静态特性可用下列多项式表示：

$$y = a_0 + a_1 x + a_2 x^2 + a_3 x^3 + \cdots + a_n x^n \qquad (1\text{-}1)$$

式中，$x$ 为输入量；$y$ 为输出量；$a_0$ 为零点输出；$a_1$ 为理论灵敏度；$a_2, a_3, \cdots, a_n$ 为非线性项系数，各项系数不同，它们共同决定了传感器的静态特性。在理想情况下，式（1-1）可以简化为

$$y = a_0 + a_1 x \qquad (1\text{-}2)$$

这样，可以简化对传感器特性的理论分析和计算，避免了非线性补偿计算，为传感器的标定和数据处理带来极大的便利，也能简化测量仪器的设计、安装、调试和维护，提高测量精度。

静态特性曲线可由实际测试获得，在非线性误差不太大的情况下，一般采用直线拟合的方法来实现线性化。显然，选定的拟合直线不同，计算所得的线性度也就不同。选择拟合直线应使非线性误差尽量小，且便于计算和使用。目前常用的拟合方法有理论直线法、端点线法、割线法和最小二乘法，其中最小二乘法的拟合精度最高，但计算烦琐，通常借助计算机

来完成计算。

2）传感器的静态性能指标

（1）测量范围与量程。每一种传感器都有其测量范围。如图 1.12 所示，传感器测量系统（或测量仪器）按规定的精度测量被测量，得到的最大值称为测量上限，用 $X_{\max}$ 表示；得到的最小值称为测量下限，用 $X_{\min}$ 表示；测量范围就是由测量下限与测量上限构成的测量区间 $[X_{\min}, X_{\max}]$。

传感器的量程可以使用测量范围的大小来表示，即量程就是传感器测量上限与下限的代数差：量程=测量上限-测量下限。

如果测量下限 $X_{\min}$ 对应的输出值为 $Y_{\min}$，测量上限 $X_{\max}$ 对应的输出值为 $Y_{\max}$，则满量程输出值为

$$Y_{FS} = Y_{\max} - Y_{\min} \tag{1-3}$$

$X_{\min}$ 也可称为阈值，阈值是能使传感器输出端产生可测变化的最小被测输入量值，即零位附近的分辨力。如果传感器在零位附近的非线性情况很严重，形成了"死区"，那么一般将死区的大小作为阈值；更多情况下阈值主要取决于传感器的噪声大小，因而有的传感器的性能指标中不写明阈值，只给出噪声电平。

（2）线性度。线性度表征传感器的输入与输出之间的数值关系满足线性的程度。它表示传感器特性曲线与规定的拟合直线之间的最大偏差绝对值（记为 $\Delta L_{\max}$）与传感器满量程输出值 $Y_{FS}$ 之比，如图 1.13 所示，线性度用 $E_L$ 表示：

$$E_L = \frac{|\Delta L_{\max}|}{Y_{FS}} \times 100\% \tag{1-4}$$

式中，$\Delta L_{\max}$ 为实际曲线与拟合直线间的最大偏差；$Y_{FS}$ 为满量程输出值。

**注意**：线性度是以拟合直线为基准来确定的，拟合直线不同，线性度也不同。

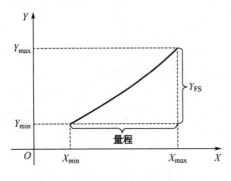

图 1.12　传感器的测量范围与量程

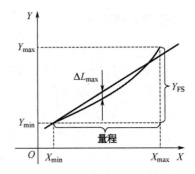

图 1.13　传感器的线性度

（3）灵敏度。灵敏度是传感器在稳定状态下输出量增量与被测输入量增量之比，记为 $S_n$。线性传感器的灵敏度就是它的特性曲线的斜率，如图 1.14（a）所示，表示为

$$S_n = \frac{y}{x} = \frac{Y_{FS}}{X_{\max} - X_{\min}} \tag{1-5}$$

非线性传感器的灵敏度是一个变化的量，不是常数，在静态特性曲线上表示为传感器在该点的斜率，如图 1.14（b）所示，公式为

$$S_n = \frac{\Delta y}{\Delta x} = \frac{\mathrm{d}x}{\mathrm{d}y} \tag{1-6}$$

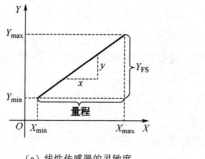 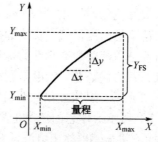

（a）线性传感器的灵敏度　　　　　　　　（b）非线性传感器的灵敏度

图 1.14　传感器的灵敏度

（4）分辨率和分辨力。分辨率是传感器在规定测量范围内所能检测出的被测输入量的最小变化量。该值相对于满量程输入值的百分数称为分辨力。

（5）滞后。滞后（也称回差，记为 $E_H$）是反映传感器在正（输入量增大）、反（输入量减小）测量过程中输出-输入曲线的不重合程度的指标（见图 1.15）。通常用正、反测量过程中输出的最大差值 $\Delta H_{max}$ 的相对值表示。

$$E_H = \frac{|\Delta H_{max}|}{Y_{FS}} \times 100\% \qquad (1\text{-}7)$$

（6）重复性。重复性是衡量传感器在同一工作条件下，输入量按同一方向（一直增大或一直减小）在全量程范围内连续多次变动时，所得特性曲线一致程度的指标。各条特性曲线越靠近，重复性越好。图 1.16 所示为同一工作条件下测得的某传感器的 3 条特性曲线，反映出传感器在相同输入的情况下输出结果的不一致性。

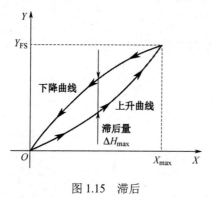 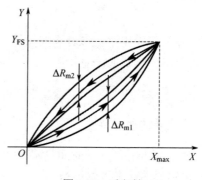

图 1.15　滞后　　　　　　　　　　　图 1.16　重复性

实际应用中，常选上升曲线的最大离散程度和下降曲线的最大离散程度之差与满量程输出值之比的百分数来表示重复性（记为 $E_R$），其表达式为

$$E_R = \frac{|\Delta R_{max}|}{Y_{FS}} \times 100\% \qquad (1\text{-}8)$$

（7）稳定性。稳定性又称长期稳定性，即传感器在相当长时间内仍保持其性能的能力。稳定性一般以室温条件下经过规定的时间间隔后，传感器的输出与起始标定时的输出之间的差异来表示，有时也用标定的有效期来表示。

（8）漂移。漂移指在一定时间间隔内，传感器输出量存在着与被测输入量无关的、不需要的变化。漂移包括零点漂移与灵敏度漂移。

零点漂移或灵敏度漂移又可分为时间漂移（时漂）和温度漂移（温漂）。时漂是指在规定条件下，零点或灵敏度随时间的缓慢变化；温漂为周围温度变化引起的零点或灵敏度漂移。

（9）精度。精度是指测量值与真值的接近程度，也称精确度。与精度有关的指标是精密度和准确度。精度是精密度和准确度的综合，精度高表示精密度和准确度也高。在最简单的情况下，可以取二者的代数和。精度常用测量误差的相对值表示。准确度、精密度、精度三者的关系如图1.17所示。精密度高，准确度不高，如图1.17（a）所示；准确度高，精密度不高，如图1.17（b）所示；理想的情况是测量结果的精度高，如图1.17（c）所示。

精密度：说明测量传感器输出值的发散性，即对于某一稳定的被测量，由同一个测量者，用同一个传感器，在相当短的时间内连续重复测量多次，其测量结果的分散程度。例如，某测温传感器的精密度为0.5℃，表示多次测量结果的分散程度不大于0.5℃。精密度是随机误差大小的标志，精密度高意味着随机误差小。

准确度：说明传感器输出值与真值的偏离程度。例如，某流量传感器的准确度为0.3m³/s，表示该传感器的输出值相对于真值的偏移量为0.3m³/s。准确度是系统误差大小的标志，准确度高意味着系统误差小。

（a）准确度低而精密度高　　　（b）准确度高而精密度低　　　（c）精度高

图1.17　准确度、精密度、精度三者的关系

在实际工程应用中，综合考虑室温条件下传感器的线性度（$E_L$）、滞后（$E_H$）和重复性（$E_R$），可得出传感器的测量精度：

$$E = \sqrt{E_L^2 + E_H^2 + E_R^2} \tag{1-9}$$

### 2. 传感器的动态特性

思政小视频

微课：大国工匠胡洋

动态特性是指被测量随时间快速变化时传感器输入与输出间的关系。

1）传感器的动态数学模型

在实际测量中，大多数被测量是随时间变化的动态信号。为了研究传感器的动态特性，通常须建立传感器的动态数学模型。传感器的动态数学模型一般采用微分方程和传递函数来描述。

在不考虑各种静态误差的条件下，可以用常系数线性微分方程描述单输入、单输出传感器的动态特性，以下为其动态数学模型：

$$a_n \frac{\mathrm{d}^m y}{\mathrm{d}t^n} + a_{n-1} \frac{\mathrm{d}^{m-1} y}{\mathrm{d}t^{n-1}} + \cdots + a_1 \frac{\mathrm{d}y}{\mathrm{d}t} + a_0 y = b_m \frac{\mathrm{d}^m x}{\mathrm{d}t^m} + b_{m-1} \frac{\mathrm{d}^{m-1} x}{\mathrm{d}t^{m-1}} + \cdots + b_1 \frac{\mathrm{d}x}{\mathrm{d}t} + b_0 x \tag{1-10}$$

式中，$a_0, a_1, \cdots, a_n$ 和 $b_0, b_1, \cdots, b_m$ 分别是与传感器的结构有关的常数；$t$ 是时间；$x$ 是输出量，因其随时间变化，所以也可写为 $x(t)$；$y$ 是输出量，因其随时间变化，所以也可写为 $y(t)$。但是，对于复杂的系统，微分方程的建立和求解都很复杂，因此常常采用传递函数研究传感器的动态特性。

设 $x(t)$、$y(t)$ 的初始值为 0，对式（1-10）两边逐项进行拉普拉斯变换，可得传递函数：

$$H(s) = \frac{Y(s)}{X(s)} = \frac{b_m s^m + b_{m-1} s^{m-1} + \cdots + b_1 s + b_0}{a_n s^n + a_{n-1} s^{n-1} + \cdots + a_1 s + a_0} \qquad （1\text{-}11）$$

传递函数的所有系数都是实数，这是由传感器的结构参数决定的。分子的阶次 $m$ 不能大于分母的阶次 $n$，这是由物理条件决定的。分母的阶次用来表示传感器的特征。

当 $n=0$ 时，称为零阶。

当 $n=1$ 时，称为一阶。

当 $n=2$ 时，称为二阶。

当 $n$ 更大时，称为高阶。

分析方法完全借鉴电路分析课程或控制原理课程中的相关内容，但输入量为非电量。

2）传感器的动态特性

对于动态（快速变化）的输入信号，传感器不仅要精确测量信号的幅值大小，而且要测量出信号的变化过程。这就要求传感器能迅速、准确地响应和再现被测信号的变化，即具有良好的动态特性。传感器的动态特性常用频域的频率响应法和时域的阶跃响应法来分析。

（1）传感器的频率响应特性。将各种频率不同而幅值相等的正弦信号输入传感器，其输出信号的幅值、相位与频率之间的关系称为频率响应特性。

设输入幅值为 $x$、角频率为 $\omega$ 的正弦量 $x=X\sin\omega t$，那么获得的输出量 $y=Y\sin(\omega t+\varphi)$，式中 $Y$、$\varphi$ 分别为输出量的幅值和初相角。

在传递函数式（1-11）中，令 $s=\mathrm{j}\omega$，得

$$\frac{Y(\mathrm{j}\omega)}{X(\mathrm{j}\omega)} = \frac{b_m(\mathrm{j}\omega)^m + b_{m-1}(\mathrm{j}\omega)^{m-1} + \cdots + b_1(\mathrm{j}\omega) + b_0}{a_n(\mathrm{j}\omega)^n + a_{n-1}(\mathrm{j}\omega)^{n-1} + \cdots + a_1(\mathrm{j}\omega) + a_0} \qquad （1\text{-}12）$$

式（1-12）将传感器的动态响应从时域转换到频域，表示输出信号与输入信号之间的关系随信号频率变化的特性，故称为传感器的频率响应特性，简称频率特性或频响特性。其物理意义是，当正弦信号作用于传感器时，在稳定状态下输出量与输入量的复数比。在形式上，它相当于将传递函数式（1-11）中的 $s$ 置换成 $\mathrm{j}\omega$ 而得到的，因而又称为频率传递函数。其指数形式为

$$\frac{Y(\mathrm{j}\omega)}{X(\mathrm{j}\omega)} = \frac{Y\mathrm{e}^{\mathrm{j}(\omega t+\varphi)}}{X\mathrm{e}^{\mathrm{j}\omega t}} = \frac{Y}{X}\mathrm{e}^{\mathrm{j}\varphi} \qquad （1\text{-}13）$$

由此可得频率特性的模：

$$A(\omega) = \left|\frac{Y(\mathrm{j}\omega)}{X(\mathrm{j}\omega)}\right| = \frac{Y}{X} \qquad （1\text{-}14）$$

式（1-14）称为传感器的动态灵敏度（或称增益）。式中，$A(\omega)$ 表示输出，输入的幅值比随 $\omega$ 而变，故又称为幅频特性。

以 $\mathrm{Re}\left[\dfrac{Y(\mathrm{j}\omega)}{X(\mathrm{j}\omega)}\right]$ 和 $\mathrm{Im}\left[\dfrac{Y(\mathrm{j}\omega)}{X(\mathrm{j}\omega)}\right]$ 分别表示 $A(\omega)$ 的实部和虚部，得到频率特性的相位角：

$$\varphi(\omega) = \arctan\left\{\frac{\mathrm{Im}\left[\dfrac{Y(\mathrm{j}\omega)}{X(\mathrm{j}\omega)}\right]}{\mathrm{Re}\left[\dfrac{Y(\mathrm{j}\omega)}{X(\mathrm{j}\omega)}\right]}\right\} \qquad （1\text{-}15）$$

式（1-15）表示相频特性。就传感器而言，相频特性通常为负值，即输出滞后于输入。

（2）传感器的阶跃响应特性。当向传感器输入一个单位阶跃信号时，其输出信号称为阶跃响应：

$$x(t) = \begin{cases} 0 & t < 0 \\ 1 & t > 0 \end{cases} \qquad (1\text{-}16)$$

阶跃响应的特性曲线如图 1.18 所示。

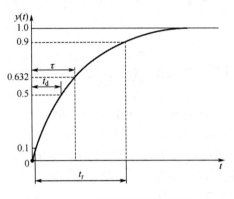

（a）一阶传感器阶跃响应特性曲线　　　　　　　（b）二阶传感器阶跃响应特性曲线

图 1.18　阶跃响应曲线

衡量阶跃响应的主要性能指标有以下几种。

①延迟时间 $t_d$：延迟时间指阶跃响应曲线上升到稳态值的 50%所用的时间，如图 1.18 所示。

②上升时间 $t_r$：上升时间指传感器输出值由稳态值的 10%上升到 90%所需的时间，但有时也规定其他百分数作为起止点，如图 1.18 所示。

③时间常数 $\tau$：时间常数指传感器输出值上升到稳态值的 63.2%所需的时间，如图 1.18（a）所示。

④峰值时间 $t_p$：峰值时间指阶跃响应特性曲线上升到第一个峰值所需要的时间，如图 1.18（b）所示。

⑤响应时间 $t_s$：响应时间指输出值达到稳态误差不超过±(2%～5%)所经历的时间，如图 1.18（b）所示。

⑥最大超调量 $\sigma_p$：最大超调量指响应特性曲线第一次超过稳态值的峰高，即 $\sigma_p = y_{max} + y_c$，或用相对值[$(y_{max} - y_c)/ y_c$]×100%表示，如图 1.18（b）所示。

## 四、传感器的命名及代号

### 1. 传感器命名法

1）在图书索引等场合的命名

传感器产品的名称由主题词及四级修饰语构成，具体规定如下。

（1）主题词——传感器。

（2）第一级修饰语——被测量，包括修饰被测量的定语。

（3）第二级修饰语——转换原理，一般可后续以"式"字。

（4）第三级修饰语——特征描述，指必须强调的传感器结构、性能、材料特征、敏感元件及其他必需的性能特征，一般可后续以"型"字。

（5）第四级修饰语——主要性能指标（量程、精度、灵敏度等）。

**说明：** 本命名法在有关传感器的统计表格、图书索引、检索及计算机汉字处理等特殊场合使用。

例1：传感器，绝对压强，应变式，放大型，1～3500kPa。

例2：传感器，加速度，压电式，±20g。

2）在技术文件等场合的命名

在技术文件、产品样书、学术论文、教材及书刊的陈述句子中，作为产品名称应采用与上述方法相反的顺序。

例1：1～3500kPa放大型应变式绝对压强传感器。

例2：±20g压电式加速度传感器。

### 2．传感器代号的标记方法

一般要求用大写汉语拼音字母和阿拉伯数字构成传感器完整代号。传感器完整代号应包括以下四个部分：①主称（传感器）；②被测量；③转换原理；④序号。传感器代号如图1.19所示。

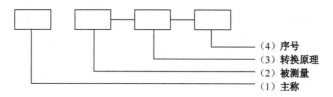

图1.19 传感器代号

用连字符"-"连接被测量、转换原理、序号三部分代号。

例1：应变式位移传感器，代号为CWY-YB-10。

例2：光纤压力传感器，代号为CY-GX-1。

例3：温度传感器，代号为CW-01A。

例4：电容式加速度传感器，代号为CA-DR-2。

**注意：** 有少数代号用其英文的第一个字母表示，如加速度用"A"表示。

# 五、传感器的标定与校准

利用某种标准器具对新研制或生产的传感器进行全面的技术检定和标度，称为标定；对传感器在使用中或储存后进行的性能复测，称为校准。

**基本方法：** 先利用标准仪器产生已知的非电量，输入待标定（校准）的传感器，然后将传感器的输出量与输入的标准量进行比较，获得一系列数据或曲线。

根据输入信号的类型，传感器的标定方法有静态和动态两种。

（1）静态标定：是指在输入信号不随时间变化的静态标准条件下，对传感器的静态特性（如灵敏度、非线性、滞后、重复性等指标）的检定。

（2）动态标定：对传感器输入标准激励信号，测得输出数据，画出输出值与时间的关系曲线。通过关系曲线与输入标准激励信号进行比较可以标定传感器的动态响应时间常数、幅频特性、相频特性等。

# 六、传感器的选型

## 1．普通传感器的选型

### 1）类型的选择

传感器类型的选择是根据具体测量工作决定的，要针对多方面的因素进行分析后才能给出明确的答案。传感器的测量对象对传感器类型的选择具有一定的决定作用。此外，量程的大小、测量的方式、信号线的引出方法及传感器本身的质量和价格，也须综合考虑。

### 2）灵敏度的选择

在传感器的线性范围内，我们希望传感器的灵敏度越高越好。因为只有灵敏度高，与被测量变化对应的输出信号的值才比较大，有利于信号处理。但要注意的是，传感器的灵敏度高，与被测量无关的外界噪声也容易混入，也会被放大系统放大，影响测量精度。因此，要求传感器本身具有较高的信噪比，以尽量减少从外界引入的干扰信号。此外，传感器的灵敏度具有方向性。

### 3）根据测量对象与测量环境确定传感器的类型

进行具体的测量工作之前，首先要考虑采用何种传感器，要分析多方面的因素之后才能确定。即使是测量同一物理量，也有基于多种原理的传感器可供选用，须根据被测量的特点和传感器的使用条件考虑以下问题。

（1）量程的大小。

（2）测量场合对传感器体积的要求。

（3）测量方式：接触式还是非接触式。

（4）信号的输出方式：有线测量还是非接触测量。

（5）传感器的来源：国产还是进口，价格能否承受，是否需要自行研制。

思政小视频

微课：科学巨人
邓稼先

### 4）频率响应特性的选择

传感器的频率响应特性决定了被测量的频率范围，必须在允许频率范围内保持不失真的测量条件，实际上传感器的响应总有一定延迟，延迟时间越短越好。

传感器的频率响应特性好，可测的信号频率范围就大。但由于受到结构特性的影响，机械系统的惯性较大，因此频率低的传感器可测信号的频率较低。

在动态测量中，应根据信号的特点（稳态、瞬态、随机等）确定响应特性，以免产生过大的误差。

### 5）线性范围的选择

传感器的线性范围是指输出与输入成正比的范围。从理论上讲，在此范围内，灵敏度为定值。传感器的线性范围越大，其量程越大，并且能保证一定的测量精度。在选择传感器时，当传感器的种类确定以后，首先要看其量程是否满足要求。

### 6）稳定性的选择

传感器使用一段时间后，其性能保持不变的能力称为稳定性。影响传感器长期稳定性的因素除传感器本身的结构外，主要是传感器的使用环境。

传感器的稳定性有定量指标，在超过使用期后，在使用前应重新进行标定，以确定传感器的性能是否发生变化。

### 7）精度的选择

精度是传感器的一个重要性能指标，它是关系到整个测量系统测量精度的一个重要环节。

传感器的精度越高，其价格越昂贵，因此传感器的精度只要满足整个测量系统的精度要求就可以，不必选得过高。这样就可以在满足同一测量目的的诸多传感器中选择比较便宜和简单的传感器。

在实际应用中选择传感器要把握以下原则。

（1）根据实际需要，保证主要性能指标符合要求。

（2）不必盲目追求性能指标的全面优异，主要考虑其稳定性和变化规律性。

思考——查阅相关的资料并回答：实现汽车水箱温度控制（75～95℃）应选择什么温度传感器才能实现较高的性价比？

### 2．工业传感器的选择

1）测量范围的选择

选择测量范围时要考虑被测量的大小和变化范围，留有充分的余地。测量稳定变量，最大测量值不应超过量程的2/3；测量脉动变量，最大测量值不应超过量程的1/2；一般被测变量最小值不应小于传感器量程的1/3。

2）准确度等级的选择

在工业测量中，为了便于表示仪表的质量，通常用准确度等级来表示仪表的测量准确程度。准确度等级就是去掉正/负号及百分号的最大引用误差。准确度等级是衡量仪表质量优劣的重要指标之一。我国工业仪表等级分为0.1、0.2、0.5、1.0、1.5、2.5、5.0七个等级。

关于测量误差，按照其特点与性质可以分为系统误差、随机误差和粗大误差（应该剔除），如表1.2所示。

表 1.2　测量误差分类

|  | 产生原因 | 误差特征 | 误差处理 |
|---|---|---|---|
| 系统误差 | 系统缺陷或环境因素 | 误差值恒定或有一定规律 | 系统改进或引入修正值 |
| 随机误差 | 大量偶然因素 | 误差值不定且不可预测 | 多次测量取算术平均 |
| 粗大误差 | 操作失误 | 测量值明显偏离实际值 | 剔除数据 |

按照测量对象的特点可以将误差分为静态误差和动态误差。

如果真值为 $Y_0$，仪表指示值为 $Y_x$，仪表满量程 $Y_{FS}=Y_{max}-Y_{min}$，则绝对误差：

思政小视频

微课：大国工匠
陈兆海

$$\Delta = Y_x - Y_0 \qquad (1\text{-}17)$$

相对误差：

$$r_Y = \Delta/Y_0 \times 100\% \qquad (1\text{-}18)$$

例1：若 $Y_0=10kg$，$Y_x=10.1kg$，则 $\Delta=0.1kg$，$r_Y=1\%$。

若 $Y_0=100kg$，$Y_x=100.5kg$，则 $\Delta=0.5kg$，$r_Y=0.5\%$。

例2：待测电流 $I=60A$，电流表1准确度等级为0.5级（相对误差为0.5%）、测量范围为0～300A，电流表2准确度等级为1.0级（相对误差为1%）、测量范围为0～100A，通过计算说明选用哪个表测量的误差较小。

解：$|\Delta_{m1}| = 0.5\% \times 300 = 1.5$（A）

$|\Delta_{m2}| = 1.0\% \times 100 = 1$（A）

因为 $|\Delta_{m2}| < |\Delta_{m1}|$，所以应选择电流表2。可见，要根据测量范围和测量准确度综合选择测量工具，不是性能越高越好。

 项目小结

　　传感器是把需要测量的非电量信号转换为电信号的装置。随着科技的进步，传感器技术及其应用日新月异。传感器技术是实现人工智能、物联网应用、自动驾驶的关键技术，它改变了我们的生活。在之后各个项目的学习中，要注意理解每种传感器的基本原理，掌握传感器的主要性能指标及选型，重点掌握传感器应用的知识和技能。

# 思 考 练 习

## 1．单项选择题

（1）传感器的组成中起感知作用的部分是（　　　）。
　　A．敏感元件　　　　B．转换元件　　　　C．测量电路　　　　D．辅助电源
（2）传感器可测量的量不包含哪一项？（　　　）
　　A．物理量　　　　　B．化学量　　　　　C．生物量　　　　　D．常量
（3）以下传感器静态特性指标中，表示传感器在稳态下的输出增量与输入增量比值的是（　　　）。
　　　　A．线性度　　　　B．灵敏度　　　　　C．滞后　　　　　　D．重复性
（4）以下传感器静态特性指标中，表示传感器在稳态下输入与输出之间数值关系的线性程度的是（　　　）。
　　　　A．线性度　　　　B．灵敏度　　　　　C．分辨率　　　　　D．量程
（5）以下传感器静态特性指标中，表示传感器在规定范围内可以检测出的最小变化量的是（　　　）。
　　　　A．线性度　　　　B．灵敏度　　　　　C．分辨率　　　　　D．测量范围
（6）以下传感器静态特性指标中，表示传感器测量值与真值接近程度的是（　　　）。
　　　　A．线性度　　　　B．灵敏度　　　　　C．分辨率　　　　　D．精度
（7）因为环境温度变化而引起的测量误差属于（　　　）。
　　　　A．系统误差　　　B．随机误差　　　　C．随机误差　　　　D．粗大误差
（8）以下工业测量仪器的准确度等级，等级最高的是（　　　）。
　　　　A．0.1 级　　　　B．0.2 级　　　　　C．1.0 级　　　　　D．2.5 级
（9）以下传感器代号中，表示温度传感器的代号是（　　　）。
　　　　A．CWY-YB-10　B．CW-01A　　　　C．CY-GX-1　　　　D．CA-DR-2

## 2．判断题

（1）精密度高的传感器，其精度一定高。　　　　　　　　　　　　　　　　　（　　　）
（2）准确度高的传感器，其精度一定高。　　　　　　　　　　　　　　　　　（　　　）
（3）精密度和准确度都高的传感器，其精度一定高。　　　　　　　　　　　　（　　　）
（4）利用某种标准器具对新研制或生产的传感器进行全面的技术检定和标度，称为标定。
　　　　　　　　　　　　　　　　　　　　　　　　　　　　　　　　　　　（　　　）

## 3. 简答题

（1）什么是传感器？传感器由哪几个部分组成？

（2）传感器按照被测量可以分为哪几类？

（3）选择传感器常用的静态指标有哪些？

（4）列举三个在日常生活中用到传感器的实例。

（5）列举在体育比赛中用到的传感器。

（6）列举三种在手机中用到的传感器。

# 第二部分

# 典型传感器技术及其应用

本书的第一部分介绍了传感器的概念、分类、应用、主要指标、选型和标定等基础知识。在第二部分，将按照测量对象，介绍测量力、压力、温度、位移、速度和环境量等物理量的传感器及其应用。

# 项目二 力和压力的测量

**项目目标**

（1）知识目标：了解电阻应变式传感器、压电式传感器、电感式传感器、电容式传感器的基本结构；学习直流电桥的平衡条件、分类及电压灵敏度的概念；了解电阻应变式传感器的温度补偿方法，学习电感式传感器、电容式传感器的分类；了解差动结构的作用；掌握上述传感器在相关领域的应用。

（2）技能目标：学会识别传感器，通过实践掌握电阻应变式传感器、压电式力敏传感器、电感式传感器、电容式传感器的使用方法。

（3）素质目标：让学生具备谦虚好学的学习态度、认真细致的工作态度、严谨的工作作风、良好的职业习惯和创新思维能力。

**项目知识**

思政小视频

微课：传感器应用-太空称重

力敏传感器，顾名思义就是能对各种力或能转变为力的物理量产生反应，并能将其转变为电参数的装置或元件。很显然，要成为真正实用意义上的力敏传感器，首先，由力转换为电参数的过程最好是线性的；其次，传感器应能将力的衍生量（如加速度、位移等）转换为力的形式并对其进行测量。根据由力到电参数转变的方式不同，力敏传感器一般分为电阻应变式传感器、电位器式位移传感器、电感式传感器、电容式传感器、压电式传感器等，本项目着重介绍电阻应变式传感器、压电式传感器、电容式传感器和电感式传感器。

## 一、电阻应变式传感器

电阻应变式传感器是目前工程测力传感器中应用最普遍的一种，它的优点是测量精度高，范围广，频率响应特性较好，结构简单，尺寸小，易实现小型化，能在高温、强磁场等恶劣环境下使用，工艺性好，并且价格低廉。它能将力的变化转变为材料应变，材料应变能转变为电阻值的变化，通过测量电阻值的变化就可以实现力的测量。

### 1. 认识电阻应变式传感器

1）应变效应

电阻丝的阻值 $R$ 与电阻丝的电阻率 $\rho$、导体长度 $l$ 及截面积 $A$（圆形）存在以下关系：

$$R = \rho \frac{1}{A} = \rho \frac{1}{\pi r^2} \qquad (2-1)$$

当导体因某种原因产生应变时，其长度 $l$、截面积 $A$ 和电阻率 $\rho$ 的变化为 $\mathrm{d}l$、$\mathrm{d}A$、$\mathrm{d}\rho$，相应的阻值变化为 $\mathrm{d}R$。对式（2-1）进行全微分，得阻值变化率 $\mathrm{d}R/R$ 为

$$\frac{\mathrm{d}R}{R} = \frac{\mathrm{d}l}{l} - 2\frac{\mathrm{d}r}{r} + \frac{\mathrm{d}\rho}{\rho} \qquad (2-2)$$

根据轴向应变、径向应变、电阻丝材料的泊松比等材料力学公式，可将式（2-2）简化为

$$\frac{\mathrm{d}R}{R} = 1 + 2\mu + \frac{\dfrac{\mathrm{d}\rho}{\rho}}{\varepsilon}\varepsilon = k_0 \varepsilon \qquad (2-3)$$

式中，$k_0$ 是金属材料的灵敏度系数，表示单位应变所引起的阻值相对变化。不同材料的 $k_0$ 也不相同，它是通过实验求得的，一般为常数，金属导体的灵敏度系数一般为 $1.7\sim3.6$。

由式（2-3）可知，在金属电阻丝的拉伸极限内，阻值的相对变化与应变成正比，从而可以通过测量阻值的变化，得知金属材料应变的大小。

当我们将金属丝做成电阻应变片后，其电阻应变特性与单根金属丝是不同的，实验证明，阻值变化率 $\Delta R/R$ 与应变 $\varepsilon$ 的关系在很大范围内呈线性关系，即

$$\frac{\Delta R}{R} = k\varepsilon \qquad (2-4)$$

式中，$k$ 为电阻应变片的灵敏度系数，其值恒小于单根金属丝的灵敏度系数 $k_0$。究其原因，除了应变片使用时胶体粘贴传递变形失真，还有横向效应的存在。

导体、半导体应变片在应力作用下电阻值发生变化，这种现象称为应变效应。

2）电阻应变片的分类

电阻应变片品种繁多，按其敏感栅材料的不同可以分为金属应变片和半导体应变片；按使用温度可分为低温应变片、常温应变片、中温应变片及高温应变片；按用途可分为单向力测量应变片、平面应力分析应变片（应变花）及各种特殊用途的应变片等。

金属应变片分为金属丝式电阻应变片和金属箔式电阻应变片两类。

（1）金属丝式电阻应变片。金属丝式电阻应变片的基本结构如图 2.1 所示，它主要由敏感栅、基底和覆盖层、引线组成。

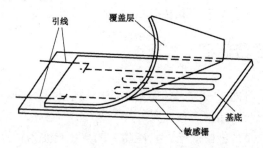

图 2.1　金属丝式电阻应变片的基本结构

（2）金属箔式电阻应变片。金属箔式电阻应变片如图 2.2 所示，它与金属丝式电阻应变片相比，有以下优点：用光刻技术能制成各种复杂形状的敏感栅，横向效应小，散热性好，允许通过较大电流，可提高相匹配的电桥电压，从而提高输出灵敏度，使用寿命长，蠕变小，生产效率高。但是，金属箔式电阻应变片的阻值分散性要比金属丝式电阻应变片的大，最多能相差几十欧姆，使用前须进行调整。金属箔式电阻应变片因其一系列优点而逐渐取代了金

属丝式电阻应变片。

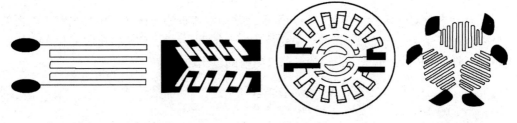

（a）单向应变片　　　（b）转矩应变片　　　（c）压力应变片　　　（d）花状应变片

图 2.2　金属箔式电阻应变片

## 2．电阻应变片的应用

1）电阻应变片的测量电路

将电阻应变片粘贴在待测构件上，电阻应变片的阻值将随构件受力变形而改变，将电阻应变片接入相应的电路中，使其阻值的变化转化为电流或电压的变化，即可测出使构件变形的力的大小。电阻应变片输出的阻值变化较小，一般为 $5×10^{-4}\sim1×10^{-1}\Omega$，要精确地测量出这种微小的变化，常采用电桥式测量电路。根据电桥电源不同，电桥式测量电路又分直流电桥和交流电桥。这里主要介绍直流电桥，如图 2.3 所示。直流电桥输出电压的变化量为

$$\Delta U = \frac{R_1 R_3 - R_2 R_4}{(R_1 + R_2)(R_3 + R_4)} E \tag{2-5}$$

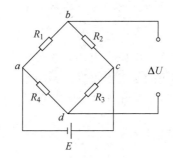

图 2.3　直流电桥

若要使此电桥平衡，即 $\Delta U = 0$，须使 $R_1 R_3 = R_2 R_4$，一般取 $R_1 = R_2 = R_3 = R_4 = R$（称为等臂电桥）。根据电桥工作桥臂的不同，分为单臂电桥、差动双臂电桥（半桥）和差动全桥三种类型。

（1）单臂直流电桥。将直流电桥中的一个电阻换成电阻应变片，即形成单臂直流电桥，如图 2.4（a）所示，$R+\Delta R$ 和 $R-\Delta R$ 为电阻应变片在构件上的对称应变，"+"表示受拉应变，"–"表示受压应变，当构件产生应变造成电阻应变片阻值变化 $\Delta R$ 时，式（2-5）变成

$$\Delta U = \frac{\Delta R}{4R + 2\Delta R} E \tag{2-6}$$

由于一般情况下，$\Delta R$ 可以忽略，可得

$$\Delta U \approx \frac{\Delta R}{4R} E \tag{2-7}$$

可见，输出电压与阻值变化率呈线性关系，也和应变呈线性关系，由此即可测出力的大小。由式（2-6）可得单臂电桥电路的灵敏度系数为

$$k_{\mathrm{u}} = \frac{\Delta R}{\Delta R / R} = \frac{E}{4} \tag{2-8}$$

（2）差动直流双臂电桥。图 2.4（b）所示为差动双臂直流电桥（半桥）电路。电桥的相邻两个桥臂为应变片工作桥臂，其中一个受拉力，一个受压力。工作桥臂电阻变化大小相等、方向相反，均为 $\Delta R$，根据式（2-5），得到该电桥的输出电压为

$$\Delta U = \frac{1}{2} \frac{\Delta R}{R} E \tag{2-9}$$

（3）差动直流全桥。图 2.4（c）所示为差动直流全桥电路。电桥的四个桥臂为应变片工作桥臂，相邻桥臂其中一个受拉力，一个受压力。工作桥臂电阻变化大小相等、方向相反，均为 $\Delta R$，根据式（2-5），得到该电桥的输出电压为

$$\Delta U = \frac{\Delta R}{R} E \tag{2-10}$$

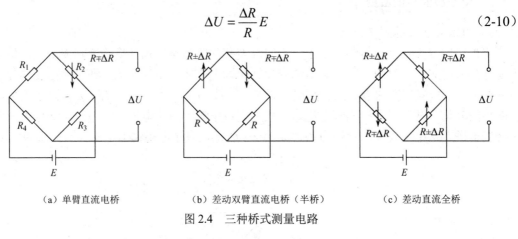

（a）单臂直流电桥　　　　　（b）差动双臂直流电桥（半桥）　　　　　（c）差动直流全桥

图 2.4　三种桥式测量电路

由以上分析可知，差动双臂直流电桥（半桥）的灵敏度系数为单臂直流电桥的 2 倍，而差动直流全桥的灵敏度系数为半桥的 2 倍。可见，采用差动直流全桥并提高供电电压，可提高灵敏度系数。采用差动双臂直流电桥和差动直流全桥的另一个好处是可以补偿由于温度变化引起的测量误差。

2）温度误差及其补偿

（1）温度误差。用作测量的电阻应变片，我们希望其阻值仅随应变变化，而不受其他因素的影响。实际上，电阻应变片的阻值受环境温度（包括被测试件的温度）的影响很大，环境温度变化引起的阻值变化与试件应变所造成的阻值变化几乎有相同的数量级，如不补偿，将导致很大的测量误差，这种测量误差称为应变片的温度误差。

环境温度改变引起阻值变化的主要原因有两个：第一，电阻丝（敏感栅）本身具有一定的温度系数；第二，电阻丝材料与试件的线膨胀系数不同，试件变形时，电阻应变片产生附加变形，从而造成阻值的额外变化。

除上述两个原因外，也有其他因素可导致温度误差的产生。例如，温度变化也会影响黏结剂传递变形的能力，从而对电阻应变片的工作特性产生影响，过高的温度甚至会使黏结剂软化，使其完全丧失传递变形的能力。

（2）温度补偿。一般采用桥路补偿法、电阻应变片补偿法、热敏电阻补偿法、零点补偿法这四种方法进行温度补偿，常用的是前两种。

桥路补偿法。如图 2.5（a）所示，$ab$ 间接入电阻应变片 $R_1$（粘贴在试件上），$bc$ 间也接入同样的电阻应变片 $R_2$（粘贴在与试件材料相同的补偿块上），$R_2$ 不受构件应变力的作用，且与 $R_1$ 处于同一温度环境中，这样 $R_1$、$R_2$ 的阻温效应相同，阻值的变化量 $\Delta R$ 也相同，由

电桥理论可知，它们产生的变化互相抵消，对输出电压没有影响。

当实际测量时，可将 $R_2$ 粘贴在试件的下方，接入电路中，如图 2.5（b）所示。在外力 $F$ 的作用下，$R_2$ 与 $R_1$ 阻值的变化值大小相等，方向相反，此时的 $R_2$ 起到了温度补偿作用，也提高了电路的灵敏度系数。

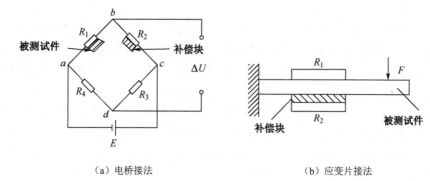

（a）电桥接法　　　　　　　　　　（b）应变片接法

图 2.5　桥路补偿法

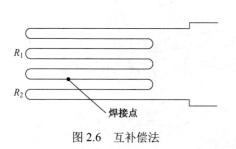

图 2.6　互补偿法

电阻应变片补偿法。电阻应变片补偿法分为自补偿法和互补偿法两种。自补偿法的原理是合理选择电阻应变片的阻温系数及线膨胀系数，使之与试件的线膨胀系数相同，这样，由温度变化引起的阻值变化为 0。互补偿法的原理是采用两种材料组成敏感栅，在温度变化时，它们的阻值变化量 $\Delta R$ 相同，但符号相反，这样就可抵消由温度变化而引起的误差，如图 2.6 所示。在使用此法时要注意敏感栅材料的选配。

热敏电阻补偿法。热敏电阻补偿法如图 2.7（a）所示，图中 $R_5$ 为分流电阻，$R_t$ 为 NTC 热敏电阻，使 $R_t$ 与电阻应变片处在同一温度环境中，适当调整 $R_5$ 的阻值，可使 $\Delta R/R$ 与 $U_{ab}$ 的乘积不变，即热输出为零。

零点补偿法。在实际应用中，要使电桥的 4 个桥臂的阻值完全相同是不可能的，往往由于外界因素的影响，电桥不能满足初始平衡条件（即 $U_0 \neq 0$）。为了解决这一问题，可以在阻值乘积较小的一对桥臂的任一桥臂中，串联一个可调电阻进行调节补偿，如图 2.7（b）所示，调节可调电阻可以使初始输出电压为零，从而使电桥平衡，这就是零点补偿法。

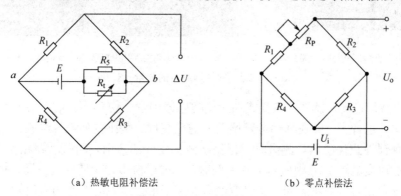

（a）热敏电阻补偿法　　　　　　　　（b）零点补偿法

图 2.7　两种温度补偿方法

3）电阻应变式传感器的应用

（1）筒式压强传感器。当被测介质进入筒式压强传感器的内腔时，其应变管部分产生应变，在应变管上粘贴两片电阻应变片作为工作应变片，在实芯部分粘贴两片电阻应变片作为温度补偿应变片，如图2.8（a）所示。没有压力作用时，这4片应变片构成的全桥处于平衡状态；当外部压力作用于应变管内腔时，应变管发生形变，使全桥失去平衡，产生输出电压。这种压强传感器测量范围为$10^6 \sim 10^7 Pa$，其结构简单，制作方便，使用面宽，在测量火炮、火箭的动态压强方面得到了广泛应用。

（2）膜片式压强传感器。测量气体或液体压强的膜片式压强传感器如图2.8（b）所示。膜片式压强传感器的工作原理：当气体或液体的压力作用在弹性元器件（膜片）的承压面上时，膜片变形，使粘贴在膜片另一面的电阻应变片随之变形，并改变阻值。这时测量电路中的电桥失去平衡，产生输出电压。

（3）斜拉绳应变的测量。如图2.9（a）所示，在斜拉桥上，电阻应变式传感器可用于斜拉绳应变的测量。经过试件表面处理、电阻应变片粘贴、固化、稳定处理、检查及引线的焊接和防护后，用胶布固定引线和被测对象，如图2.9（b）所示，这样就可以用电阻应变式传感器测量桥梁斜拉绳索的应力。

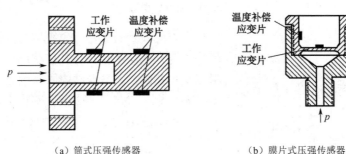

（a）筒式压强传感器　　　　　　　（b）膜片式压强传感器

图2.8　电阻应变式传感器的应用

 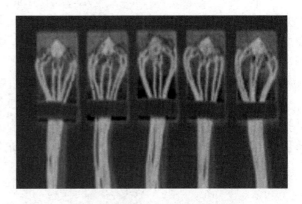

（a）斜拉桥上的斜拉绳应变的测量　　　　　　（b）焊接后用胶布固定引线和被测对象

图2.9　斜拉绳应变的测量

（4）应变式加速度传感器。应变式加速度传感器如图2.10所示，它由端部固定并带有惯性质量块的弹性悬臂梁、贴在弹性悬臂梁根部的应变片、基座及外壳等组成。应变式加速度传感器是一种惯性式传感器。测量时，根据所测振动体的方向，将传感器粘贴在被测部位。当被测点的加速度沿图2.10中所示箭头方向时，悬臂梁自由端受惯性的作用，质量块向与加速度相反的方向相对于基座运动，使梁弯曲，发生变形，电阻应变片的阻值发生变化，传感器产生输出信号，输出信号大小与加速度成正比。

（5）振动式地音入侵探测器。振动式地音入侵探测器如图2.11所示，应变片粘贴在弹性悬梁臂上构成探测结构。振动式地音入侵探测器是一种通过检测入侵者用工具破坏物体所产生的机械冲击而报警的探测装置，适用于不同结构的 ATM 机、保险柜、墙体、门、窗及铁护栏等。

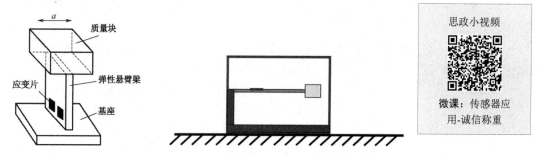

图 2.10 应变式加速度传感器

图 2.11 振动式地音入侵探测器

（6）电子秤。电子秤将物品质量导致的悬臂梁变形通过应变片转化为电量输出。电子秤内部结构如图 2.12 所示。

图 2.12 电子秤内部结构

## 二、压电式传感器

在自然界中，很多物质都具有压电效应。例如，在完全黑暗的环境中，用锤子敲击一块干燥的冰糖，可以在冰糖破碎的一瞬间看到蓝色闪光，这是强电场放电所产生的闪光，产生闪光的机理就是晶体的压电效应。又如，在敦煌的鸣沙丘，当游客在沙丘上蹦跳或从沙丘上往下滑时，可以听到雷鸣般的隆隆声，如图 2.13 所示。产生这个现象的原因是无数干燥的沙子（$SiO_2$ 晶体）在重压下振动，表面产生电荷，在某些时刻，恰好形成电压叠加，产生很高的电压，并通过空气放电而发出声音。

图 2.13 敦煌鸣沙丘

### 1. 认识压电式传感器

**1）压电效应**

压电式传感器是基于某些电介质材料的压电效应而工作的，它是典型的无源传感器。当电介质材料受力变形时，其表面会产生电荷，由此实现了对非电量的测量。压电式传感器体积小，质量轻，工作频带宽，是一种力敏传感器，它可测量各种动态力，也可测量最终能转换为力的那些非电物理量，如压强、加速度、机械冲击与振动等。

在 1880 年，居里兄弟研究石英时发现了压电效应：当沿着一定方向对某些电介质施加力而使其变形时，其内部就产生极化现象，同时在它的两个表面上会产生异种电荷，当外力消失后，它重新恢复到不带电状态。

压电效应分为正压电效应和逆压电效应。当作用力的方向改变时，电荷极性也随之改变。当沿电介质极化方向施加电场时，这些电介质也会发生变形，称为逆压电效应（或电致伸缩效应）。煤气灶压电点火器、压电式力传感器都是利用正压电效应工作的，音乐贺卡发声则是利用逆压电效应工作的。

**2）压电材料**

自然界中的大多数晶体都具有压电效应，但压电效应十分明显的并不多。天然形成的石英晶体、人工制造的压电陶瓷、锆钛酸铅、钛酸钡等材料是压电性能优良的压电材料。

压电材料基本上可分为三大类：压电晶体、压电陶瓷和高分子压电材料，如图 2.14 所示。压电晶体是一种单晶体，包括石英晶体、酒石酸钾钠等；压电陶瓷是一种人工制造的多晶体，包括锆钛酸铅、钛酸钡、铌酸锶等；高分子压电材料属于新一代的压电材料，习惯上把半导体压电材料也归入此类。半导体压电材料有氧化锌（ZnO）、硫化锌（ZnS）、碲化镉（CdTe）、硫化镉（CdS）、碲化锌（ZnTe）和砷化镓（GaAs）等。

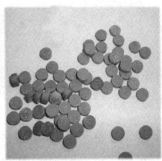

（a）压电晶体　　　　　　　（b）压电陶瓷　　　　　　　（c）高分子压电材料

图 2.14　压电材料

（1）压电晶体。天然石英的主要成分为 $SiO_2$，理想的石英晶体是一个正六棱锥，其中部断面为正六边形，如图 2.15（a）所示。在其内部建立三个正交坐标轴，$Z$ 轴是晶体的对称轴，又称为光轴，在该轴方向上没有压电效应；$X$ 轴称为电轴，垂直于 $X$ 轴的晶面上的压电效应最显著；$Y$ 轴称为机械轴，在电场的作用下，沿此轴方向的机械变形最显著。

从石英晶体上切割出正六棱柱，再沿 $Y$ 轴方向切割出薄片，称为压电晶片，如图 2.15（b）所示，在垂直于光轴的力（$F_X$ 或 $F_Y$）的作用下，石英晶体会产生极化现象，并且其极化矢量是沿着电轴方向的，即电荷出现在垂直于电轴的平面上。

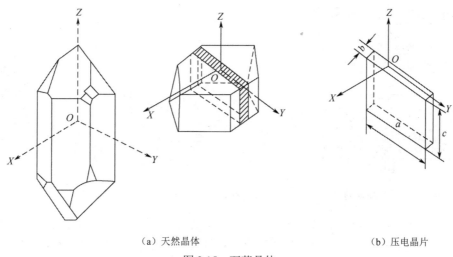

（a）天然晶体　　　　　　　　　　　（b）压电晶片

图 2.15　石英晶体

在压电晶片上，产生电荷的极性与受力方向的关系如图 2.16 所示。若沿晶片的 $X$ 轴施加压力 $F_X$，则在加压的两表面上分别出现正负电荷，如图 2.16（a）所示。若沿晶片的 $Y$ 轴施加压力 $F_Y$，则在加压的表面上不出现电荷，电荷仍出现在垂直于 $X$ 轴的表面上，电荷的极性如图 2.16（c）所示。若将 $X$、$Y$ 轴方向施加的压力改为拉力，则产生电荷的位置不变，只是电荷的极性相反，如图 2.16（b）、（d）所示。

在沿电轴方向的力的作用下，压电材料产生电荷的现象称为纵向压电效应；在沿机械轴方向的力的作用下，压电材料产生电荷的现象称为横向压电效应。当压电材料沿光轴方向受力时，不会产生压电效应。值得注意的是纵向压电效应与压电材料尺寸无关，而横向压电效应与压电材料尺寸有关。

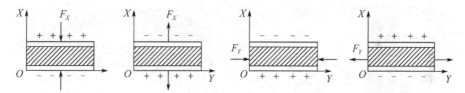

（a）沿 $X$ 轴方向施加压力　　（b）沿 $X$ 轴方向施加拉力　　（c）沿 $Y$ 轴方向施加压力　　（d）沿 $Y$ 轴方向施加拉力

图 2.16　电荷极性与受力方向的关系

石英晶体的介电常数和压电系数的温度稳定性相当好，其机械强度很高，绝缘性能也相当好，一般都用作标准传感器或高精度传感器中的压电元器件。石英晶体比压电陶瓷昂贵。

（2）压电陶瓷。与石英晶体不同，压电陶瓷是人工制造的多晶体压电材料，属于铁电体。压电陶瓷内部的晶体有一定的极化方向，从而存在电场（电畴），如图 2.17 所示。在无外电场作用时，原始的压电陶瓷内极化强度为零，整体呈电中性，不具有压电特性。

在压电陶瓷上施加外电场时，压电陶瓷被极化，部分电畴的方向受外电场影响，变为与外电场方向一致。外电场越强，转向外电场方向的电畴就越多。去掉外电场后，剩余极化强度很大，这时的压电陶瓷才具有压电特性。极化处理后，压电陶瓷内部存在很强的剩余极化，当压电陶瓷受到外力作用时，电畴的界限发生变化，电畴方向发生偏转，从而引起剩余极化强度的变化，导致在垂直于极化方向的平面上出现极化电荷，如图 2.18 所示。这种因受力而产生的由机械效应转变为电效应，由机械能转变为电能的现象，就是压电陶瓷的正压电效应，其产生的电荷量的大小与外力成正比。

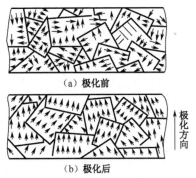
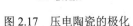

图 2.17　压电陶瓷的极化

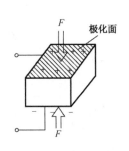

图 2.18　压电陶瓷的压电原理

思政小视频

微课：传感器应用-衣服褶皱充电

（3）高分子压电材料。高分子压电材料是一种新型的材料，有聚偏二氟乙烯（PVF2）、聚偏氟乙烯（PVDF）、聚氟乙烯（PVF）、改性聚氟乙烯（PVC）等，其中以 PVF2 和 PVDF 的压电系数最高。高分子压电材料的最大特点是柔软，可根据需要将其制成薄膜或电缆套管等，如图 2.19 所示，经极化处理后就表现出压电特性。它不易破碎，具有防水性，动态范围大，频响范围大，但工作温度不高，一般低于 100℃，且随温度升高，其灵敏度系数降低。高分子压电材料的机械强度也不高，且容易老化，因此常用于对测量精度要求不高的场合，如水声测量、防盗、振动测量等。

3）压电材料的接法

在压电式传感器中，为了提高灵敏度，通常将两片或两片以上的压电材料粘贴在一起。因为电荷的极性关系，压电材料有串联和并联两种接法。图 2.20（a）所示为串联接法，此法适用于测量有高输入阻抗，并以电压为输出量的电路；图 2.20（b）所示为并联接法，此法适用于测量信号变化缓慢，并以电荷为输出量的电路。

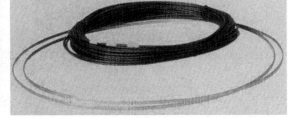

（a）压电薄膜　　　　　　　　　　　　（b）压电电缆套管

图 2.19　高分子压电材料制成的压电薄膜和压电电缆套管

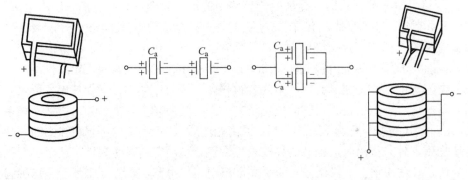

（a）串联　　　　　　　　　　　　（b）并联

图 2.20　压电材料的两种接法

4）压电式传感器的测量电路

（1）压电式传感器的等效电路。由压电材料的工作原理可知，压电材料可以看作一个电荷发生器，同时它是一个电容器，晶体上聚集正、负电荷的两个表面相当于电容器的两个极板，极板间物质等效于一种介质，其电容量为

$$C_a = \frac{\varepsilon_r \varepsilon_0 A}{d} \tag{2-11}$$

式中，$A$ 为压电片的面积；$d$ 为压电片的厚度；$\varepsilon_r$ 为压电材料的相对介电常数；$\varepsilon_0$ 为空气的相对介电常数。因此，压电式传感器可以等效为一个与电容器串联的电压源 $U_a$，如图 2.21（a）所示；也可以等效为一个与电容器并联的电荷源 $q$，如图 2.21（b）所示。电压 $U_a$、电荷量 $q$ 和电容量 $C_a$ 的关系为

$$U_a = \frac{q}{C_a} \tag{2-12}$$

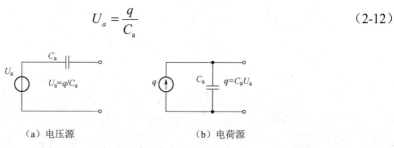

（a）电压源　　　　　　　　　　（b）电荷源

图 2.21　压电式传感器的等效电路

（2）压电式传感器的测量电路。压电式传感器本身阻抗很高，而输出能量较小，因此它的测量电路通常会接入一个高输入阻抗的前置放大器。压电式传感器的电压放大电路如图 2.22（a）所示，其等效电路如图 2.22（b）所示。

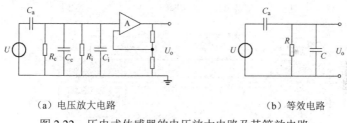

（a）电压放大电路　　　　　　　　　（b）等效电路

图 2.22　压电式传感器的电压放大电路及其等效电路

电荷放大器是一种输出电压与输入电荷量成正比的放大器。考虑到 $R_a$、$R_i$ 极大，电荷放大器等效电路如图 2.23 所示。由 $U_o \approx q/C_f$ 可得，电荷放大器的输出电压仅与输入电荷量和反馈电容有关，电缆电容等其他因素可忽略不计，这是电荷放大器的特点。因此，要得到必要的精度，反馈电容 $C_f$ 的温度稳定性和时间稳定性要好。实际应用的时候，考虑不同量程，反馈电容要做成可调式的，电容量在 $100 \sim 10000 \mathrm{pF}$ 之间。

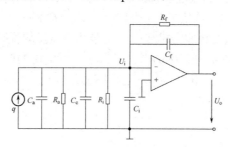

图 2.23　电荷放大器等效电路

## 2．压电式传感器及其应用

在表 2.1 中列出了压电式传感器的主要应用类型。目前，各种压电式传感器已经在工业、民用和军事方面得到广泛应用，其中用得最多的是力敏型压电式传感器。

表 2.1　压电式传感器的主要应用类型

| 传感器类型 | 转换方式 | 压电材料 | 用途 |
|---|---|---|---|
| 力敏 | 力→电 | 石英、罗思盐、ZnO、BaTiO₃、PZT、PMS、电致伸缩材料 | 微拾音器、应变仪、气体点火器、血压计、压电陀螺、压力和加速度传感器 |
| 声敏 | 声→电　声→压 | 石英晶体、压电陶瓷 | 振动器、微拾音器、超声波探测器、助听器 |
| | 声→光 | PbYiO₃、LiNbO₃ | 声光效应元器件 |
| 光敏 | 光→电 | PbTiO₃、LiTaO₃ | 热电红外线探测器 |
| 热敏 | 热→电 | BaTiO₃、LiTaO₃、PbTiO₃、TGS、PZO | 温度计 |

1）压电式力传感器

压电式力传感器是以压电元器件为转换元件，输出电荷量与作用力成正比的力-电转换装置，适用于动态力测量，不适用于静态力测量，如用于压电地震仪，可以对人类不能感知的细微震动进行监测，并精确测出震源方位和强度，从而检测出地震，为抗震救灾提供决策依据。压电式力传感器常用荷重垫圈式，它由基座、盖子、石英晶片、电极及连接头等组成。图 2.24 所示为 YDS-78 型压电式单向力传感器的结构，它主要用于频率变化不太大的动态力的测量。被测力通过传力上盖使压电元器件受压力作用而产生电荷。传力上盖的弹性形变部分很薄，因此灵敏度很高。

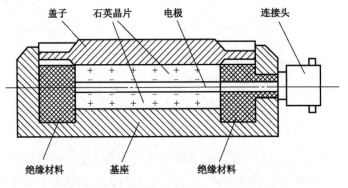

图 2.24　YDS-78 型压电式单向力传感器的结构

2）压电式加速度传感器

图 2.25 所示为一种压电式加速度传感器的结构，主要由基座 1、电极 2、压电元器件 3、质量块 4、预压弹簧 5、外壳 6、固定螺栓 7 组成。传感结构装在外壳内，并用螺栓加以固定。

当传感器和被测物一起受到冲击时，压电元器件受质量块惯性力的作用，根据牛顿第二定律有 $F=ma$。式中，$F$ 为质量块产生的惯性力；$m$ 为质量块的质量；$a$ 为加速度。此惯性力 $F$ 作用于压电元器件上，使其产生电荷 $q$，当传感器选定后，质量 $m$ 为常数，传感器输出电荷量与被测物体的振动加速度成正比。

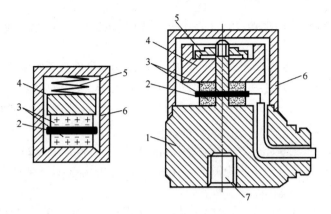

图 2.25 压电式加速度传感器结构图

下面简单介绍几种加速度传感器的应用。

（1）掉落保护。笔记本电脑中的加速度传感器可以检测自由落体状态，实现掉落硬盘保护。当检测到自由落体状态时，传感器发出信号，让磁头复位，以降低硬盘的受损程度，起到保护硬盘的作用，如图 2.26 所示。

图 2.26 笔记本电脑硬盘保护

手机中的加速度传感器可以检测自由落体状态，实现掉落关机保护。例如，可以采用 MMA1220D 加速度传感器（以下简称 MMA1220D）控制手机掉落关机保护，其电路连接如图 2.27（a）所示。在手机掉落时，该加速度传感器处于自由落体状态（失重），此时输出电压为 2.5V。该输出电压送入比较器，与 2.5V 基准电压相减，结果为 0，传感器产生触发信号并使手机关机，以保护手机不因掉落造成更严重的损坏。

MMA1220D 为 Motorola 公司生产的单轴加速度传感器，由测力单元（重力传感器）、放大器和滤波器组成，采用 16 脚 SOIC（减小空间的表面贴片）封装。加速度灵敏度为 250mV/g，响应时间为 2ms，最大工作加速度为 11g，最高工作频率为 200Hz。MMA1220D 在静止状态下，朝左或朝右放置，重力加速度都为 0g，输出电压为 2.5V；朝上放置，重力加速度为 1g，输出电压为 2.75V；朝下放置，重力加速度为 -1g（负号表示方向），输出电压为 2.25V。MMA1220D 静止状态输出电压如图 2.27（b）所示。

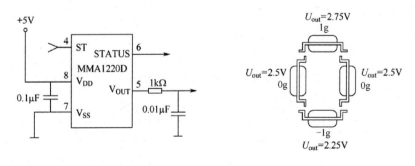

（a）电路连接 （b）静止状态输出电压

图 2.27 MMA1220D 加速度传感器

（2）图像自动翻转。用加速度传感器检测手持设备的旋转动作及方向，实现所要显示图像的转正，如图 2.28 所示。

ADXL320 双轴加速度传感器（以下简称 ADXL320）可用于手机和平板电脑的屏幕横竖显示方向的自动转换，实现手机或平板电脑的 G-Sensor 重力感应功能。ADXL320 引脚如图 2.29 所示，其中 NC 表示不需要连接的引脚，COM 为地，$V_S$ 为电源，ST 为自测试端，$X_{OUT}$ 和 $Y_{OUT}$ 为输出引脚。

ADXL320 电路原理图如图 2.30 所示。$X_{OUT}$ 和 $Y_{OUT}$ 分别接 LM324 正相输入端和反相输入端，当人们横向拿着手机或平板电脑时，$X_{OUT}$ 和 $Y_{OUT}$ 输出电压分别为 1.500V 和 1.326V，将 LM324 的输出接到处理器就能判断方向。

在图 2.30 中，$C_X$ 和 $C_Y$ 为滤波电容，其大小和带宽的选择有关，具体如表 2.2 所示。

图 2.28　加速度传感器用于手持设备图像自动翻转

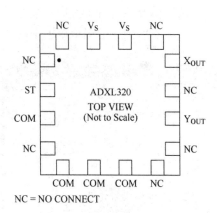

图 2.29　ADXL320 引脚

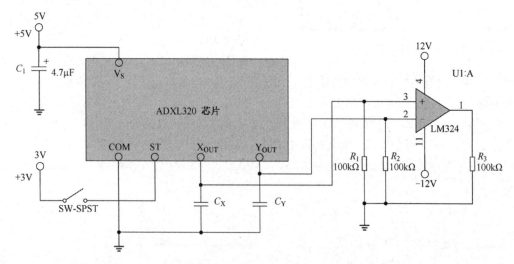

图 2.30　ADXL320 电路原理图

表 2.2　滤波电容选择和带宽关系表

| 带宽（Hz） | 电容（μF） |
| --- | --- |
| 1 | 4.7 |
| 10 | 0.47 |
| 50 | 0.1 |

续表

| 带宽（Hz） | 电容（μF） |
| --- | --- |
| 100 | 0.05 |
| 200 | 0.027 |
| 500 | 0.01 |

（3）防抖动功能。用加速度传感器可检测手持设备的振动/晃动幅度，当振动/晃动幅度过大时锁住照相快门，使所拍摄的图像永远是清晰的，如图 2.31 所示。

（4）摇一摇。手机内使用的加速度传感器，可以在晃动手机时，监测加速度在各个方向的变化，当加速度值超过设定值时，触发摇一摇功能，如图 2.32 所示。

（5）计步器。人在走动的时候会产生规律性的振动，而加速度传感器可以检测振动的过零点，从而计算出人走路或跑步的步数，如图 2.33 所示。

图 2.31　加速度传感器用于拍照防抖动　　　　　　图 2.32　加速度传感器用于摇一摇功能

此外，加速度传感器广泛应用于游戏控制、汽车制动/启动检测、地震检测、工程测振、地质勘探、振动测试与分析及安防等领域。

3）压电式玻璃破碎报警器

BS-D2 压电式传感器是专门用于检测玻璃破碎的传感器，如图 2.34 所示，它利用压电元器件对振动敏感的特性来感知玻璃受撞击和破碎时产生的振动波。传感器把振动波转换成电压输出，传感器的最小输出电压为 100mV，最大输出电压为 100V，内阻抗为 15～20kΩ。输出电压经过放大、滤波、比较等处理后送入报警系统。

图 2.33　加速度传感器用于计步功能　　　　　　图 2.34　压电式玻璃破碎报警器

压电式玻璃破碎报警器可广泛用于文物保管、贵重商品保管及其他商品柜台保管等场合。

当前，新型振动传感器技术越来越成熟，如 Z02 芯片，其工作电压为 5V（典型工作电压为 3V，最高电压为 12V），由于该传感器输出信号能够满足数字模块的触发电压，在使用时可以触发 KD153 发出"叮咚"声音，如图 2.35 所示。

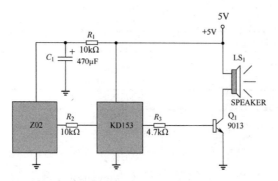

图 2.35　Z02 芯片应用电路

4）电子血压计

电子血压计通过在捆扎布内部安装的敏感元件把血液流过血管产生的状态变化转换成电信号。敏感元件的输出电压随着血液的流动变化而变化，据此可以知道血压值，也可以测量脉搏，它的构造如图 2.36（a）所示，其检测波形如图 2.36（b）所示。

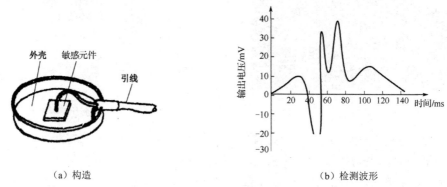

（a）构造　　　　　　　　　　　　　　（b）检测波形

图 2.36　压电敏感元件用于电子血压计

5）压电聚合物电声元器件

利用压电陶瓷的逆压电效应，可以将其作为敏感材料，应用于扩音器、电唱头等压电聚合物电声元器件，如图 2.37（a）所示为使用电声元器件的电声吉他。逆压电效应：压电双晶片或压电单晶片在外电场驱动下会产生弯曲和振动。上述原理可应用于生产电声元器件，如蜂鸣器、传声器、立体声耳机和高频扬声器。乐器电声元器件结构如图 2.37（b）所示，将电声元器件用特殊的阻尼材料夹住，存放在一个外壳中。由于电声元器件的衰减时间短，固有共振频率低，因此能够得到清楚而柔和的声音，图 2.37（c）所示为电声元器件的频率特性。电声元器件安装在吉他的器身部位时，能够检测到弦振动引起的器身的共振，振动信号经放大从扬声器中传出。

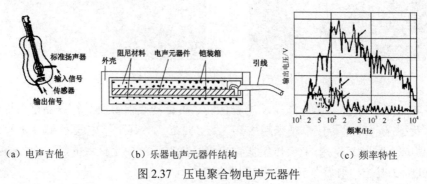

（a）电声吉他　　　　　　（b）乐器电声元器件结构　　　　　（c）频率特性

图 2.37　压电聚合物电声元器件

6）煤气灶电子点火装置

压电效应指某些介质在力的作用下产生形变时，在介质表面出现异种电荷的现象。例如，利用压电陶瓷可将外力转换成电能的特性，可以生产出不用火石的压电打火机、煤气灶电子点火装置、炮弹触发引信等。

煤气灶电子点火装置如图 2.38 所示，用高压跳火来点燃煤气。当使用者将开关往里压时，产生一个很强的力作用于压电晶体，高压放电产生火花。此时再打开气阀，燃烧盘点火成功。

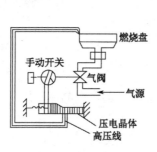

图 2.38　煤气灶电子点火装置

7）高分子压电电缆应用

用高分子压电电缆测量汽车的行驶速度时，两根高分子压电电缆 A、B 间距离为 $L$（单位为 m），平行埋设于路面下约 50mm 处，如图 2.39（a）所示。根据车轮压过电缆上方路面的时间间隔，可以测量汽车车速及其所载质量，并结合存储在计算机内部的档案数据及汽车前、后轮的距离判定汽车的车型。输出信号波形的幅度及时间间隔如图 2.39（b）所示。

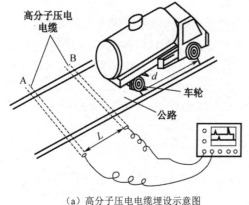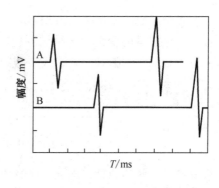

（a）高分子压电电缆埋设示意图　　　　（b）输出信号波形的幅度及时间间隔

图 2.39　高分子压电电缆测速

同样，利用高分子压电电缆可以检测动态力的特性，将其装设在地毯下面，用作脚踏报警，如图 2.40 所示。图 2.40（a）所示为添加了前置放大器的脚踏报警器内部结构，图 2.40（b）所示为伪装之后的脚踏报警器的外观。

8）发射和接收超声波

压电材料是发射和接收超声波的理想材料，超声波传感器的相关内容将在项目四中介绍。可以思考一下，发射和接收超声波各利用了哪一类压电效应。

9）细菌质量测量仪

美国康奈尔大学曾研制出世界上首部可以测量细菌质量的仪器，当时测得的细菌质量约为 $7 \times 10^{-13}$g。目前，科学家还在对这套仪器进行改进，以便将其灵敏度进一步提高到 $4 \times 10^{-19}$g。

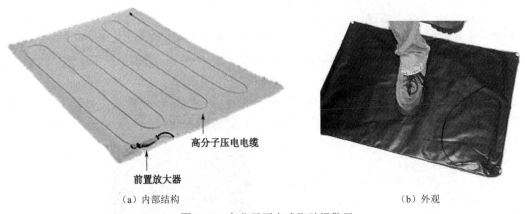

高分子压电电缆

前置放大器

（a）内部结构　　　　　　　　　　　　　　（b）外观

图 2.40　高分子压电式脚踏报警器

　　研究人员介绍，这部细菌质量测量仪的托盘由微小的压电晶体制成，长度仅有 6μm，宽为 0.5μm，厚度更是薄到了 150nm。当托盘上放上被测物后，它的振动频率便会发生显著改变。随着被测物的质量变化，托盘的振动频率也会发生更为明显的改变，而这些变化均会被准确记录下来。

　　科学家认为，如果经过适当的改良，这部仪器完全有可能测出单个病毒甚至蛋白质分子或 DNA 片断的质量。

## 三、电感式传感器

### 1. 认识电感式传感器

　　电感式传感器的工作基于电磁感应原理，即利用电磁感应将被测非电量（如压力、位移等）转换为电感量的变化，再经过测量电路，将电感量的变化转换为电压或者电流的变化，从而实现对非电量的测量。电感式传感器的工作原理框图如图 2.41 所示。

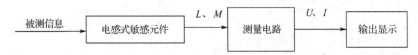

被测信息　→　电感式敏感元件　$L$、$M$　→　测量电路　$U$、$I$　→　输出显示

图 2.41　电感式传感器的工作原理框图

　　根据信号的转换原理，电感式传感器分自感式传感器、互感式（差动变压器式）传感器两大类。

　　电感式传感器的主要优点：结构简单、可靠，寿命长，灵敏度高（可分辨 0.1μm 的机械位移，能感受 0.1%/s 的微小变化），精度高，线性度好（可达 0.05%～0.1%），重复性好，输出信号强（不经放大，也可具有 0.1～5V/mm 的输出值）。

　　电感式传感器常用来检测位移、振动、力、变形、比重、流量等物理量。由于适用范围广，且能在较恶劣的环境中工作，电感式传感器在计量技术、工业生产和科学研究领域中得到了广泛应用。

　　电感式传感器的主要缺点：频率响应低，不适于调频动态信号测量；存在交流零位误差；由于线圈的存在，体积和质量都比较大，也不适合集成制造。

　　1）自感式传感器的工作原理与结构

　　自感式传感器实质上是一个带气隙的铁芯线圈。按磁路几何参数变化形式的不同，自感式传感器可分为变气隙型、变面积型与螺管型三种；按磁路的结构不同，自感式传感器可分为 Π 型、E 型和罐型等；按组成方式的不同，自感式传感器可分为单一式与差动式两种。

（1）变气隙型自感式传感器。变气隙型自感式传感器结构图如图 2.42（a）所示。变气隙型自感式传感器的工作原理：衔铁移动→磁路磁阻变化→电感量变化。当铁芯、衔铁的材料和结构与线圈匝数确定后，若保持磁通截面积不变，则电感量即为气隙宽度 $\delta$ 的单值函数。

（2）变面积型自感式传感器。图 2.42（b）所示为变面积型自感式传感器的结构，若 $\delta$ 保持不变，当衔铁沿水平方向移动时，磁通截面积则随之变化，导致电感量改变，这就是变面积型自感式传感器的工作原理。

可见，变面积型自感式传感器在忽略气隙磁通边缘效应的条件下，其输出特性是线性的，且线性范围较大。与变气隙型自感式传感器相比较，其灵敏度较低。若要提高灵敏度，则须减小 $\delta$。

（3）螺管型自感式传感器。图 2.42（c）所示为螺管型自感式传感器结构图。它由线圈、衔铁和磁性套筒等组成。衔铁插入深度的变化而引起线圈磁路中磁阻的变化，从而使线圈的电感发生变化，电感的增量正比于插入深度 $x$。

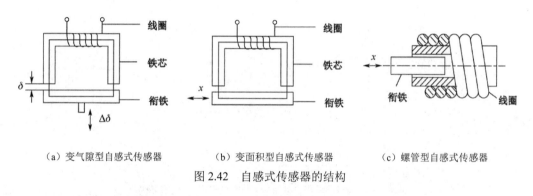

（a）变气隙型自感式传感器　　　　（b）变面积型自感式传感器　　　　（c）螺管型自感式传感器

图 2.42　自感式传感器的结构

螺管型自感式传感器从磁通分布看，只要满足主磁通不变与线圈排列均匀的条件，就有可能得到较大的线性范围。

（4）三种自感式传感器的比较。

变气隙型：灵敏度最高，且灵敏度随气隙的增大而减小；非线性误差大，量程较小，传感器制作装配比较困难。

变面积型：灵敏度比变气隙型低，理论灵敏度为一常数，因此线性度好，量程较大。

螺管型：量程大，灵敏度低，结构简单，便于制作，因此应用广泛。

2）互感式传感器的原理和结构

互感式传感器是一种线圈互感随衔铁位移变化的磁阻式传感器，其原理类似于变压器。它们的差别是，互感式传感器为开磁路，变压器为闭合磁路，互感式传感器一次线圈、二次线圈间的互感随衔铁移动而变，且两个二次线圈按差动方式工作，因此也称为差动变压器式传感器，变压器一次线圈、二次线圈间的互感为常数。互感式传感器与自感式传感器统称为电感式传感器。

互感式传感器也有变气隙型、变面积型与螺管型三种类型，如图 2.43 所示。

互感式传感器的输出特性和一次线圈与两个二次线圈的互感之差有关。结构不同，互感的计算方法也不同。

互感式传感器的灵敏度随电源电压 $U$ 和电压比 $W_2/W_1$ 的增大而提高，随初始气隙增大而降低。增加二次线圈匝数 $W_2$ 与增大激励电压 $U$ 将提高灵敏度。但 $W_2$ 过大，会使传感器体积变大，且使零位电压增大；$U$过大，易造成发热而影响稳定性，还可能出现磁饱和现象，因此$U$常取$0.5\sim8$ V，并使功率限制在1VA以下。

当激励频率过低时，互感式传感器的灵敏度随频率$\omega$而增加。当$\omega$增加使$\omega L_1 \gg R_1$时，灵敏度与频率无关，为一常数。当$\omega$继续增加超过某一数值时（该值视铁芯材料而异），由于导线趋肤效应和铁损等影响而使灵敏度下降，激励频率与灵敏度的关系如图2.44所示。通常根据所用铁芯材料，选取合适的激励频率，以保持灵敏度不变。这样，既可放宽对激励源频率的稳定性要求，又可在一定激励电压条件下减少磁通或匝数，从而减小传感器尺寸。

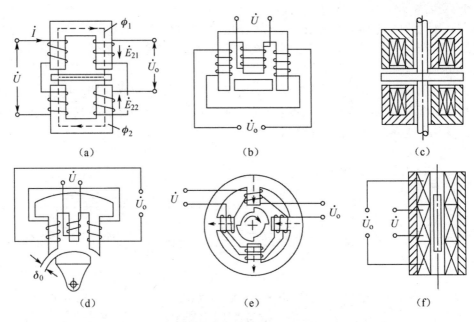

（a）～（c）—变气隙型；（d）、（e）—变面积型；（f）—螺管型

图2.43　各种互感式传感器

### 2. 电感式传感器的应用

电感式传感器不仅可以直接测量位移的变化，也可以测量与位移有关的物理量，如振动、加速度、应变、压力、张力、比重、厚度等参数。

1）压力测量

图2.45所示为差动式压力传感器的结构，这种传感器可以用于测量各种生产流程中液体、蒸汽及气体压力。

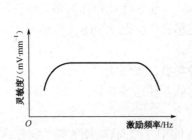

图2.44　激励频率与灵敏度的关系

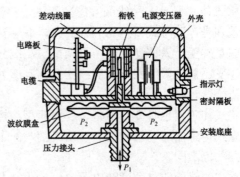

图2.45　差动式压力传感器的结构

差动式压力传感器的敏感元件为波纹膜盒，传感器的衔铁与波纹膜盒相连。当被测压力作用到膜盒中，膜盒的自由端便产生一个与压力成正比的位移，此位移带动衔铁上下移动，从而使差动式压力传感器产生正比于被测压力的输出信号，输出信号可以是电压，也可以是电流。由于电流信号不易受干扰，且便于远距离传输，所以在使用中多以电流作为输出信号。

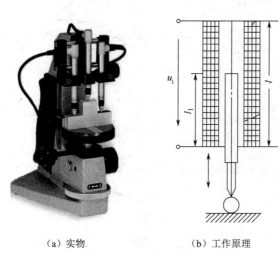

（a）实物　　　　（b）工作原理

图 2.46　电感式测微仪

**2）位移测量**

电感式传感器可测量微小位移，因此常被用于测量粗糙度、平整度、光滑程度等，常常用在测微仪、圆度计等设备中。

（1）测微仪。电感式测微仪实物如图 2.46（a）所示，测量的工作原理如图 2.46（b）所示，测量时红宝石（或钨钢）测微端接触被测物表面，被测物尺寸的微小变化使衔铁在差动线圈中产生位移，造成差动线圈电感量的变化，此电感量变化通过电缆传到交流电桥，电桥的输出电压反映了被测物尺寸的变化，测微仪的最小量程为$-3\sim+3\mu m$。

（2）圆度计。圆度计结构如图 2.47（a）所示，该圆度计采用旁向式电感测微头，电感测微头接触被测物，被测物围绕测微头旋转，通过杠杆将位移变化传递给电感测微头的衔铁，从而使差动电感有相应的变化，工作轨迹如图 2.47（b）所示。圆度计实物如图 2.47（c）所示。

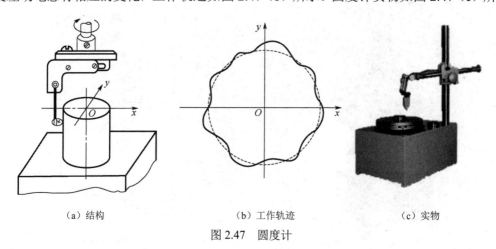

（a）结构　　　　　　　　（b）工作轨迹　　　　　　　　（c）实物

图 2.47　圆度计

（3）电感式滚柱直径分拣装置。电感式滚柱直径分拣装置的结构如图 2.48（a）所示，其实物如图 2.48（b）所示。它的工作原理如下。从振动料斗送来的滚柱按顺序进入落料管。电感测微器的测杆在电磁铁（图 2.48 中未画出）的控制下，先提升到一固定高度，推杆将滚柱推入电感测微器测杆正下方，限位挡板决定滚柱的前后位置，电磁铁释放，钨钢测杆向下压住滚柱，滚柱的直径大小决定了电感测微器中衔铁的位移量。电感测微器的输出信号经相敏检波电路和电压放大电路处理后送入计算机计算出直径的偏差值。测量完成后，电磁铁再将测杆提升，限位挡板在电磁铁的控制下移开，直径测量完毕的滚柱在推杆的再次推动下离开测量区域，这时相应的电磁翻板打开，滚柱落入与其直径偏差值相对应的容器（料斗）中，同时推杆和限位挡板复位。

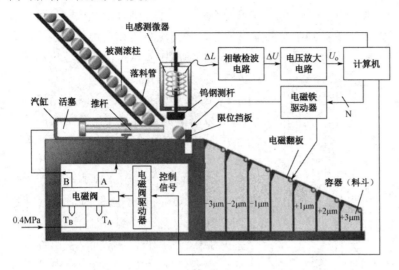

（a）结构 　　　　　　　　　　　　　　　　（b）实物

图 2.48　电感式滚柱直径分拣装置

（4）电感式传感器在仿形铣床中的应用。电感式传感器还可以用在工业仿形铣床中，铣床实物如图 2.49（a）所示，工作情况如图 2.49（b）所示，传感器硬质合金端与待仿工件外表轮廓接触，当衔铁不在差动电感线圈的中间位置时，传感器有输出，输出电压经伺服放大器放大后，驱动伺服电动机正转或反转，带动龙门框架上移或下移，刀具在另一头加工出跟待仿工件轮廓一致的产品。

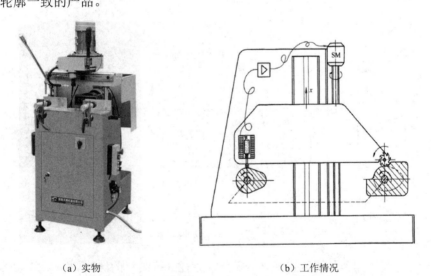

（a）实物 　　　　　　　　　　　　　　（b）工作情况

图 2.49　电感式传感器在仿形铣床中的应用

3）接近开关

电感式传感器还可以用作接近开关，这部分内容将在项目六中介绍。

## 四、电容式传感器

电容式传感器是一种能将被测量的变化转换为电容量变化的传感器。电容式传感器结构简单、分辨率高，能在高温、辐射和强烈振动等恶劣条件下工作，已经在位移、压力、厚度、物位、湿度、振动、转速、流量等的测量方面得到了广泛的应用。现在，已有精度高达 0.01% 的电容式传感器。电容式传感器是一种频响宽、应用广、可非接触测量的传感器。

### 1. 认识电容式传感器

#### 1）工作原理

电容式传感器的敏感元件是平板电容器，其两个平行金属板（极板）之间充以绝缘介质，如图 2.50 所示。当忽略边缘效应影响时，其电容为

$$C = \frac{\varepsilon_0 \varepsilon_r A}{\delta} \tag{2-13}$$

式中，$A$ 是极板的有效面积（m²）；$\delta$ 是极板间的距离（m）；$\varepsilon_0$ 是真空介电常数，$\varepsilon_0 \approx 8.854 \times 10^{-12}$ F/m；$\varepsilon_r$ 是介质的相对介电常数，在空气中，$\varepsilon_r = 1$。

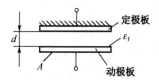

图 2.50 平板电容器

由式（2-13）可知，平板电容器的电容量是与极板间有效面积、极板间距和介质介电常数相关的函数，若 $\delta$、$A$、$\varepsilon_r$ 三个参量中任意一个发生变化，则电容 $C$ 就会变化，并且这个变化可被测量转换电路以电量的形式输出。这就是电容式传感器的基本工作原理。

#### 2）分类

电容式传感器根据工作原理不同，分为变极距型、变面积型和变介质型三种类型。

（1）变极距型电容式传感器。若电容器极板间距离由初始值 $d_0$ 缩小 $\Delta d$，电容量增大 $\Delta C$，则有

$$C_1 = C_0 + \Delta C = \frac{\varepsilon_0 \varepsilon_r A}{d_0 - \Delta d} = \frac{C_0 (1 + \frac{\Delta d}{d_0})}{1 - \frac{(\Delta d)^2}{d_0^2}} \approx C_0 (1 + \frac{\Delta d}{d_0}) \tag{2-14}$$

即

$$\frac{\Delta C}{C_0} \approx \frac{\Delta d}{d_0} \tag{2-15}$$

可见，$C_1$ 与 $\Delta d$ 近似呈线性关系，所以变极距型电容式传感器只有在 $\Delta d/d_0$ 很小时才有近似线性的输出。其中，$C_0 = \frac{\varepsilon_0 \varepsilon_r A}{d_0}$。

变极距型电容式传感器具有很高的灵敏度，可用于测量微小位移（如纳米级的位移），或者把力、加速度、位移及转速等力学量转换成极距的微小变化。

（2）变面积型电容式传感器。两平行极板相对运动引起两极板有效覆盖面积 $A$ 改变，构成变面积型电容式传感器。与变极距型电容式传感器相比，变面积型电容式传感器的灵敏度较低。变面积型电容式圆筒传感器如图 2.51 所示，这种传感器的电容为

$$C = \frac{2\pi \varepsilon_r \varepsilon_0 l}{\ln R - \ln r} \tag{2-16}$$

式中，$l$ 为圆筒长度；$R$ 为外筒内径；$r$ 为内筒外径。非电量引起 $l$ 的变化，转换成电容的变化，可用于测量与线性位移有关的量。

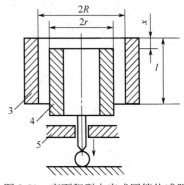

图 2.51　变面积型电容式圆筒传感器

测量角位移用的是具有差动结构的电容式传感器，其结构图如图 2.52 所示。图 2.52 中 A、B 为位于同一平（柱）面而形状和尺寸均相同且互相绝缘的定极板。动极板 C 平行于 A、B，并在自身平（柱）面内绕圆点摆动，从而改变极板间覆盖的有效面积，改变传感器的电容。

C 的初始位置必须保证其与 A、B 间的初始电容值相同，对图 2.52（a）有

$$C_{AC} = C_{BC} = \frac{\varepsilon_0 \varepsilon_r (R^2 - r^2)\alpha}{\delta_0} \qquad (2\text{-}17)$$

对图2.52（b）有

$$C_{AC} = C_{BC} = \frac{\varepsilon_0 \varepsilon_r l r \alpha}{R - r} \qquad (2\text{-}18)$$

上两式中，$\alpha$ 为 C 在初始位置时一组极板相互覆盖有效面积所包的角度（或所对的圆心角）；$\delta_0$ 为极距；$\varepsilon_r$ 为极板间物质的介电常数。上述参量都是固定值。图2.52中，动极板 C 随角位移而摆动时，两组电容值一增一减，可形成差动输出，增加灵敏度。

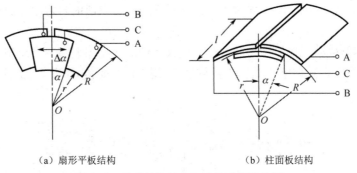

（a）扇形平板结构　　　　　　　　（b）柱面板结构

图 2.52　差动结构的电容式传感器结构图

变面积型电容式传感器有较大的量程，可测出几秒到几十度的角度，也可测量较大的线性位移。

（3）变介质型电容式传感器。当电容式传感器中的介质发生变化时，其介电常数发生变化，从而引起电容量改变。变介质型电容式传感器主要用于测量液位、材料厚度、空气湿度及检测接近或接触等，此类传感器的结构有很多种。图 2.53 所示为变介质型电容式传感器的工作原理。这种传感器可用来测量物位或液位，也可测量位移。

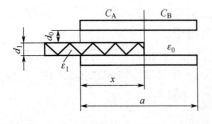

图 2.53　变介质型电容式传感器的工作原理

3）测量电路

电容式传感器把被测量转换为电容变化量后，还要经测量转换电路将电容变化量转换成电压或电流信号，以便记录、传输、显示、控制等。常见

的电容式传感器的测量转换电路有积分电路、运算放大器电路等。

（1）积分电路。图 2.54 所示为由运算放大器构成的简单积分电路。由于运算放大器输入端虚短及下拉电阻 $R_1$ 的作用，使

$$i_1 = \frac{u_i}{R}, \quad i_f = i_C = -C\frac{du_o}{dt}, \quad i_1 = i_C$$

若 $u_i$ 为固定电压，则

$$u_o = -\frac{1}{RC}\int u_i dt = -\frac{u_i}{RC}t \tag{2-19}$$

上述测量电路的输出电压与电容量成反比，与积分（电容充电）时间成正比。这种电路常被用来构成数字式测量转换电路。此电路将输出电压 $u_o$ 作为比较器的输出信号，当 $u_i$ 接入时，电路开始计时，当 $u_o$ 达到某一电平时，比较器翻转，终止计时。此时，电容 $C$ 为

$$C = -\frac{1}{RC}\int u_i dt = -\frac{u_i}{Ru_o}t \tag{2-20}$$

由式（2-20）可以看出，电容 $C$ 的大小与积分时间成正比。常将 $u_o$ 作为比较器的输入控制计时器，构成数字式测量转换电路。根据电容充放电的原理，可以设计各种差动式测量转换电路。

（2）运算放大器电路。图 2.55 所示为运算放大器的电路。$C_X$ 为传感器电容，它跨接在高增益运算放大器的输入端和输出端之间。运算放大器的输入阻抗很高（趋于无穷大），因此可视其为理想运算放大器，其输出为与 $C_X$ 成反比的电压 $U_o$，即

$$U_o = -U_i\frac{C_0}{C_X} \tag{2-21}$$

式中，$U_i$ 为信号源电压；$C_0$ 为固定电容。这两个参数要求稳定。对于变极距型电容式传感器（$C_X = \varepsilon_0\varepsilon_r A/\delta$），这种电路的输出电压为

$$U_o = U_i\frac{C_0}{\varepsilon_0\varepsilon_1 A}\delta \tag{2-22}$$

可见，运算放大器电路的最大特点是克服了变极距型电容式传感器的非线性。

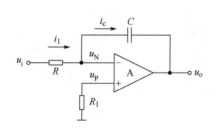
　　图 2.54　由运算放大器构成的简单积分电路

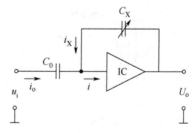
　　图 2.55　运算放大器的电路

### 2. 电容式传感器的应用

1）压力测量

电容式压力传感器的结构图如图 2.56 所示，电容组成差动结构，膜片为动电极，两个在凹形玻璃上的金属镀层为固定电极，从而构成差动电容器。将两个电容分别接在电桥的两个

桥臂上，构成差动电桥。

当被测压力 $F_1$、$F_2$ 作用于膜片时，若 $F_1=F_2$，则膜片静止不动，传感器输出电容 $C_1=C_2$，电桥输出为零。当 $F_1 \neq F_2$ 时，膜片产生位移，从而使两个电容器的电容一个增大，一个减小，电桥失去平衡，电桥的输出与 $F_1$、$F_2$ 的压力差成正比。

2）加速度测量

图 2.57 所示为电容式加速度传感器的结构图，它的两个固定电极与壳体绝缘，中间有一个用弹簧支撑的质量块，质量块的两端面经磨平抛光作为电容器的动极板（与壳体相连）。

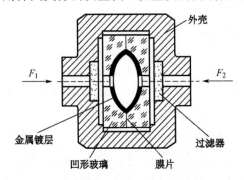

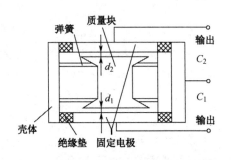

图 2.56　电容式压力传感器的结构图　　　　图 2.57　电容式加速度传感器的结构图

使用时，将传感器固定在被测物体上，当被测物体振动时，传感器随被测物体一起振动，质量块在惯性空间中相对静止，而两个固定电极相对于质量块在垂直方向产生位移的变化，从而使两个电容器极板间距发生变化，电容器的电容 $C_1$、$C_2$ 产生大小相等、符号相反的增量。将 $C_1$、$C_2$ 接到差动电桥上，电桥的输出正比于被测加速度的大小。

3）传声器

电容式传声器的核心组成部分是由固定电极和振动膜片组成的电容器，其结构如图 2.58 （a）所示，当声波引起其振动的时候，振动膜片的运动改变了电容的极板间距，从而造成了电容的改变，产生电流。因为极头（电容器）需要一定电压进行极化才能使用，所以电容式传声器一般要使用三相电源供电才可以工作。相对于一般的动圈式传声器，电容式传声器具有灵敏度高，指向性好的优点。电容式传声器实物如图 2.58（b）所示，一般用于影视录音等，在录音棚里很常见。

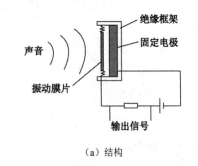

（a）结构　　　　　　　　　　　　　　（b）实物

图 2.58　电容式传声器

力敏传感器是将动态或静态力的大小转换成便于测量的电量的装置。电阻应变式传感器

可先将外力转化成电阻值的变化，再利用桥式电路检测出电阻值的变化，从而得出对应的力的变化量。

桥式电路分为单臂直流电桥、差动双臂直流电桥（半桥）和差动直流全桥三类，差动双臂直流电桥（半桥）的电压灵敏度为单臂直流电桥的 2 倍，而差动直流全桥的电压灵敏度又为差动双臂直流电桥（半桥）电压灵敏度的 2 倍。

压电式传感器利用压电效应将外力转换为电荷的变化量，通过电压（或电荷）放大后，形成输出信号。压电式传感器擅长检测动态力。

电感式传感器利用电磁感应原理先将被测非电量转换为电感量的变化并输出，再经过测量电路，将电感量的变化转换为电压或电流的变化。

电容式传感器分为变极距型、变面积型和变介质型，这三种类型都可以将受到的力的影响转变为电容量的变化。在电容式传感器中经常采用差动结构是为了改善非线性、提高灵敏度和减小外界因素的影响。

# 思 考 练 习

## 1. 填空题

（1）导体、半导体应变片在应力作用下，其电阻值发生变化，这种现象称为（　　　　）效应。

（2）电阻应变片在实际应用中，常用的两种补偿方法是（　　　　）和（　　　　）。

（3）如图 2.3 所示，电桥平衡条件为（　　　　）。

（4）压电式传感器是一种典型的（　　　　）式传感器，它以某种电介质的（　　　　）为基础。

（5）压电晶体在沿着电轴 $X$ 方向力的作用下产生电荷的现象称为（　　　　）压电效应；在沿机械轴 $Y$ 方向力的作用下产生电荷的现象称为（　　　　）压电效应。

（6）电感式传感器依据结构，分为（　　　　）传感器和（　　　　）传感器。

（7）电容式传感器分为（　　　　）型、（　　　　）型和（　　　　）型三种类型，其中测量小位移的是（　　　　）型，测量较大位移的是（　　　　）型，可用于液位和湿度测量的是（　　　　）型。

## 2. 单项选择题

（1）通常用应变式传感器测量（　　　　）。

　　A. 温度　　　　　　B. 密度　　　　　　C. 加速度　　　　　　D. 电阻

（2）电桥测量电路的作用是把传感器的参数变化转化为（　　　　）的输出。

　　A. 电阻　　　　　　B. 电容　　　　　　C. 电压　　　　　　D. 电流

（3）根据工作桥臂不同，电桥可分为（　　　　）。

　　A. 单臂电桥　　　B. 双臂电桥　　　　C. 全桥　　　　　　D. 全选

（4）压电材料的居里点是（　　　　）消失的温度转变点。

　　A. 压电效应　　　　　　　　　　　　　B. 逆压电效应

　　C. 横向压电效应　　　　　　　　　　　D. 电荷效应

（5）在电介质的极化方向上施加交变电场时，它会产生机械变形，当去掉外加电场时，电介质变形随之消失，这种现象称为（　　　）。

　　A．逆压电效应　　B．压电效应　　　　C．电荷效应　　　D．外压电效应

（6）压电式传感器主要用于脉动力、冲击力、（　　　）等动态参数的测量。

　　A．移动　　　　　B．振动　　　　　　C．温度　　　　　D．压力

（7）压电式传感器是一种典型的（　　）传感器。

　　A．红外线　　　　B．自发电式　　　　C．磁场　　　　　D．电场

（8）石英晶体是一种性能非常稳定的良好（　　　）。

　　A．压电晶体　　　B．振荡晶体　　　　C．宝石　　　　　D．导体

（9）对于电容式传感器经常做成差动结构的原因，描述错误的是（　　　）。

　　A．可以减小非线性误差　　　　　　　B．可以提高灵敏度

　　C．可以增加导电性　　　　　　　　　D．可以减小外界因素影响

（10）当医生测量血压时，实际上是测量人体血压与（　　　）压力之差。

　　A．大气　　　　　B．温度　　　　　　C．湿度　　　　　D．速度

## 3．判断题

（1）电阻应变片主要分金属应变片和半导体应变片两类。　　　　　　　　（　　）

（2）按供桥电源性质不同，桥式电路可分为交流电桥和直流电桥。　　　　（　　）

（3）压电式传感器可以算是一种力敏感元件。　　　　　　　　　　　　　（　　）

（4）电感式传感器擅长测量小位移，因此常用作粗糙度、平整度的检测。　（　　）

（5）压电式传感器能用于静态测量，也适用于动态测量。　　　　　　　　（　　）

（6）电磁炉加热主要利用了压电效应。　　　　　　　　　　　　　　　　（　　）

（7）录音棚里的电容式传声器主要是由变面积型电容式传感器构成的。　　（　　）

（8）为了改善非线性、提高灵敏度和减小外界因素影响，传感器常做成差动结构。

　　　　　　　　　　　　　　　　　　　　　　　　　　　　　　　　（　　）

（9）变面积型电容式传感器可以测量从几秒到几十度的角度。　　　　　　（　　）

（10）变介质型电容式传感器不能测量位移，但可以用来测量材料的厚度。（　　）

## 4．简答题

（1）什么是应变效应？

（2）使用应变片为什么要进行温度补偿？温度补偿有哪些方法？

（3）什么是压电效应？压电效应分哪两种类型？请各举例说明其应用。

（4）电感式传感器的基本原理是什么？可分成几种类型？

（5）三种自感式传感器（变气隙型、变面积型和螺管型）各有什么特点？

## 5．计算题

（1）题图1所示为一直流应变电桥，图中 $E=4$V，$R_1=R_2=R_3=R_4=120\Omega$，试求：

① $R_1$ 为金属应变片，其余为外接电阻，当 $R_1$ 的增量 $\Delta R_1=1.2\Omega$ 时，电桥输出电压 $U_o$ 为多少？

② $R_1$、$R_2$ 都是应变片，且批号相同，感受应变的极性和大小相同，其余为外接电阻，电桥输出电压 $U_o$ 为多少？

③ 在题②中，如果 $R_2$ 与 $R_1$ 感受应变的极性相反，且 $\Delta R_1=\Delta R_2=1.2\Omega$，那么电桥输出电

压 $U_o$ 为多少？

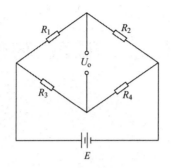

题图1　直流应变电桥

（2）采用阻值 $R=120\Omega$，灵敏度系数 $K=2.0$ 的金属电阻应变片与阻值 $R=120\Omega$ 的固定电阻组成电桥，供桥电压为 10V。当应变片应变为 $1000\mu\varepsilon$ 时，若要使输出电压大于 10mV，则可采用何种工作方式（注意：$1\varepsilon=1000000\ \mu\varepsilon$，设输出阻抗为无穷大）？

（3）有一个以空气为介质的变面积型平板电容式传感器，如题图2所示，其中 $a=8mm$，$b=12mm$，两极板间距 $d=8mm$。当动极板相对于原始位置向左平移了 5mm 后，求传感器电容的变化 $\Delta C$ 及电容相对变化量 $\Delta C/C_0$（空气的相对介电常数 $\varepsilon_r=1F/m$，真空的介电常数 $\varepsilon_0\approx8.854\times10^{-12}$ F/m）。

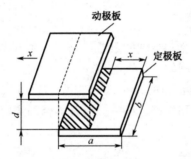

题图2　变面积型平板电容式传感器

# 项目三 温度的测量

## 项目目标

（1）知识目标：了解温标相关知识，了解电阻式温度传感器、热电偶、集成温度传感器和红外传感器的基本结构及工作原理；掌握其量程、分辨率等特性参数的意义。

（2）技能目标：学会选择和使用电阻式温度传感器、热电偶、集成温度传感器。

（3）素质目标：培养学生谦虚好学的学习态度、认真细致的工作态度、严谨的工作作风、良好的职业习惯和一定的创新思维能力。

## 项目知识

温度传感器是实现温度检测与控制的重要元器件。在工业生产中，温度测量点的数量一般占全部测量点的一半左右。例如，在钢铁生产、石油炼化中均大规模使用温度传感器。在家电产品中，温度传感器也无处不在，如冰箱、空调、洗衣机、微波炉、消毒柜、热水器等。在国防军工、航空航天的科研和生产过程中，温度的精确测量和控制更是不可或缺。

## 一、温度测量的方法

### 1. 温度与温标

温度是表征物体冷热程度的物理量，是物体内部分子无规则运动剧烈程度的标志，分子无规则运动越剧烈，温度就越高。

温度的性质：当两个冷热程度不同的物体接触后就会产生热交换，使两个物体的温度不断向具有相同温度的状态变化，并最终处于热平衡状态（温度相同），而热平衡是温度测量的基础；温度不具有叠加性，如两杯50℃的水混合后仍然是50℃，不会是100℃。

另外，不同温度的物体会发出不同波长和不同强度的热辐射，通过测量热辐射强度也可准确获得物体的温度。

用来度量物体温度的标准叫温标。它规定了温度的读数起点（零点）和测量温度的基本单位。

华氏温标（$t_F$）：在标准大气压下，华氏温标将冰的熔点定义为32度，将水的沸点定义为212度，将二者中间的幅度划分为180等份，每等份为华氏1度，单位符号为F。

摄氏温标（$t_c$）：在标准大气压下，摄氏温标将冰的熔点定义为0度，将水的沸点定义为100度，将二者中间的幅度划分为100等份，每等份为摄氏1度，单位符号为℃。

热力学温标（$T_K$）：规定分子运动停止时的温度为绝对零度，单位符号为 K。热力学温标的零点——绝对零度是宇宙低温的极限，宇宙间一切物体的温度可以无限地接近绝对零度但不能达到绝对零度（如宇宙空间的温度为 0.2K）。

3 种温标的换算关系为

$$t_c = T_K - 273.15 \tag{3-1}$$

$$t_F = \frac{9t_c}{5} + 32 \tag{3-2}$$

### 2. 温度传感器的工作原理

温度不能直接被测量，须借助某种物体的物理参数随温度冷热不同而明显变化的特性进行间接测量。温度传感器就是根据这种思想设计出来的。温度传感器主要由温度敏感元件（感温元件）和测量电路组成，如图 3.1 所示。

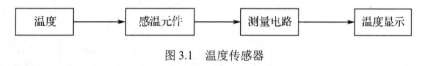

图 3.1　温度传感器

### 3. 温度传感器的分类

1）按测量原理分类

测量温度的方法有很多，也有多种分类方法，由于测量原理、测量对象的多样性，很难找到一种完全理想的分类方法。图 3.2 所示为一种根据测量原理分类的方法，包含了目前温度测量的基本原理，几乎所有的温度测量设备都是根据这些原理研制的。

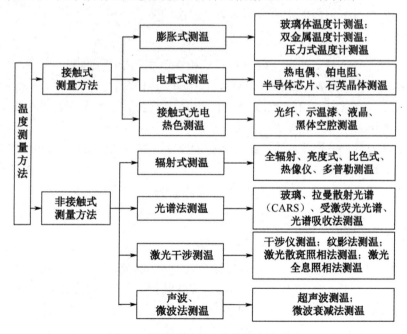

图 3.2　根据测量原理分类的方法分类

2）按是否接触分类

（1）接触式温度传感器（如温度计）：感温元件与被测对象接触，彼此进行热量交换，使感温元件与被测对象处于同一环境温度下，感温元件感受到的冷热变化即是被测对象的温度。常用的接触式温度传感器主要有热膨胀式温度传感器、热电偶、半导体温度传感器等。

（2）非接触式温度传感器：利用物体表面的热辐射强度与温度的关系来测量温度，如用于测量人体温度的热红外辐射温度计，通过测量一定距离处被测物体发出的热辐射强度来确定被测物体的温度。常见的非接触式温度传感器有辐射高温计、光学高温计、比色高温计、热红外辐射温度传感器等。

## 二、电阻式温度传感器

电阻式温度传感器是利用导体或半导体材料的电阻值随温度变化而变化（热电阻效应）的原理来测量温度的。

一般把由金属导体（铂、铜）等制成的温度传感器称为金属热电阻，又称为热电阻传感器；把由半导体材料制成的温度传感器称为半导体热敏电阻。

1）金属热电阻

金属热电阻是利用金属导体的电阻值随温度的变化而变化的原理进行测温的。少数情况下可用金属热电阻测量低至 1K（−272℃）的低温及高至 1000℃的高温。金属热电阻采用的主要材料有铂和铜两种。

（1）铂电阻（又称铂热电阻）。铂电阻的特点是测温精度高，稳定性好，所以铂电阻在温度传感器中得到了广泛应用。铂电阻的测量范围为-200～850℃。

在-200～0℃的温度范围内，铂电阻的阻值与温度的关系为

$$R_t=R_0[1+At+Bt^2+Ct^3(t-100)] \tag{3-3}$$

而在 0～850℃的温度范围内，铂电阻的阻值与温度的关系为

$$R_t=R_0(1+At+Bt^2) \tag{3-4}$$

在式（3-3）和式（3-4）中，$R_t$ 和 $R_0$ 分别为 $t$℃和 0℃时的铂电阻阻值；$A$、$B$、$C$ 为系数，其数值为 $A=3.9684\times10^{-3}$℃，$B=-5.847\times10^{-7}$℃，$C=-4.22\times10^{-12}$℃。

铂电阻分度号分别为 Pt10（10Ω）、Pt50（50Ω）、Pt100（100Ω），其中 Pt100 最常用。不同分度号对应的相应分度见附录 A。

（2）铜电阻。由于铂是贵金属，在测量精度要求不高，测温范围在-50～150℃时普遍采用铜电阻。铜电阻与温度的关系为

$$R_t=R_0(1+a_1t+a_2t^2+a_3t^3) \tag{3-5}$$

由于 $a_2$、$a_3$ 比 $a_1$ 小得多，所以式（3-5）可以简化为

$$R_t\approx R_0(1+a_1t) \tag{3-6}$$

在式（3-6）中，$R_t$ 是温度为 $t$℃时的铜电阻阻值；$R_0$ 是温度为 0℃时的铜电阻阻值；$a_1$ 是系数，$a_1=4.28\times10^{-3}$℃。铜电阻的 $R_0$ 常取 100Ω、50Ω 两种，分度号分别为 Cu100、Cu50。

铜电阻的特点：铜易于提纯，价格低廉，电阻-温度特性曲线的线性度较好。但其电阻率仅为铂的几分之一。因此，铜电阻所用电阻丝细且长，机械强度较差，热惯性较大，在温度高于 100℃或腐蚀性介质中易氧化，稳定性较差，只能用于低温及无腐蚀性的介质中。例如，中低端汽车水箱温度控制常用铜电阻，具有较高的性价比。

（3）主要性能。铂电阻和铜电阻应用非常广泛。两种金属热电阻的主要性能如表 3.1 所示。

表 3.1 两种金属热电阻的主要性能

| 材 料 | 铂（WZP） | 铜（WZC） |
|---|---|---|
| 使用温度范围（℃） | −200～+850 | −50～+150 |
| 电阻率（Ω·m×10⁻⁶） | 0.0981～0.106 | 0.017 |
| 0～100℃间电阻温度系数平均值（1/℃） | 0.003 85 | 0.00428 |
| 化学稳定性 | 在氧化性介质中比较稳定，不能在高温还原性介质中使用 | 超过 100℃容易被氧化 |
| 特性 | 特性曲线近于线性，性能稳定，精度高 | 线性度较好，价格低廉，体积大 |
| 应用 | 适用于较高温度的测量，可作为标准测温装置 | 适用于无水分、无腐蚀性介质场合的低温测量 |

（4）转换电路。如果金属热电阻外接引线较长时，那么引线电阻的变化使测量结果有较大误差，为减小误差，可采用三线制转换电路或四线制转换电路等。无论采用上述哪种电路，都必须从金属热电阻感温体的根部引出导线，不能从金属热电阻的接线端子上引出，否则同样会存在引线误差。

二线制：在金属热电阻的两端各连接一根导线的连接方式叫二线制，如图 3.3（a）所示。这种引线方法很简单，但由于连接导线必然存在引线电阻 $R_L$，其大小与导线的材质和长度等因素有关，且随环境温度变化，会造成测量误差，因此这种引线方式只适用于测量精度较低的场合。

三线制：在金属热电阻根部的一端连接一根引线，另一端连接两根引线的方式称为三线制，如图 3.3（b）所示。这种方式通常与电桥配套使用，热电阻作为电桥的一个桥臂电阻，其连接导线也成为桥臂电阻的一部分，这种方式可以较好地消除热电阻与测量仪表间连接导线因环境温度变化所引起的测量误差，是工业过程控制中最常用的接线方法。

四线制：在金属热电阻根部的两端各连接两根导线的方式称为四线制，接线方法如图 3.3（c）所示。这种引线方式可完全消除引线电阻影响，主要用于高精度的温度测量。

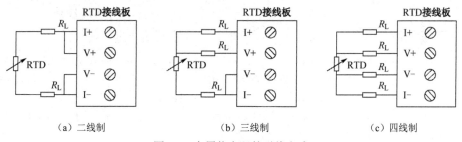

（a）二线制　　　　　　　　　（b）三线制　　　　　　　　　（c）四线制

图 3.3 金属热电阻的引线方式

2）半导体热敏电阻

半导体热敏电阻简称热敏电阻，是一种新型的半导体测温元件，热敏电阻是利用某些金属氧化物或单晶锗、硅等材料，按特定工艺制成的测温元件。

热敏电阻的结构如图 3.4 所示。图 3.4（a）为圆片式热敏电阻，图 3.4（b）为柱式热敏电阻，图 3.4（c）为珠式热敏电阻，图 3.4（d）为铠装式（带安装孔）热敏电阻。

根据热敏电阻的阻值和温度之间的关系，可以把热敏电阻分为以下三类。

正温度系数热敏电阻（PTC），其温度特性曲线如图 3.5（a）的曲线 3 所示，温度上升，PTC 电阻值加大。PTC 常用钛酸钡系材料制成，如表 3.2 所示。PTC 在电路中多起限流的作用。

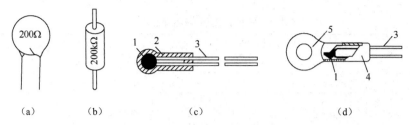

1—热敏元器件；2—玻璃外壳；3—引出线；4—纯铜外壳；5—传热安装孔

图 3.4　热敏电阻的结构

负温度系数热敏电阻（NTC），其温度特性曲线如图 3.5（a）的曲线 2 所示，温度上升，NTC 电阻值减小。NTC 是最常用的热敏电阻，常用过渡金属氧化物半导体陶瓷材料制成，如表 3.2 所示。NTC 多用于温度测量。

临界温度电阻器（CTR），其温度特性曲线如图 3.5（a）的曲线 1 和曲线 4 所示，CTR 电阻值在某个温度临界点会发生突变，曲线 1 因温度升高而降低，曲线 4 因温度升高而升高，此类热敏电阻可用于自动控温和报警电路。

热敏电阻在电路图中的符号如图 3.5（b）所示。

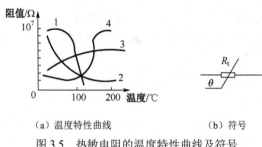

（a）温度特性曲线　　　　　　（b）符号

图 3.5　热敏电阻的温度特性曲线及符号

表 3.2　热敏电阻材料

| 大类 | 小　　类 | | 典型实例 |
|---|---|---|---|
| NTC | 单晶 | 金刚石；Ge；Si | 金刚石热敏电阻 |
| | 多晶 | 迁移金属氧化物复合烧结体，无缺陷型金属氧化物烧结体，多结晶单体，固溶体型多结晶氧化物，SiC 系 | Mn、Co、Ni、Cu、Al 氧化物烧结体，ZrY 氧化物烧结体，还原性 $TiO_3$，Ge、Si、Ba、Co、Ni 氧化物，溅射 SiC 薄膜 |
| | 玻璃 | Ge、Te、V 等的氧化物，硫、硒、碲的化合物，玻璃 | V、P、Ba 氧化物，Te、Ba、Cu 氧化物，Ge、Na、K 氧化物 |
| | 有机物 | 芳香化合物、聚酰亚釉 | 表面活性添加剂 |
| | 液体 | 电解质溶液，熔融的硫、硒、碲的化合物 | 水玻璃，As、Se、Ge 系 |
| PTC | 无机物 | $BaTiO_3$ 系，Zn、Ti、Ni 氧化物系，Si 系，硫、硒、碲的化合物 | （Ba、Sr、Pb）$TiO_3$ 烧结体 |
| | 有机物 | 石墨系、有机物 | 石墨、塑料、石蜡、聚乙烯 |
| | 液体 | 三乙烯醇混合物 | 三乙烯醇、水、NaCl |
| CTR | | V、Ti 氧化物，$Ag_2S$，$BaTiO_3$ 单晶体 | $Ag_2S$-CuS |

常用的热敏电阻及特性如表 3.3 所示。

表 3.3　常用的热敏电阻及特性

| 型　　号 | 主　要　用　途 | 主要电参数 | | | 电阻体形状及形式 |
|---|---|---|---|---|---|
| | | 25℃标称阻值（kΩ） | 额定功率（W） | 时间常数（s） | |
| MF-11 | 温度补偿 | 0.01～15 | 0.5 | ≤60 | 片状、直热 |
| MF-13 | 测温、控温 | 0.82～300 | 0.25 | ≤85 | 杆状、直热 |
| MF-16 | 温度补偿 | 10～1000 | 0.5 | ≤115 | 杆状、直热 |
| RRC2 | 测温、控温 | 6.8～1000 | 0.4 | ≤20 | 杆状、直热 |
| RRC7B | 测温、控温 | 3～100 | 0.03 | ≤0.5 | 珠状、直热 |
| RRW2 | 稳定振幅 | 6.8～500 | 0.03 | ≤0.5 | 珠状、直热 |

3）电阻式温度传感器的应用

（1）金属热电阻用于电热水器温度控制。电热水器是城镇家庭的常用家电，以其安全性受到用户的喜爱，逐步替代燃气热水器。

①电路设计。电热水器温度控制电路主要由热敏电阻 $R_T$、比较器、驱动电路及加热器 $R_L$ 等组成，如图 3.6 所示，可自动控制加热器的开闭，使水温保持在 90℃。

②工作原理。热敏电阻在 25℃时的阻值为 100kΩ，温度系数为 1K/℃。在比较器的反相输入端加有 3.9V 的基准电压，在比较器的同相输入端加有 $R_P$ 和热敏电阻的分压电压。当水温低于 90℃时，比较器 IC741 输出高电位，驱动 $VT_1$ 和 $VT_2$ 导通，使继电器 K 线圈通电产生磁场，控制继电器动合触点 $K_1$ 闭合，加热器电路接通开始加热；当水温高于 90℃时，比较器 IC741 输出端输出低电位，$VT_1$ 和 $VT_2$ 截止，继电器 K 线圈失电，继电器动合触点 $K_1$ 断开，加热器停止加热。调节 $R_P$ 的阻值可得到要求的水温。

**注意**：使用继电器 K 的目的是以低压直流方式控制交流 220V 电源的通断，在接线及调试时要注意用电安全。

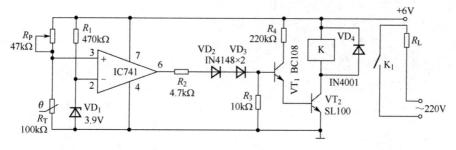

图 3.6　电热水器温度控制电路

（2）热敏电阻的应用。热敏电阻尺寸小、响应速度快、灵敏度高、价格便宜，在测量领域应用广泛，可以用于温度测量及控制、温度补偿、稳压稳幅、自动增益调节、气体和液体成分分析、火灾报警、过热保护等方面。

**注意**：没有外保护层的热敏电阻只能用于干燥的环境中，在潮湿、存在腐蚀性气体等恶劣环境下只能用密封的热敏电阻。

① 温度控制。热敏电阻常用于空调、电热水器、自动电饭煲、电冰箱等家电的温度控制。图 3.7 所示为 NTC 在电冰箱温度控制中的应用，其工作原理如下。

当电冰箱接通电源时，由 $R_4$ 和 $R_5$ 经分压后给 $A_1$ 的同相输入端提供一固定基准电压 $U_{i1}$，由温度调节电路中的 $R_{P1}$ 输出一个设定温度电压 $U_{i3}$ 给 $A_2$ 的反相输入端，这样 $A_1$ 组成开机检测电路，$A_2$ 组成关机检测电路。

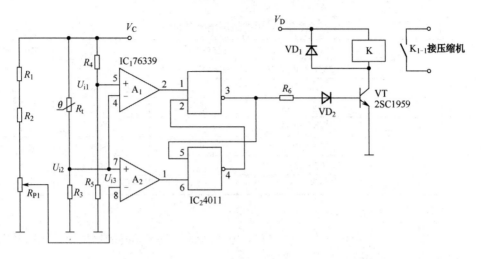

图 3.7　NTC 在电冰箱温度控制中的应用

当电冰箱内的温度高于设定值时，由于温度传感器 $R_t$（热敏电阻）和 $R_3$ 的分压 $U_{i2}>U_{i1}$，$U_{i2}>U_{i3}$，所以 $A_1$ 输出低电平，$A_2$ 输出高电平。由 $IC_2$ 组成的 RS 触发器输出高电平，使 VT 导通，继电器工作，其动合触点 $K_{1-1}$ 闭合，接通压缩机，压缩机开始制冷。

当压缩机工作一段时间后，电冰箱内温度下降，达到设定的温度值时，温度传感器阻值增加，使 $A_1$ 的反相输入端和 $A_2$ 的同相输入端电位 $U_{i2}$ 下降，于是 $U_{i2}<U_{i1}$，$U_{i2}<U_{i3}$，$A_1$ 的输出端变为高电平，$A_2$ 输出端变为低电平，RS 触发器输出低电平，使 VT 截止，继电器 K 线圈断电，$K_{1-1}$ 断开，压缩机停止工作。

② 温度补偿。热敏电阻可以在一定范围内对某些元器件进行温度补偿。图 3.8 所示为三极管温度补偿电路。电路选用 NTC 热敏电阻传感器确保三极管静态工作点稳定。由图 3.8 可知，当温度升高时，三极管的集电极电流 $I_{CQ}$ 增加，同时由于温度升高，NTC 的阻值 $R_t$ 相应减小，则三极管的基极电位 $V_B$ 下降，基极电流 $I_{BQ}$ 减少，进而使 $I_{CQ}$ 下降。合理选择热敏电阻，可使静态工作点稳定。

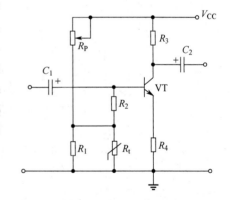

图 3.8　三极管温度补偿电路

# 三、热电偶传感器

## 1. 认识热电偶

### 1）热电效应

当用两种不同材料的导体组成一个闭合电路（回路）时，若两导体接触点温度不同，则在该电路中会产生电动势，这种现象称为热电效应。该电动势称为热电动势。热电效应在 1821 年由西拜克（Seeback）发现，又称西拜克效应。

两种不同材料的导体所组成的回路称为热电偶，组成热电偶的导体称为热电极。热电偶的两个接触点中，置于温度为 $t$ 的被测对象上的接触点称为测量端，又称工作端或热端；而置于参考温度为 $t_0$ 的环境中的另一接触点称为参考端，又称冷端，如图 3.9（a）所示。

热电动势由接触电动势和温差电动势组成，如图 3.9（b）所示，则热电偶回路总热电

动势为

$$E_{AB}(t,t_0)= e_{AB}(t) + e_B(t,t_0) - e_{AB}(t_0) - e_A(t,t_0) \tag{3-7}$$

式中，$e_{AB}(t)$为热端接触电动势，$e_{AB}(t_0)$为冷端接触电动势，$e_B(t,t_0)$为 B 导体的温差电动势，$e_A(t,t_0)$为 A 导体的温差电动势。由于温差电动势很小，通常可以忽略，而 $e_{AB}(t_0)$ 通常为常数，所以回路总热电动势为 $E_{AB}(t,t_0)= e_{AB}(t) - e_{AB}(t_0)$；令 $C= e_{AB}(t_0)$，则有

$$E_{AB}(t,t_0)= e_{AB}(t) - C=f(t) \tag{3-8}$$

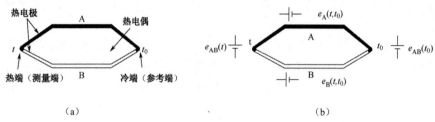

（a）　　　　　　　　　　　　　　　　　　（b）

图 3.9　热电偶测温原理图

式（3-8）说明总热电动势只与热端温度 $t$ 成单值函数关系。

2）热电偶基本定律

（1）中间导体定律。在热电偶回路中接入第三种导体，只要该导体两端温度相同，就对热电偶回路总的热电动势无影响，如图 3.10 所示。同样，加入第四、第五种导体后，只要其两端温度相同，同样不影响电路中的总热电动势。

$$E_{ABC}(t,t_0)= E_{AB}(t,t_0) \tag{3-9}$$

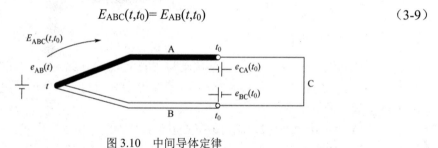

图 3.10　中间导体定律

根据这个定律，我们可采取任何方式焊接导线，可以将热电动势通过导线接至测量仪表进行测量，且不影响测量精度，如图 3.11（a）所示。可采用开路热电偶对熔融金属和金属表面进行温度测量，只要保证两热电极插入处的温度相同即可，如图 3.11（b）所示。

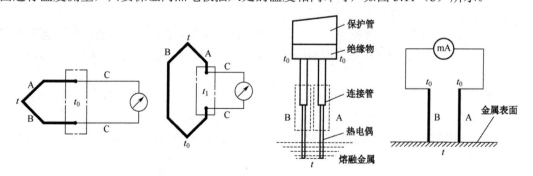

（a）热电偶连接仪表　　　　　　　　　　　（b）热电偶测量温度

图 3.11　中间导体定律的应用

（2）中间温度定律。在热电偶测量电路中，测量端温度为 $t$，自由端温度为 $t_0$，中间温度

为 $t'$，如图 3.12 所示，则 $(t,t_0)$ 的热电动势等于 $(t,t')$ 与 $(t',t_0)$ 热电动势的代数和，即

$$E_{AB}(t,t_0)= E_{AB}(t,t')+ E_{AB}(t',t_0) \tag{3-10}$$

利用该定律可对参考端温度不为 0℃的热电动势进行修正。另外，可以选用廉价的导体 A′、B′代替温度值位于 $t'$ 到 $t_0$ 段的导体 A、B，只要在 $t'\sim t_0$ 温度范围内 A′、B′与 A、B 导体具有相近的热电动势特性，便可将热电偶冷端延长到温度恒定的地方进行测量。测量距离加长不但可以降低测量成本，而且可以免受原热电偶自由端温度 $t'$ 的影响。这就是在实际测量中，对冷端温度进行修正，运用补偿导线延长测温距离，消除热电偶自由端温度变化的影响的原理。

热电动势只取决于冷、热接点的温度，而与热电偶上的温度分布无关。

（3）参考电极定律。如图 3.13 所示，已知热电极 A、B 与参考电极 C 组成的热电偶在接点温度为 $(t,t_0)$ 时的热电动势分别为 $E_{AC}(t,t_0)$ 和 $E_{BC}(t,t_0)$，则相同温度下，由 A、B 两种热电极配对后的热电动势 $E_{AB}$ 为

$$E_{AB}(t,t_0)= E_{AC}(t,t_0) - E_{BC}(t,t_0) \tag{3-11}$$

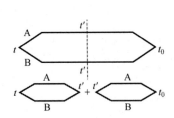
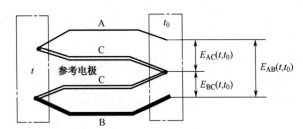

图 3.12　中间温度定律　　　　　　　　　　图 3.13　参考电极定律

例如，已知铂铑 30-铂热电偶的热电动势 $E_1(1084.5℃,0℃) = 13.937\text{mV}$，铂铑 6-铂热电偶的热电动势 $E_2(1084.5℃,0℃) = 8.354\text{mV}$（查阅附录 B 可得热电偶的热电动势）。求铂铑 30-铂铑 6 热电偶在同样温度条件下的热电动势。

解：设 A 为铂铑 30 电极，B 为铂铑 6 电极，C 为纯铂电极，由式（3-11）可得

$$E_{AB}(1084.5℃,0℃) = E_{AC}(1084.5℃,0℃) - E_{BC}(1084.5℃,0℃) = 5.583\text{mV}$$

参考电极定律大大简化了选配热电偶电极的工作，只要获得有关电极与参考电极配对的热电动势，任何两种电极配对后的热电动势均可利用该定律计算，而不用逐个进行测定。由于纯铂丝的物理化学性质稳定，熔点较高，易提纯，所以目前常用纯铂丝作为标准电极。

热电偶具有以下性质。

性质 1：当两个热电极材料相同时，无论接点温度相同与否，回路总热电动势都为零。

性质 2：当热电偶两个接点温度相同时，无论热电极材料相同与否，回路总热电动势都为零。

性质 3：只有当热电极材料不同，且两接点温度不同时，热电偶回路才有热电动势。当热电极材料选定后，两接点的温差越大，热电动势也就越大。

性质 4：回路中热电动势的方向取决于热端的接触电动势方向或回路电流流过冷端的方向。

3）热电偶材料的选择

根据热电偶的测量原理，理论上任何两种不同材料的导体都可以作为热电极组成热电偶，但实际应用中，为了准确、可靠地进行温度测量，必须严格对热电偶组成材料进行选择。组

成热电偶的材料要满足以下条件。

① 在测量温度范围内，热电性能稳定，不随时间和被测介质的改变而变化，物理化学性能稳定，耐高温，在高温下不易氧化或腐蚀等。

② 导电性能要好，电阻温度系数小。

③ 热电动势随温度的变化率要大，且最好是常数。

④ 组成热电偶的两热电极材料应具有相近的熔点和特性稳定的温度范围。

⑤ 材料的机械强度高，来源充足，复制性好，复制工艺简单，价格便宜。

目前工业上常用的四种标准化的热电偶材料如下。

① 铂铑 30-铂铑 6（分度号为 B 型），测温范围 0～1800℃。

② 铂铑 10-铂（分度号为 S 型），测温范围 0～1600℃。

③ 镍铬-镍硅（分度号为 K 型），测温范围-200～1300℃。

④ 镍铬-铜镍（分度号为 E 型），测温范围-200～900℃。

组成热电偶的两种材料写在前面的为正极，写在后面的为负极。查热电偶分度表时，一定要对应相应的材料。

4）热电偶的分类

热电偶有普通热电偶、铠装热电偶及薄膜热电偶三种类型，如图 3.14 所示。三种热电偶由于结构、性能不同，用途也不相同。

（a）普通热电偶　　　　　　　　（b）铠装型热电偶　　　　　　　（c）薄膜型热电偶

图 3.14　热电偶类型

① 普通热电偶主要用于测量气体、蒸气和液体等介质的温度。

② 铠装型热电偶属于特殊结构的热电偶，将热电偶丝和绝缘材料一起紧压在金属保护管中制成。铠装型热电偶作为温度传感器，通常与温度变送器、调节器及显示仪表等配套使用，组成过程控制系统，用于直接测量各种生产过程中 0～1800℃ 范围内的流体、蒸气和气体介质及固体表面的温度。铠装型热电偶具有能弯曲、耐高压、热响应时间短和坚固耐用等优点。铠装型热电偶是温度测量中应用最广泛的测温元件，测温范围宽，能够远传 4～20mA 电信号，便于自动控制和集中控制。

③ 薄膜热电偶测量端既小又薄，热容量小，响应速度快，适于测量微小面积上的瞬变温度。

## 2．热电偶的应用

1）热电偶的冷端补偿

由热电偶的测温原理可知，热电偶的输出电动势是两端温度 $t$ 和 $t_0$ 差值的函数。当冷端温度不变时，热电动势与工作端温度成单值函数关系，各种热电偶温度与热电动势关系的分度表都是在冷端温度为零时测出的。因此，用热电偶测温时，若直接用热电偶分度表，则必须满足 $t_0=0℃$ 的条件。但在实际测温中，冷端温度常随环境温度变化，$t_0$ 不但可能不是 0℃，而且不一定恒定，导致测量产生误差。消除或补偿此误差常用的方法有冷端恒温法、补偿导线法、温度修正法、电桥补偿法、电位补偿法等。

（1）冷端恒温法及计算修正。在测量中采用冰浴法保持 $t_0=0℃$，此法一般只适用于实验室中，若做不到 $t_0=0℃$，可保持 $t_0$ 恒定，再用计算法修正。根据热电偶的中间温度定律，

$$E_{AB}(t_1,0)=E_{AB}(t_1,t_0)+E_{AB}(t_0,0)$$

式中，$E_{AB}(t_1,t_0)$ 为直接测出的热电动势。校正时，先测得冷端温度 $t_0$，从该热电偶分度表中查出 $E_{AB}(t_0,0)$，加到 $E_{AB}(t_1,t_0)$ 上，根据上式求得 $E_{AB}(t_1,0)$，再查分度表得到 $t_1$，使用此法须查两次分度表。

此方法在热电偶与动圈式仪表配套使用时特别实用。利用仪表的机械调零点可以将零位调到与冷端温度相同的刻度上，也就相当于先给仪表输入一个热电动势 $E_{AB}(t_0,0)$，在仪表使用时所指示值即为 $E_{AB}(t_1,t_0)+E_{AB}(t_0,0)$，其对应温度值也就表示实际测量的温度。

（2）补偿导线法。实际测温时，由于热电偶的长度有限，冷端温度将直接受到被测介质温度和周围环境的影响。例如，热电偶安装在电炉壁上，电炉周围的空气温度的不稳定会影响到接线盒中冷端的温度，造成测量误差。

为了使冷端不受测量端温度的影响，可将热电偶加长，但同时增加了测量费用，所以一般采用在一定温度范围内（0～100℃）与热电偶热电特性相近且廉价的导线来延长热电极，这种导线称为补偿导线，这种方法称为补偿导线法。如图 3.15 所示，A′、B′为补偿导线，根据补偿导线的定义有

$$E_{AB}(t',t_0)= E_{A'B'}(t',t_0) \tag{3-12}$$

如果参考端温度不稳定，就会使温度测量误差加大。为了使热电偶测量准确，在测温时，可采用配套的补偿导线将参考端延伸到温度稳定处再进行温度测量，所以补偿导线只起延长热电偶的作用，不起任何温度补偿作用，但与热电偶有相同的功用。补偿导线比热电偶便宜，使用补偿导线可降低测量成本。使用补偿导线必须注意以下两个问题。

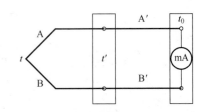

图 3.15　补偿导线法

①两根补偿导线与热电偶相连的接点温度必须相同，接点温度不超过 100℃。

②不同的热电偶要与其型号相应的补偿导线配套使用，且必须在规定的温度范围内使用，极性不能接反。在我国，热电偶补偿导线的选用有专门的标准：GB/T4988-94。补偿导线已有定型产品，其型号、合金丝材料和绝缘层颜色如表 3.4 所示。

表 3.4　补偿导线型号、合金丝材料和绝缘层颜色表

| 型号 | 热电偶分度号 | 配用热电偶 | 补偿导线合金丝 | | 绝缘层颜色 | |
|---|---|---|---|---|---|---|
| | | | 正极 | 负极 | 正极 | 负极 |
| BC | B | 铂铑 30-铂铑 6 | 铜 | 铜 | | 灰 |
| SC | S | 铂铑 10-铂 | SPC（铜） | SNC（铜镍 0.6） | 红 | 绿 |
| RC | R | 铂铑 13-铂 | RPC（铜） | RNC（铜镍 0.6） | 红 | 绿 |
| KCA | K | 镍铬-镍硅 | KPCA（铁） | KNCA（铜镍 2） | 红 | 蓝 |
| KCB | | | KPCB（铜） | KNCB（铜镍 4） | 红 | 蓝 |
| KX | | | KPX（镍铬 10） | KNX（镍硅 3） | 红 | 黑 |

续表

| 型号 | 热电偶分度号 | 配用热电偶 | 补偿导线合金丝 | | 绝缘层颜色 | |
| --- | --- | --- | --- | --- | --- | --- |
| | | | 正极 | 负极 | 正极 | 负极 |
| NC | N | 镍铬硅-镍硅 | NPC（铁） | NNC（铜镍18） | 红 | 灰 |
| NX | | | NPX（镍铬14硅） | NNX（镍硅4） | 红 | 灰 |
| EX | E | 镍硅-镍硅 | EPX（镍铬10） | ENX（铜镍45） | 红 | 棕 |
| JX | J | 铁-铜镍 | JPX（铁） | JNX（铜镍45） | 红 | 紫 |
| TX | T | 铜-铜镍 | TPX（铜） | TNX（铜镍45） | 红 | 白 |
| WC3/25 | WRe3～WRe25 | 钨铼3～钨铼25 | WPC3/25 | WNC3/25 | 红 | 黄 |
| WC5/26 | WRe5～WRe26 | 钨铼5～钨铼26 | WPC5/26 | WNC5/26 | 红 | 橙 |

2）热电偶温度采集显示系统

（1）控制要求。利用热电偶设计高炉炉膛温度采集系统，要求能实时监测高炉炉膛温度，通过液晶显示器以数字形式显示。

（2）设计分析。由于高炉炉膛温度较高，所以温度传感器采用热电偶，K 型热电偶是工业生产中被广泛应用的廉价高温传感器。但由于 K 型热电偶产生的信号很微弱（仅约 $40\mu V/℃$），需要用精密放大器对其进行放大；冷端在非 0℃ 情况下须进行温度补偿；输出的信号为模拟信号，与单片机等的数字电路接口相连时须进行 A/D 转换。以往的热电偶测温电路对此系统来说比较复杂、成本高、精度低，而且容易受到干扰。

MAXIM 公司开发出一种 K 型热电偶信号转换器 MAX6675，该转换器集信号放大、冷端补偿、A/D 转换于一身，可直接输出温度的数字信号，使温度测量的前端电路变得十分简单。

温度采集系统采用单片机采集热电偶数据，并在液晶显示器上显示温度采集结果。为了避免温度数据掉电丢失，采用一片 EEPROM 存储芯片 24C02C 来存储数据。

（3）电路图。高炉炉膛温度采集系统电路如图 3.16 所示，主要由 K 型热电偶、MAX6675、24C02C、AT89C51 和 LM016L 组成。

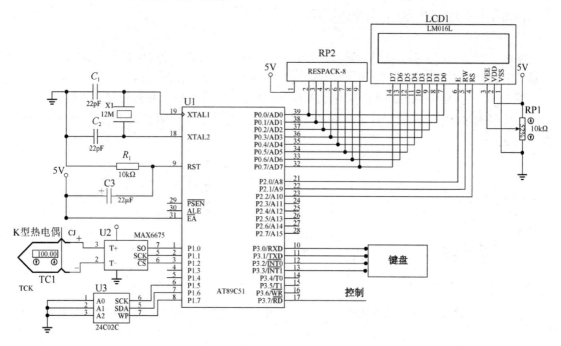

图 3.16 高炉炉膛温度采集系统电路

MAX6675 的"T+"端连接 K 型热电偶的"+"端，MAX6675 的"T-"端连接 K 型热电偶的"-"端，MAX6675 的数据端 SO、时钟端 SCK 和片选端 $\overline{\text{CS}}$ 分别与单片机 AT89C51 的 P1.0、P1.1 和 P1.2 引脚相连，温度数据采用模拟串行外设接口（Serial Peripheral Interface，SPI）方式传送到单片机，接口简单，占用单片机的端口少。

单片机对温度信号进行处理后得到的结果，一方面送液晶显示器显示，另一方面与设定的温度曲线进行比较以实施控制。键盘用于控制参数的设定。

## 四、集成温度传感器

集成温度传感器是将温敏晶体管、放大电路、温度补偿电路及其他辅助电路集成在同一个芯片上的温度传感器。它主要用来进行-50～150℃范围内的温度测量、温度控制和温度补偿。一般来讲，集成温度传感器具有小型化、成本低、线性度好、精度高、可靠性高、重复性好及接口使用灵活等优点。

### 1．PN 结型半导体温度传感器

1）工作原理

利用半导体材料的电阻率对温度变化敏感这一特性可制成半导体温度传感器。半导体温度传感器又分为无结型（单晶）及 PN 结型两类。无结型半导体温度传感器就是前面已经介绍过的半导体热敏电阻。PN 结型半导体温度传感器可分为温敏二极管温度传感器（简称温敏二极管或二极管温度传感器）和温敏三极管温度传感器（简称温敏三极管或三极管温度传感器）两种类型。下面介绍 PN 结型半导体温度传感器的原理。

根据理论推导可知 PN 结正向电压与温度的关系如下：当电流密度保持不变时，PN 结的正向电压随温度的升高而下降，近似呈线性关系。图 3.17 所示为硅二极管正向电压随温度而变化的曲线，当正向电流 $I_e$ 一定而二极管的种类不同时，特性曲线的斜率不同；当二极管种类相同而正向电流 $I_e$ 不同时，斜率也不同。

2）应用

温敏二极管的主要特点是工艺和结构简单，但线性度、稳定性稍差。相对于温敏二极管，当温敏三极管发射极电流保持不变时，其发射结正向电压-温度的关系具有良好的线性度。

图 3.18 所示为采用硅二极管温度传感器的温度检测电路。硅二极管温度传感器的 PN 结温度灵敏度为-2mV/℃左右。通过调节电位器，本测温电路在温度每变化 1℃时，输出电压的变化为 0.1V。

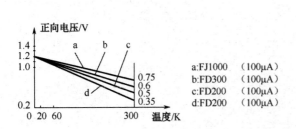

图 3.17　硅二极管正向电压与温度的关系

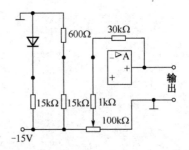

图 3.18　采用硅二极管温度传感器的温度检测电路

## 2．集成温度传感器分类

按照输出和功能特点，集成温度传感器常分为模拟式集成温度传感器、模拟式集成温度控制器、数字式温度传感器和通用智能温度控制器等，其中模拟式集成温度传感器按输出类型分为电压型、电流型和频率型三种。

模拟式集成温度传感器将驱动电路、信号处理电路及必要的逻辑控制电路集成在单片 IC 上，实际尺寸小、使用方便。它与热电阻、热电偶和热敏电阻等传统传感器相比，还具有线性度好、精度适中、灵敏度高等优点。常见的模拟式集成温度传感器有 LM3911、LM35D、LM45、AD22103、AN6701（电压输出型）、AD590（电流输出型）等。

在许多实际应用中，并不需要严格测量温度值，只需要关注温度是否超出了设定范围，一旦温度超出设定范围，就发出报警信号，启动或关闭风扇、空调、加热器或其他控制设备，此时可选用逻辑输出式温度传感器，其典型代表有 LM56、MAX6501～MAX6504、MAX6509/6510 等。

数字式集成温度传感器集温度传感器与 A/D 转换电路于一身，能够将被测温度直接转换成计算机能够识别的数字信号并输出，可以同单片机结合完成温度的检测、显示和控制功能，因此在过程控制、数据采集、机电一体化、智能化仪表、家用电器及网络技术等方面得到广泛应用，其典型代表有 DS18B20。

## 3．常见的集成温度传感器

### 1）LM35D

LM35D 是把温度传感器与放大电路做在一个硅片上，形成集成温度传感器。它是一种输出电压与摄氏温度值成正比的温度传感器，其灵敏度为 10mV/℃；工作温度范围为 0～100℃；工作电压为 4～30V；精度为±1℃；最大线性误差为±0.5℃；静态电流为 80μA。该元器件外观类似塑封三极管（均为 TO-92 封装），如图 3.19 所示。

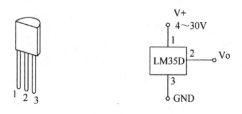

1—电源正极（V+）；2—输出（V_O）；3—地（GND）

图 3.19　LM35D 外形

该温度传感器最大的特点是使用时不需要外围元器件，也无须调试和校正（标定），只要外接一个 1V 的表头（如指针式或数字式的万用表），就成为一个测温仪（见图 3.20）。

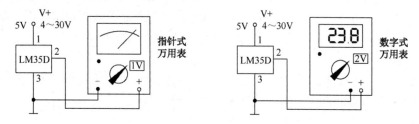

图 3.20　简易测温仪

LM35D 电源供电模式有单电源与正负双电源两种，如图 3.21 所示。正负双电源的供电模式可使 LM35D 测量负温度（零下温度），采用单电源模式时，LM35D 在 25℃下的工作电流约为 50mA，非常省电。

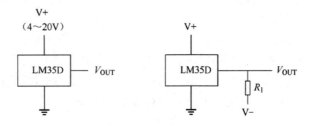

图 3.21　LM35D 供电模式

信号放大电路：LM35D 的输出电压范围为 0～0.99V，虽然该电压范围在 A/D 转换器的输入电压允许范围内，但该电压信号较弱，如果不进行放大直接进行 A/D 转换，会导致输出的数字量信号强度小、精度低。可选用通用型放大器 uA741 或 OP07 对 LM35D 输出的电压信号进行幅度放大，还可对其进行阻抗匹配、波形转换、噪声抑制等处理。放大后的信号输入到 A/D 转换端，再将 A/D 转换的结果送给单片机，就能实现温度数据的采集。

2）AN6701

AN6701 是日本松下公司研制的一种具有灵敏度高、线性度好、精度高和响应快等特点的电压输出型集成温度传感器，它有 4 个引脚，如图 3.22 所示，其中①、②引脚为输出端，③、④引脚接外部校正电阻 $R_C$，用来调整 25℃下的输出电压，使其等于 5V，$R_C$ 的阻值在 3～30kΩ 范围内。其接线方式有三种：正电源供电，如图 3.22（a）所示；负电源供电，如图 3.22（b）所示；输出反相，如图 3.22（c）所示。

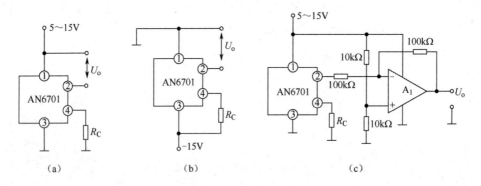

（a）　　　　　　　　　　（b）　　　　　　　　　　（c）

图 3.22　AN6701 的接线方式

实验证明，如果环境温度为 20℃，当 $R_C$ 为 1kΩ 时，AN6701 的输出电压为 3.189V；当 $R_C$ 为 10kΩ 时，AN6701 的输出电压为 4.792V；当 $R_C$ 为 100kΩ 时，AN6701 的输出电压为 6.175V。因此，使用 AN6701 检测一般环境温度时，应适当调整校正电阻，不用放大器可直接将输出信号送入 A/D 转换器，再将转换结果送至单片机进行处理。

3）DS18B20

DS18B20 是美国 DALLAS 公司继 DS1820 之后推出的一款单线接口数字式集成温度传感器。它将传感器和各种数字转换电路都集成在一起。

（1）DS18B20 主要特点如下。

①单线接口仅需一个引脚进行通信。

②内置 64 位的唯一产品序列号。

③适合单线多点分布式测温。

④不需要接外部元器件。

⑤电源电压范围为 3.0～5.5 V，也可通过数据线供电。

⑥测温范围为-55～125℃，在-10～85℃范围内测量误差不超过±0.5℃。

⑦二进制数字信号输出（9～12 位可选）。

⑧采用 12 位数字信号输出方式时最大转换时间为 750ms。

⑨用户可自定义非易失性报警设置。

（2）DS18B20 封装。DS18B20 有两种封装形式。

①采用 3 引脚 TO-92 小体积封装，如图 3.23 所示，其中 1 引脚为 GND（地）；2 引脚为 DQ（数字信号输入/输出端）；3 引脚为 $V_{DD}$（供电电源输入端）。

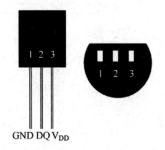

图 3.23　3 脚 TO-92 小体积封装

②采用 8 脚 SOIC 封装，如图 3.24 所示，其中 NC 表示空引脚。

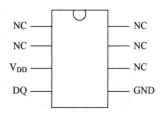

图 3.24　8 脚 SOIC 封装

（3）DS18B20 的应用。DS18B20 是数字式集成温度传感器，在使用的时候常采用单片机读取温度值并进行处理，处理的结果可以方便地显示在 LED 显示器、液晶显示器上。其应用电路设计简单，编程资料丰富，是低温测量的常用传感器之一。

由于 DS18B20 输出数字量，且为串行元器件，只要一根数据线就能完成温度的采集，因此在基于单片机的温度测控系统中采用较多。

图 3.25 所示为单片机与 DS18B20 结合，实现温度的采集与显示。采用 AT89C51 单片机作为主控器，采用 LCD1602 液晶显示器显示温度信息。DS18B20 作为传感器检测温度，传感器的信息通过单片机的 P1.0 引脚传输到单片机中。使用者编写程序存入单片机，即可实现读取温度值并进行转换，并将转换结果显示在液晶显示器上的功能。如果加上功率驱动电路，即可实现温度控制。

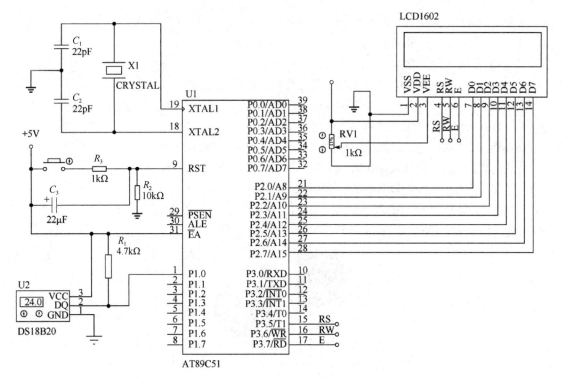

图 3.25　单片机与 DS18B20 结合实现温度的采集与显示

# 五、红外传感器

## 1．认识红外传感器

1）红外线基础知识

凡是存在于自然界的物体，如人体、火焰甚至冰，都会发射红外线，只是其发射的红外线的波长不同而已。在物理学中，我们已经知道可见光、红外线及无线电波等都是电磁波，它们的波长（或频率）不同。红外线属于不可见光的范畴，它的波长一般在 0.76～600μm 之间（称为红外区）。红外区通常又可分为近红外区（0.76～1.5μm）、中红外区（1.5～10μm）和远红外区（10μm 以上）。波长在 300μm 以上的电磁波又称为亚毫米波。

2）红外传感器基础知识

红外传感器是利用物体产生红外辐射的特性来实现自动检测的元器件。近年来，红外辐射检测技术发展迅速，已经广泛应用于生产、科研、军事、医学、勘测等各个领域，基于红外技术的传感器已在温度、速度、物位、距离等物理量的测量中得到应用。

红外传感器即红外探测器，是一种能探测红外线的元器件。从近代测量技术角度来看，能把红外辐射转换成电量变化的装置称为红外传感器。红外传感器按工作原理分为红外光电式传感器和红外热敏传感器。

（1）红外光电式传感器。红外光电式传感器是利用红外辐射的光电效应制成的，能够探测红外辐射源。由于任何物体都是红外辐射源，所以红外传感器能够探测到任何目标物的存在。这种功能使它可以用于大数量的自动检测、大规模控制、警戒及计数等。

红外光电式传感器还可以用于安全防范领域的人体入侵检测。图 3.26（a）所示为红外门窗光栅栏，可将其安装于门窗两侧，一侧为红外光源，发射红外线，另一侧为红外接收装置，接收红外光源发出的红外线，当人穿越门窗进入室内时挡住了红外线，红外接收装置接收不到红外线，通过相应电路产生报警信号，即可实现入侵检测。图 3.26（b）所示为广泛应用于边界防御的红外入侵传感器，一般安装于围墙两端的上方，一端发射红外线，另一端接收红外线，当有人翻越围墙的时候，人体挡住红外线，接收端无法接收到红外线，传感器发出信号报警。

图 3.26（c）所示为红外光电式传感器用于自动生产线上的产品计数器。传送带两侧分别设置红外光源和红外接收装置，当传送带上的产品通过时，挡住光源发出的红外线，此时传感器输出产生一个脉冲信号，此脉冲输入到计数器，实现自动计数。

  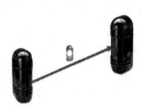

（a）红外门窗光栅栏　　　　　　（b）红外入侵传感器　　　　　（c）红外产品计数器

图 3.26　红外光电式传感器应用

（2）红外热敏传感器。红外热敏传感器是利用红外辐射的热效应制成的，主要用于温度检测和与温度相关的物理量的检测。红外热敏传感器采用非接触式测温方法，只要将传感器与被测对象对准即可测量其温度的变化。与接触式温度传感器相比，红外热敏传感器具有以下特点。

①传感器与被测对象不接触，不会干扰被测对象的温度场，故可测量运动物体的温度，且可进行遥测。

②由于传感器与被测对象不在同一环境中，不会受到被测介质的影响，所以可以测量腐蚀性介质、有毒介质、带电体的温度，且测温范围广，理论上无测温上限。

③在测量时，传感器不必和被测对象进行热量交换，所以测量速度快，响应时间短，适合快速测温。

④由于是非接触测量，测量精度不高，测温误差大。

表 3.5 所示为 Fluke 572-2 高温红外手持式测温仪的实物及其主要特性。

思政小视频

微课：传感器应用-新冠防疫

表 3.5　Fluke 572-2 高温红外手持式测温仪的实物及其主要特性

| 实　物 | 主　要　特　性 |
| --- | --- |
|  | 测量温度范围为-30~900°C |
|  | 具有 60:1 的距离光点比和双激光瞄准系统，可以快速准确定位目标 |
|  | 可显示当前温度、最大温度、最小温度、温差和平均温度 |
|  | 与带标准迷你接头的 K 型热电偶兼容 |
|  | 红外温度和热电偶温度在具有背光的显示屏中显示 |
|  | 最新读数保持（20s） |
|  | 高温和低温报警 |
|  | 数据存储和查看（可存储 99 组数据） |
|  | 支持 USB 2.0 接口标准 |

红外热敏传感器广泛应用于冶金、锻造、铁路运输、航空航天等行业。在铁路运输中，列车的车轴与轴瓦摩擦引起不正常发热，严重时会使整个车轴发热变红，最后发生车轴断裂，造成列车颠覆事故，这种原因导致的事故在过去的列车颠覆事故中占较高的比例。利用红外热敏传感器来监视车轴的温度，把红外温度传感器放置在铁路两旁，当列车通过时，传感器就可以实时、非接触地检测出轴箱盖上的温度，防止事故的发生。

在电力工业中，电力输电线上有许多接头，天长日久，接头处可能接触不良，消耗大量的电能，造成接头过热，不仅损失能源，而且容易造成线路、接头老化，发生断线事故。若采用接触测温是很不方便的，而且检查的速度很慢，高压线铁塔又很高，人上去很不容易。利用红外热敏传感器，在地面上就可以测得接头处的温度，这样既节省人力，又可以实现不停电检查。对于那些远距离输电线，把红外热敏传感器安装在汽车上，可以在移动中检测接头是否正常。

利用红外热敏传感器还可以实现内部无损探伤及金属构件焊接质量检测。均匀加热构件的一个表面，并测量另一个表面上的温度分布，即可得到内部结构是否有损或者焊接面是否良好的信息。

### 2．红外传感器的应用

1）热释电传感器

热释电传感器通过测量目标与背景的温差来探测目标，其工作原理是热释电效应：某些晶体在温度变化时，在晶体不同表面将产生符号相反的电荷，这种由于温度（热量）变化而产生的电极化现象称为热释电效应，根据热释电效应制成的传感器称为热释电传感器。

热释电传感器的敏感元件由陶瓷氧化物或压电晶体（钛酸钡类晶体）等热释电材料组成，将热释电材料制成很小的薄片，在薄片两侧镀上电极，在上表面覆以黑色膜（吸收红外线能量）。在敏感元件监测范围内，若有红外线间歇地照射，使其表面温度有 $\Delta T$ 的变化时，热释电材料内部的原子排列将发生变化，引起自发极化电荷量的变化（$\Delta Q$），从而在上、下电极之间将产生一微弱的电压 $\Delta U$。热释电效应所产生的电荷 $\Delta Q$ 会与空气中的离子结合，当环境温度稳定不变时，$\Delta T=0$，传感器无输出。热释电效应同压电效应类似，是指由温度的变化而引起晶体表面电荷变化的现象。

图 3.27 所示为热释电传感器。其由光学滤镜、场效应管、红外感应源（热释电元器件）、偏置电阻、EMI 电容等元器件组成。

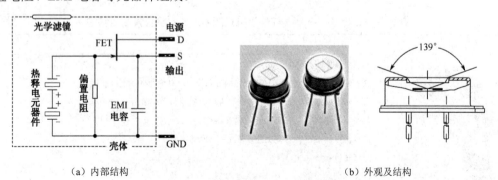

（a）内部结构　　　　　　　　　　　　　　　　　（b）外观及结构

图 3.27　热释电传感器

光学滤镜的主要作用是只允许波长在 10μm 左右（人体发出的红外线波长）的红外线通过，而将灯光、太阳光及其他辐射滤掉，以抑制外界的干扰。红外感应源通常由两个串联或者并联的热释电元器件组成，其相邻的电极极性相反，环境背景辐射对两个热释电元器件几乎具有相同的作用，使其产生的热释电效应相互抵消，输出信号近似为零。一旦有人进入探测区域内，人体红外辐射通过部分镜面聚焦，并被热释电元器件接收。由于角度不同，两片热释电元器件接收到的能量不同，热释电能量也不同，不能完全抵消，经处理电路处理后输出控制信号。由于它的输出阻抗极高，在传感器中设一个场效应管进行阻抗转换。

　　2）热释电传感器的应用

　　热释电红外报警器主要由光学系统、热释电传感器、信号滤波和放大电路、信号处理和报警电路等部分组成。光学系统主要指菲涅耳透镜，如图 3.28（a）所示。它可以将人体辐射的红外线聚焦到热释电元器件上，同时产生交替变化的红外辐射高灵敏区和盲区，以适应热释电元器件要求信号不断变化的特性。菲涅耳透镜的感应区域如图 3.28（b）所示。

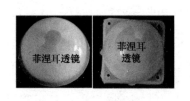
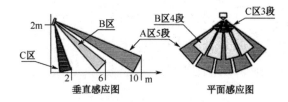

　　　　　（a）菲涅耳透镜　　　　　　　　　　　　　　（b）感应区域

图 3.28　菲涅尔透镜及其感应区域

　　图 3.29（a）所示为热释电传感器的工作原理和人体通过时传感器的输出信号波形；图 3.29（b）所示为热释电红外报警器实物。

　　人体的体温一般在 37℃左右，所以会发出波长为 10μm 左右的红外线。当人体进入检测区时，因人体温度与环境温度有差别，人体发射的红外线通过安装在传感器前面的菲涅耳透镜后聚焦到红外感应源（热释电元器件）上，红外感应源在接收到人体红外辐射后就会失去电荷平衡，向外释放电荷，进而产生温度变化（$\Delta T$），并将这个变化信号向外围电路输出，外围电路经检测处理后就能产生报警信号。若人体进入检测区后不动，则温度没有变化，传感器也没有信号输出，所以这种传感器适合检测人体活动的情况。由于传感器的前方装设了一个菲涅耳透镜，它和放大电路相配合，可将信号放大 70dB 以上，这样就可以测出 10～20m 范围内人体的行动。

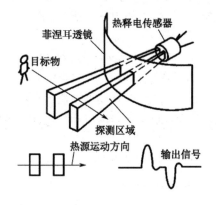

（a）热释电传感器的工作原理及其输出信号波形　　　　　（b）热释电红外报警器实物

图 3.29　热释电传感器及热释电红外报警器

（1）热释电红外报警器电路。图 3.30 所示为热释电红外报警器电路。当人体以 0.1～10Hz 的动作频率在报警器检测区移动时，人体所释放的红外线被热释电元器件 KDS9 接收，产生脉动电压信号。该信号经过由 $C_1$、$C_2$、$R_1$、$R_2$ 组成的带通滤波器滤波后，经 LM324 集成运算放大器 $IC_1$、$IC_2$ 进行两级放大，再送给由 $IC_3$、$IC_4$、$R_9$、$R_{10}$、$R_{11}$ 组成的窗口比较器，若信号幅度超过窗口比较器上限或下限，则系统将输出高电平信号；若信号幅度在上限或下限范围之内，则系统输出低电平信号。

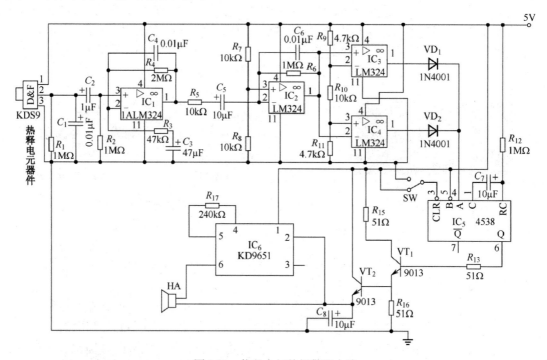

图 3.30　热释电红外报警器电路

两个二极管 $VD_1$、$VD_2$ 的主要作用是使输出更加稳定。窗口比较器的上限电压、下限电压（即参考电压）由 $R_9$、$R_{10}$、$R_{11}$ 决定，分别为 3.8V 和 1.2V。先将窗口比较器输出的电平高低变化信号的上升沿作为单稳电路 $IC_5$ 的触发信号，并让其输出一个脉宽大约为 10s 的高电平信号。然后用这一脉宽信号作为报警电路 $IC_6$ 的输入控制信号，使电路产生 10s 的报警信号。最后用三极管 $VT_1$ 和 $VT_2$ 再一次对信号进行放大，以便有足够大的电流来驱动扬声器，使其连续发出 10s 的报警声。

（2）热释电自动门控制。人体在热释电传感器 TTS-210Z 前移动时，人体所释放出的红外线被热释电传感器接收，产生脉动电压信号。该电压信号通过电容器 $C_1$ 耦合输入由运算放大器 $IC_1$（TL082）构成的低噪声、高增益放大器，放大后的信号点亮发光二极管、接通三极管 VT（9013），接通继电器 K 的线圈，从而通过继电器的辅助触点接通自动门电源，把门打开。热释电自动门控制电路如图 3.31 所示。

热释电传感器的特点是反应速度快、灵敏度高、准确度高、测量范围广、使用方便，可以进行非接触式测量。它主要应用于运输、石油化工、食品加工、医药制造及电力等行业的温度测量、温度检测及设备故障的诊断。在民用产品中，其广泛应用于各类入侵报警器、自动开关（人体感应灯）、非接触测温仪、火焰报警器等自动化设备中。

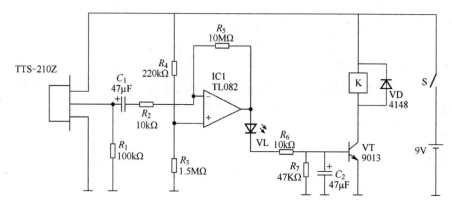

图 3.31　热释电自动门控制电路

温度是常见的检测物理量。本项目介绍了热电阻、热敏电阻、热电偶、典型的集成温度传感器及红外传感器的工作原理和各种应用。

# 思 考 练 习

### 1．填空题

（1）人体的正常体温约为 37℃，对应的华氏温度为（　　　　　）F，热力学温度为（　　　　　）K。

（2）两种不同材料的导体组成一个闭合回路，若两接点温度不同，则在该回路中会产生电动势，这种现象称为（　　　　　），该电动势称为（　　　　　）。

（3）中间导体定律：在热电偶回路中接入第三种导体，只要该导体两端温度（　　　　　），则热电偶产生的总热电动势不变。

（4）金属热电阻传感器一般称为热电阻传感器，是利用金属导体的（　　　　　）随温度的变化而变化的原理进行测温的。

（5）正温度系数热敏电阻英文简写是（　　　　　），负温度系数热敏电阻英文简写是（　　　　　）。

（6）LM35 温度传感器的灵敏度为 10mV/℃，当环境温度为 30℃时，其输出电压值为（　　　　　）V。

（7）根据（　　　　　）制成的传感器称为热释电传感器。

### 2．单项选择题

（1）以下哪个选项是热敏电阻的电路符号？（　　　　　）

A．　　　　　　　　B．　　　　　　　　C．　　　　　　　　D．

（2）适合作为温度开关的热敏电阻是（　　　　　）。

A．PTC　　　　　　B．NTC　　　　　　C．CTR　　　　　　D．没有

（3）（　　）的数值越大，热电偶的输出热电动势越大。

　　A．热端直径　　　　　　　　　　　　B．热端和冷端温度

　　C．热端和冷端温差　　　　　　　　　D．热电极的电导率

（4）以下温度传感器中，适合测量火箭发动机尾部温度的是（　　）。

　　A．热电偶　　　　　　　　　　　　　B．集成温度传感器

　　C．热敏电阻　　　　　　　　　　　　D．温敏二极管

### 3．判断题

（1）可以直接测量温度。　　　　　　　　　　　　　　　　　　　　　　（　　）

（2）组成热电偶的金属材料可以相同。　　　　　　　　　　　　　　　　（　　）

（3）利用中间导体定律，我们可采取任何方式焊接导线，将产生的热电动势通过导线接至测量仪表进行测量，且不影响测量精度。　　　　　　　　　　　　　　　　　　（　　）

（4）利用中间温度定律可使测量距离加长，也可用于消除热电偶自由端温度变化的影响。

　　　　　　　　　　　　　　　　　　　　　　　　　　　　　　　　　　（　　）

（5）所有的热敏电阻都适合测量连续变化的温度值。　　　　　　　　　　（　　）

（6）红外传感器按工作原理分为红外光电式传感器和红外热敏传感器。　　（　　）

### 4．简答题

（1）温度的测量方式按"是否接触"分为哪两种？对应的典型传感器有哪些？

（2）热敏电阻有哪几种类型？各有何特点和用途？

（3）热电偶温度传感器的工作原理是什么？

（4）分析如题图 3.1 所示的电冰箱温度超标指示器电路的工作原理，其中 RT 为 NTC，即负温度系数热敏电阻。

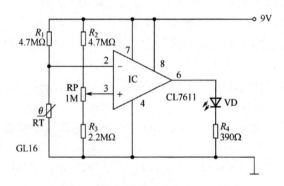

题图 3.1　电冰箱温度超标指示器电路

# 项目四　位移的测量

## 项目目标

（1）知识目标：了解电位器式位移传感器、光栅式位移传感器、磁栅式位移传感器、超声波位移传感器及电涡流位移传感器的基本结构及工作原理；掌握其量程、分辨率等性能指标。

（2）技能目标：学会选择和使用电位器式位移传感器、光栅式位移传感器和超声波位移传感器。

（3）素质目标：培养学生谦虚好学的学习态度、认真细致的工作态度、严谨的工作作风、良好的职业习惯和一定的创新思维能力。

## 项目知识

位移测量包括测量距离、位置、尺寸、角度等。按照位移特征，位移可以分为线位移（直线距离）和角位移（角度大小）。在自动测控系统中，位移测量是一种基本的测量工作。

测量位移的传感器称为位移传感器。位移传感器有多种分类方法，按测量对象分为线位移传感器和角位移传感器；按工作原理分为电阻式位移传感器、电容式位移传感器、电感式位移传感器、光电式位移传感器、光栅式位移传感器、磁栅式位移传感器、激光式位移传感器等。按是否接触分为接触式和非接触式位移传感器（如超声波位移传感器）。位移传感器不仅可用于直接测量角位移和线位移的场合，还可广泛应用于测量其他能转换成位移的物理量（如力、压强、应变、液位等）的场合。

## 一、电位器式位移传感器

### 1. 认识电位器式位移传感器

1）工作原理

电位器是电路中常用的一种电子元器件，以其为主要元器件制成的传感器可以将机械位移转换为具有一定函数关系的电阻值的变化，从而改变电路输出电压。电位器可作为变阻器使用，如图4.1（a）所示，也可作为分压器使用，如图4.1（b）所示。

根据公式

$$R = \frac{\rho L}{A} \tag{4-1}$$

式中，$\rho$ 为电阻材料的电导率；$L$ 为电阻体的长度；$A$ 为电阻体的横截面积。测量时，位移量通过电刷的移动转换为电阻体的长度变化，从而改变电阻值的大小。

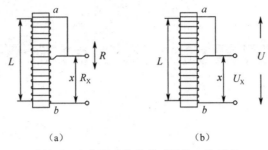

（a）　　　　　　　　　　（b）

图 4.1　电位器式位移传感器的工作原理

电位器式位移传感器一般采用电阻分压电路，将电参量 $R$ 转换为电压输出给后续电路，如图 4.1（b）所示。当电刷沿电阻体的接触表面从 $b$ 移向 $a$ 时，电阻体的阻值随之发生变化。设电阻体全长为 $L$，总电阻为 $R$，那么当电刷移动距离为 $x$ 时，电位器的电阻值为

$$R_X = \frac{Rx}{L} \tag{4-2}$$

若对电位器两端加电压 $U$，将电阻体 b 端接地，则电位器的输出电压

$$U_X = \frac{Ux}{L} \tag{4-3}$$

由式（4-3）可知，电位器式位移传感器的输出信号与电刷的位移量成正比，体现了位移与输出电信号的对应转换关系。因此，这类传感器可用于测量机械位移量，或测量已转换成位移量的其他物理量（如压力、振动加速度等）。

这种类型传感器的特点是结构简单，价格低廉，输出信号大，一般不用放大，但是它的分辨率不高，精度也不高，所以不适于精度要求较高的场合。另外，其动态响应较差，不适于动态快速测量。

2）电位器式位移传感器的分类

电位器式位移传感器有多种分类方式，按照位移的特征分为线位移传感器和角位移传感器；按工艺特点分为线绕式和非线绕式；按电位器结构分为线性线绕式、非线性线绕式、分流电阻式、变绕距非线性线绕式、薄膜式、光电式等，如图 4.2 所示。

通常，构成电位器式位移传感器的核心是电位器，电位器由电阻体（包括电阻丝或电阻薄膜）、骨架（含基体）和电刷组成。

（1）电阻体。构成电阻体的材料应具备电阻率大、电阻温度系数小、柔软、强度高、抗蚀性好、抗拉强度高、容易焊接且熔点高等特点；常用的材料为铜镍合金、铜锰合金、铂铬合金及镍铬合金等。

（2）骨架（含基体）。骨架（含基体）应形状稳定，表面绝缘电阻高，并有较好的散

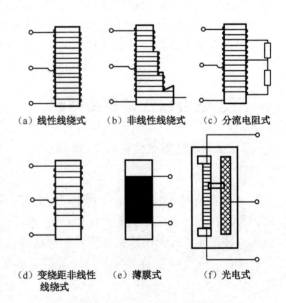

（a）线性线绕式　　（b）非线性线绕式　　（c）分流电阻式

（d）变绕距非线性　　（e）薄膜式　　（f）光电式
线绕式

图 4.2　部分电位器的结构

热能力，常用的材料有陶瓷、酚醛树脂、工程塑料及经过绝缘处理的铝合金等。

（3）电刷。电刷是电位器的关键零件之一，一般用贵金属材料或金属薄片制成。金属丝直径约 0.1～0.2mm，电刷头部应弯成弧形，以防接触面过大而磨损。图 4.3 所示为常见电刷的结构。电刷要有一定的弹性，以保证与电阻体可靠接触。另外，还要求其抗蚀性好、抗拉强度高、容易焊接且熔点高。

图 4.3　常见电刷的结构

3）电位器式位移传感器的特性指标

（1）线性行程。线性行程是指电位器式位移传感器阻值与位移呈线性关系的位移范围。

（2）分辨率。分辨率是指电位器式位移传感器能测量的最小位移。

（3）精度。精度是指电位器式位移传感器的测量精度，通常使用±0.1%F.S 这样的格式表示，F.S 表示满量程。例如，某电位器式位移传感器的精度为±0.1%F.S，量程为 2mm，则±0.1%×2mm，得到±2um。

（4）重复性。重复性是指电位器式位移传感器在同一条件下、对同一位移、沿着同一方向进行多次重复测量时，测量位移之间的差异程度。

（5）位移速度。位移速度是指电位器式位移传感器满足测量要求的电刷移动速度。

## 2. 常见电位器式位移传感器

1）线位移传感器

线位移传感器的结构如图 4.4（a）所示，当滑杆随待测物体往返运动时，电刷在电阻体上来回滑动，使电位器两端输出电压随位移量的改变而变化。

2）角位移传感器

角位移传感器的结构如图 4.4（b）所示，传感器的转轴与待测物体转轴相连，电刷在电位器上转过一个角位移时，在输出端有一个与转角 $\alpha$ 成比例的电压输出。

$$U_o = \frac{\alpha U_i}{360} \tag{4-4}$$

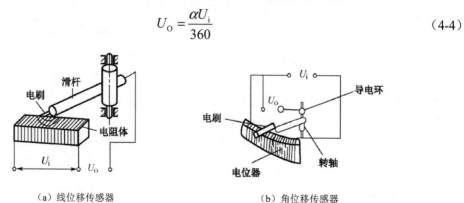

（a）线位移传感器　　　　　　　　　（b）角位移传感器

图 4.4　位移传感器的结构

### 3. 电位器式位移传感器的应用

利用浮筒式可变电阻传感器可检测油位，利用发光二极管显示油位的刻度。油位检测电路还具有缺油警示和语音提示功能。

油位检测电路主要由油位检测、油位显示、缺油报警三部分组成。LED$_1$用于缺油报警；LED$_2$在油位最低端，用于提示即将缺油；LED$_3$～LED$_6$用于显示正常油位；LED$_7$用于表示最高油位。油位显示电路如图4.5所示。

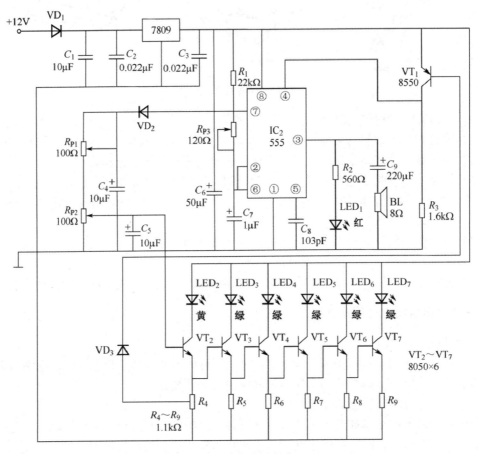

图4.5　油位显示电路

工作过程：油位的检测由汽车油箱内浮筒式可变电阻传感器$R_{P2}$来完成。当油位降低时，$R_{P2}$的电阻值向着最大值变化，VT$_2$的发射结电位降低。当该电位降到0.7V以下时，LED$_2$熄灭，同时使二极管VD$_3$截止，经VT$_1$使由IC$_2$（555时基集成电路）及其外围元器件构成的自激多谐振荡器缺油报警电路工作。当IC$_2$的④引脚（复位端）电平被拉至高于0.8V时，IC$_2$就开始工作，其振荡频率约为10Hz，③引脚间断输出高电平。该信号分为两路：一路经电阻$R_2$加至LED$_1$发光二极管的正极，使该管间断导通，从而闪烁发光；另一路经电容$C_9$耦合加到扬声器BL上，驱动该扬声器发出报警声，从而以声光方式提醒驾驶员及时加油。

## 二、光栅式位移传感器

光栅是由大量等节距的透光缝隙和不透光的刻线均匀相间排列构成的光学元器件。光栅式位移传感器是一种数字式传感器，它直接把非电量的位移转换成数字量输出。它主要用于长度和角度的精密测量和数控系统的位置检测等。此外，它还可以检测能够转换为长度的速度、加速度、位移等物理量。它具有检测精度和分辨率高、抗干扰能力强、稳定性好、易与微机连接、便于信号处理和可实现自动化测量等特点。

**1．认识光栅式位移传感器**

1）莫尔条纹

在日常生活中经常能见到莫尔（Moire）条纹。将两层窗纱（或蚊帐、薄绸）叠合，就可以看到莫尔条纹。

光栅式位移传感器的基本元器件是主光栅（标尺光栅）和指示光栅。主光栅是刻有均匀线纹的长条形的玻璃尺。刻线密度由精度决定。常用的光栅密度有每毫米 10、25、50 和 100 条线。如图 4.6（a）所示，$a$ 为刻线宽度，$b$ 为缝隙的宽度，$W$ 为栅距（节距，$W=a+b$），一般 $a=b=W/2$。指示光栅较主光栅短得多，也刻有与主光栅同样密度的线纹。将这样两块光栅叠合在一起，并使两者沿刻线方向成一很小的角度 $\theta$。由于遮光效应，在光栅上显现明暗相间的条纹。如图 4.6（b）所示，两块光栅的刻线相交处形成亮带；一块光栅的刻线与另一块的缝隙相交处形成暗带，这种明暗相间的条纹称为莫尔条纹。若改变 $\theta$ 角，两条莫尔条纹间的距离 $B$ 随之变化，间距 $B$ 与栅距 $W$ 和夹角 $\theta$ 的关系可用下式表示：

$$B=\frac{W}{2\times\sin\dfrac{\theta}{2}}\approx\frac{W}{\theta}=\frac{1}{\theta}\times W \tag{4-5}$$

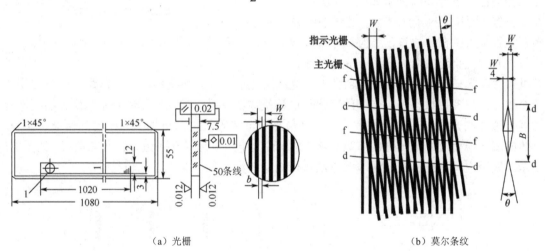

（a）光栅　　　　　　　　　　　　　　　　　　（b）莫尔条纹

图 4.6　光栅的莫尔条纹

莫尔条纹具有以下特性。

（1）莫尔条纹与位移的对应性。莫尔条纹与两光栅刻线夹角 $\theta$ 的平分线保持垂直。当两光栅沿刻线的垂直方向相对运动时，莫尔条纹沿着夹角 $\theta$ 的平分线方向移动，即移动方向随两光栅相对移动方向的改变而改变。当光栅移动一个栅距时，莫尔条纹移动一个条纹间距，当光栅反向移动时，莫尔条纹也反向移动，两者具有严格的对应关系。通过测量莫尔条纹移动的距离，就可以测出光栅的位移。

（2）莫尔条纹的放大作用。由式（4-5）可知，当夹角 $\theta$ 很小时，$B\gg W$，即莫尔条纹具有放大作用，读出莫尔条纹的数目比读刻线数便利得多。例如，每毫米 100 条线的光栅，$W=0.01\text{mm}$，当两光栅间的夹角 $\theta=0.1°$（约 0.0017453rad）时，莫尔条纹间距 $B=0.01\div0.0017453$

≈5.73mm，放大倍数为 $1/\theta$=573。由此可见，两个光栅面的夹角越小，莫尔条纹的放大倍数越大，这样就可以把肉眼看不见的光栅位移转变成清晰可见的莫尔条纹的移动，从而通过测量莫尔条纹的移动来测量光栅的位移，实现高灵敏度的位移测量。

（3）莫尔条纹的平均效应。由于莫尔条纹是由光栅的大量刻线共同形成的，光电器件接收的光信号是进入指示光栅视场的线纹数的综合平均结果。若某个光栅有局部误差或短周期误差，由于平均效应，其影响将大大减弱，并削弱长周期误差。

此外，由于夹角 $\theta$ 可以调节，所以可以根据需要来调节条纹宽度，这给实际应用带来方便。

2）光电转换

为了进行莫尔条纹计数，在光路系统中除了主光栅与指示光栅，还必须有光源、聚光镜和光电器件等。主光栅与指示光栅之间保持一定的间隙。光源发出的光通过聚光镜后成为平行光照射光栅，光电器件（如硅光电池）把透过光栅的光转换成电信号。透射型光栅式位移传感器的结构如图4.7所示。

当两块光栅相对移动时，光电器件上的光强随莫尔条纹的移动而变化。光栅输出电压与光栅位移及光强的关系如图4.8所示，在 $a$ 位置，两块光栅刻线重叠，透过的光最多，光强最大；在 $c$ 位置，光强减半；在 $d$ 位置，光被完全遮去而成全黑，光强最小。

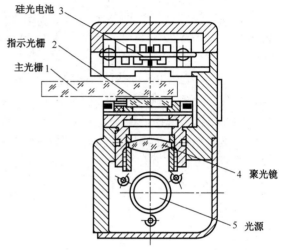

图 4.7　透射型光栅式位移传感器的结构

若继续移动光栅，则投射到光电器件上的光强又逐渐增大。光栅移动一个栅距 W，光强变化一个周期。在理想状态下，光强的变化与位移呈线性关系。但在实际应用中，两光栅之间有间隙，透过的光线有一定的发散，达不到最亮和全黑的状态，再加上光栅的几何形状误差、刻线的图形误差及光电器件的参数影响，光栅输出电压波形是一条近似的正弦曲线，如图4.8所示。采用空间滤波和电子滤波等方法可以消除谐波分量，获得正弦信号。

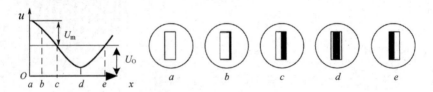

图 4.8　光栅输出电压与光栅位移及光强的关系

光电器件输出电压 $u$ 由直流分量 $U_O$ 和幅值为 $U_m$ 的交流分量叠加而成，即

$$u = U_O + U_m \sin \frac{2\pi x}{W} \tag{4-6}$$

式（4-6）表明了光电器件的输出电压与光栅相对位移 $x$ 的关系。

3）数字转换原理

（1）辨向原理。由上面分析可知，光栅的位移变成莫尔条纹的移动后，经光电转换形成电信号输出。但在一点观察时，无论主光栅向左或向右移动，莫尔条纹都产生明暗交替的变化。若只产生一路莫尔条纹的信号，则只能用于计数，无法辨别光栅的移动方向。为了能辨向，还须提供另一路莫尔条纹信号，并使两信号的相位差为 π/2。通常采用在相隔 1/4 条纹间距的位置上安放两个光电器件来实现方向辨别，如图 4.9 所示。

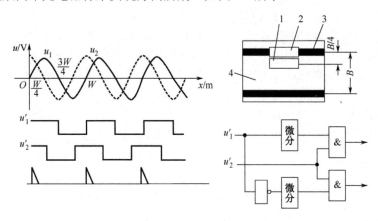

1,2—光电器件；3—莫尔条纹；4—指示光栅

图 4.9　辨向原理

光栅正向移动时，输出电压分别为 $u_1$ 和 $u_2$，经过整形电路得到两个方波信号 $u_1'$ 和 $u_2'$。$u_1'$ 经过微分电路后和 $u_2'$ 相"与"得到正向移动的加计数脉冲。光栅反向移动时，$u_1'$ 经反相后再微分，并和 $u_2'$ 相"与"，这时输出减计数脉冲。$u_2'$ 的电平控制了 $u_1'$ 的脉冲输出，使光栅正向移动时只有加计数脉冲输出；反向移动时，只有减计数脉冲输出。

（2）电子细分。高精度的长度测量通常要求精确到 0.1～1μm，若以光栅的栅距作为计量单位，则只能计量整数条纹。例如，最小读数值为 0.1μm 时，要求每毫米刻一万条线。就目前的工艺水平而言，难度很高。所以，在选取合适的光栅栅距的基础上，对栅距进行电子细分，即可得到所需要的最小读数值，提高分辨能力。电子细分的方法有很多种，如直接细分、电桥细分、锁相细分、调制信号细分、软件细分等。下面介绍直接细分和电桥细分方法。

在上述辨向原理的基础上，若将 $u_2'$ 方波信号也进行微分，并加以适当的电路处理，则可以在一个栅距内得到两个计数脉冲输出，这就是二倍频细分。如果将图 4.9 中相隔 $B/4$ 的两个光电器件的输出信号反相，就可以得到四个依次相位差为 π/2 的信号，即在一个栅距内得到四个计数脉冲信号，实现四倍频细分。在上述两个光电器件的基础上增加两个光电器件，每两个光电器件间隔 1/4 条纹间距，同样可实现四倍频细分。这种细分方法的缺点是由于光电器件安装困难，细分数不高，但这种方法对莫尔条纹信号的波形没有严格要求，电路简单，是一种常用的细分方法。

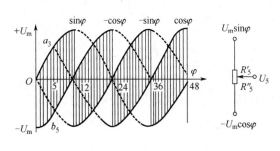

图 4.10　电桥细分法

图 4.10 所示为电桥细分法，其可以达到较高的精度，细分数一般为 12～60，但此法对莫尔条纹信号的波形幅值、直流电平及原始信号 $U_m \sin\varphi$ 与 $U_m \cos\varphi$ 的正交性均有严格要求。而且电路较复杂，对电位器、过零比较器等元器件均有较高的要求。

另外，采用电平切割法可实现较电桥细分法更高的精度。

上述几种非调制细分法主要用于细分数小于 100 的场合。若要达到更高细分数可用调制信号细分法和锁相细分法，细分数可达 1000。此外，也可用微处理器构成细分电路，其优点是可根据需要灵活地改变细分数。

4）光栅的分类

（1）按工作原理，光栅可分为物理光栅和计量光栅，前者的刻线比后者细密。物理光栅主要利用光的衍射现象进行测量，通常用于光谱分析和光波长测定等方面；计量光栅主要利用光栅的莫尔条纹现象进行测量，它被广泛应用于位移的精密测量与控制中。

（2）按应用需要，光栅可分为透射光栅和反射光栅，而且根据用途不同，可制成用于测量线位移的长光栅和测量角位移的圆光栅。

（3）按光栅的表面结构，光栅可分为幅值（黑白）光栅和相位（闪耀）光栅两种形式。前者特点是栅线与缝隙是黑白相间的，多用照相复制法进行加工；后者的横断面成锯齿状，常用刻划法加工。另外，目前还涌现了偏振光栅、全息光栅等新型光栅。

### 2. 光栅式位移传感器的应用

1）光栅的使用方法

使用中，为了解决断电时计数值无法保留及重新供电后测量系统不能正常工作的问题，可以用机械方法设置绝对零位点，但此类方法精度较低，安装使用均不方便。目前通常采用在光栅的测量范围内设置一个固定的绝对零位参考标志（零位光栅）的方法，使光栅成为一个准绝对测量系统。

最简单的零位光栅刻线是一条宽度与主光栅栅距相等的透光狭缝，即在主光栅和指示光栅某一侧另行刻制一对互相平行的零位光栅刻线。零位光栅与主光栅用同一光源照明，产生的光信号经光电器件转换后形成绝对零位的输出信号，近似为一个三角波单脉冲。为使此零位信号与光栅的计数脉冲同步，应使零位信号的峰值与主光栅信号的任意一最大值同时出现。当光栅栅距本身很小且要求绝对零位精度很高时，若仍采用一条宽度为主光栅栅距的矩形透光缝隙作为零位光栅，则信号的信噪比会很低，无法与后续电路相匹配。为解决这一问题，可采用多刻线的零位光栅。

多刻线的零位光栅通常由一组非等间隔、非等宽度的黑白条纹按一定的规律排列组成。当一对零位光栅重叠并相对移动时，由于缝隙的透光与遮光作用，得到的光通量 $F$ 随位移变化而变化，零位光栅的典型输出曲线如图 4.11 所示。要求零位信号为一尖峰脉冲，且峰值 $S_m$越大越好，最大残余信号 $S_{cm}$ 幅值越小越好，而且要以零位为原点，左右对称。制作这种零位光栅的工艺较复杂。一种可以单独使用的零位光栅，其刻线由 29 条透光的条纹和 28 条不透光的条纹组成，定位精度为 0.1μm，可用作各种长度测量的绝对零位测量装置。

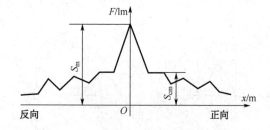

图 4.11　零位光栅的典型输出曲线

2）光栅式位移传感器测量位移

由于莫尔条纹是明暗交替的，当莫尔条纹上下移动时，只要用光敏元件检测出明、暗的变化，就可得知位移的大小，实现测量结果的二值化。另外，莫尔条纹是由光栅的大量刻线形成的，能在很大程度上消除刻线不均匀引起的误差。

由于光栅式位移传感器测量精度高（分辨率为 0.1μm）、动态测量范围大（0～1000mm），可进行无接触测量，而且容易实现系统的自动化和数字化，因此在机械工业领域得到了广泛的应用。图 4.12（a）所示为用长光栅测线位移；图 4.12（b）所示为用圆光栅测角位移。

在量具、数控机床的闭环反馈控制及工作主机的坐标测量等方面，光栅式位移传感器都起着十分重要的作用。光栅式位移传感器的缺点是对环境有一定要求，油污、灰尘会影响其工作可靠性；光栅式位移传感器的电路较复杂，成本较高。

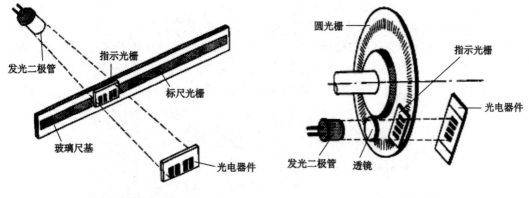

（a）长光栅测线位移　　　　　　　　　　　　（b）圆光栅测角位移

图 4.12　光栅式位移传感器测量位移的结构

# 三、磁栅式位移传感器

磁栅式位移传感器也是一种用于检测位移的传感器。磁栅式位移传感器在大型机床的数字量检测和自动化机床的自动控制等方面得到广泛应用。

### 1．认识磁栅式位移传感器

1）磁栅的概念

磁栅是一种有磁化信息的标尺，它是在非磁性材料的平整表面上镀一层约 0.02mm 厚的 Ni-Co-P 磁性薄膜，并用磁头沿长度方向按一定的波长刻录上磁性刻度线而构成的，因此又称为磁尺。

当刻录磁性刻度线时，要使磁栅固定，磁头根据基准信号，以一定的速度在其长度方向上运行，同时磁头内流过一定频率的电流，这样就在磁栅上记录了相等节距的磁化信息。刻录后，磁栅的磁化结构相当于按 NS,SN,NS,⋯顺序排列起来的小磁铁，因此磁栅上的磁场强度呈周期性变化，并在 NN 或 SS 相接处形成最大值。磁栅的基本结构如图 4.13 所示。

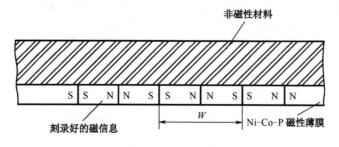

图 4.13　磁栅的基本结构

2）磁栅的分类及特点

磁栅可分为长磁栅和圆磁栅，长磁栅主要用于直线位移的测量，圆磁栅主要用于角位移的测量。

磁栅式位移传感器和其他位移传感器相比，具有结构简单、使用方便、动态范围大

（0.001mm～20m）、抗干扰能力强和磁信号可以重新刻录等优点。其缺点是需要磁屏蔽和防尘。它的价格低于光栅式位移传感器的价格。

　　3）磁栅式位移传感器的结构及工作原理

　　磁栅式位移传感器由磁栅、磁头和检测电路组成，其外形如图 4.14 所示。其工作原理是电磁感应原理，当线圈在磁体表面附近匀速运动时，线圈上就会产生不断变化的感应电动势。感应电动势的大小既和线圈的运动速度有关，又和磁体与线圈接触时的磁性强弱及变化率有关。根据感应电动势的变化情况，就可获得线圈与磁体相对位置和运动的信息。

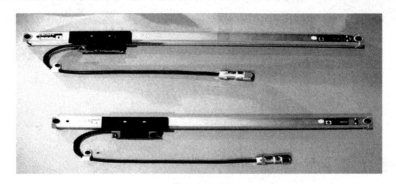

图 4.14　磁栅式位移传感器的外形

　　磁栅是检测位移的基准尺，磁头用来读取磁栅上的记录信号。按读取方式不同，磁头分为动态磁头和静态磁头两种。

　　（1）动态磁头。动态磁头上只有一个输出线圈，只有当磁头和磁栅相对运动时才有信号输出，因此又称为速度响应磁头。运动速度不同，输出信号的大小和周期也不同，因此对运动速度不均匀的部件，或时走时停的机床，不宜采用动态磁头进行测量。但动态磁头测量位移较简单，磁头输出正弦信号，在 NN 处达到正向峰值，在 SS 处达到负向峰值，如图 4.15 所示。根据计数磁栅的磁节距个数（正弦波周期个数），就可知道磁头与磁栅间的相对位移量。

$$X=nW \tag{4-7}$$

式中，$n$ 为根据计数磁栅的磁节距个数（正弦波周期个数）；$W$ 为磁节距。

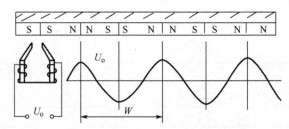

图 4.15　动态磁头输出波形与磁栅位置关系

　　（2）静态磁头。静态磁头是一种调制式磁头，磁头上有两个线圈，一个是激励线圈，加以激励电压，另一个是输出线圈。即使磁头与磁栅之间相对静止，也会因为有交变激励信号使输出线圈有感应电压信号输出。如图 4.16 所示，静态磁头和磁栅之间有相对运动时，输出线圈产生一个新的感应电压信号，它作为包络，调制在原感应电压信号频率上。该电压随磁栅磁场强度的周期性变化而变化，从而将位移量转换成电信号输出，提高了测量准确度。

　　检测电路主要用来供给磁头激励电压和把磁头检测到的信号转换为脉冲信号，并以数字

形式显示出来。磁头总的输出电压为

$$U = U_{\mathrm{m}} \sin(2wt + \frac{2\pi x}{W}) \qquad (4\text{-}8)$$

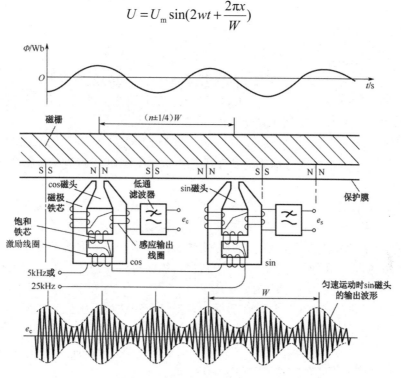

图 4.16 静态磁头结构及输出波形

可见，输出信号是一个幅值不变、相位随磁头与磁栅相对位置变化而变化的信号，可用鉴相电路测出该信号的相位，从而测出位移 $x$。

### 2. 磁栅式位移传感器的应用

磁栅式位移传感器主要用于大型机床和精密机床测量位移量或定位的检测元器件，其行程可达数十米，分辨率高于 1μm。磁栅式位移传感器实物及应用如图 4.17 所示。

磁栅式位移传感器最高允许工作速度为 12m/min，系统的精度可达 0.01mm/m，最小指示值为 0.001mm，使用温度范围为 0～40℃，是一种测量大位移的传感器。

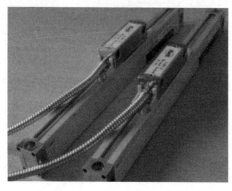

（a）实物

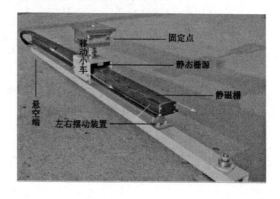

（b）移动小车控制

图 4.17 磁栅式位移传感器实物及应用

## 四、超声波传感器

### 1. 超声波相关知识

**1）声波的基本概念**

人们听到的声音是由物体振动产生的，其频率在 20～20kHz 范围内。

次声波是频率低于 20Hz 的声波，人耳听不到，但其可与人的器官发生共振。频率为 7～8Hz 的次声波会使人动作不协调，甚至可能导致心脏停止跳动。

超声波是频率超过 20kHz 的声波。人耳感觉不到超声波，但许多动物都能感受到，如海豚、蝙蝠及某些昆虫，都能很好地感受和发出超声波。图 4.18 所示为蝙蝠依靠超声波定位捕食蜻蜓的示意图。

超声波是一种在弹性介质中传播的机械振荡波，分纵波、横波和表面波三种。质点的振动方向与波的传播方向一致的波称为纵波；质点的振动方向与波的传播方向垂直的波称为横波；质点的振动介于纵波与横波之间，沿着物体表面传播，振幅随着深度增加而快速衰减的波称为表面波。横波、表面波只能在固体中传播，纵波可以在固体、液体及气体中传播。检测常用的超声波频率范围为 $1×10^4～1×10^7$Hz。

当超声波在两种介质中传播时，在界面上，部分超声波被反射回第一介质中，称为反射波；另一部分能透过界面，在第二介质中继续传播，称为折射波，如图 4.19 所示。

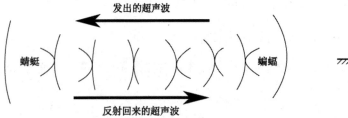

图 4.18　蝙蝠依靠超声波定位捕食蜻蜓的示意图　　　　图 4.19　超声波的反射与折射

**2）超声波的基本性质**

下面是与超声波有关的几个基本性质。

（1）传播速度。超声波的传播速度与介质的密度和弹性有关，也与环境条件有关。

对于液体，其传播速度为

$$c = \sqrt{\frac{1}{\rho B_g}} \tag{4-9}$$

式中，$\rho$ 为介质的密度；$B_g$ 为绝对压缩系数。

对于气体，其传播速度为

$$c = 331.5 + 0.607t \tag{4-10}$$

式中，$t$ 为环境温度。此公式可用于超声波测距计算。

对于固体，其传播速度为

$$c = \sqrt{\frac{E(1-\mu)}{\rho(1+\mu)(1-2\mu)}} \tag{4-11}$$

式中，$E$ 为固体弹性模量；$\mu$ 为泊松比；$\rho$ 为固体密度。

（2）反射定律。入射角的正弦与反射角的正弦之比等于入射波及反射波在其所处介质中的波速之比，即

$$\frac{\sin \alpha}{\sin \alpha'} = \frac{c}{c_1} \tag{4-12}$$

当入射波和反射波的波形一样且波速相同时，入射角等于反射角。

（3）折射定律。入射角的正弦与折射角的正弦之比等于入射波及折射波在其所处介质中的波速之比，即

$$\frac{\sin \alpha}{\sin \beta} = \frac{c}{c_2} \tag{4-13}$$

在自动检测中，经常利用超声波在两种介质的界面所产生的折射和反射现象进行测量。

（4）透射率与反射率。当超声波从第一介质垂直入射到第二介质中时，透射声压与入射声压之比称为透射率；反射声压与入射声压之比称为反射率。

由理论和实验可知，超声波从密度小的介质入射到密度大的介质时，透射率较大。例如，超声波从水中入射到钢中，透射率高达 93.5%。反之，超声波自密度大的介质入射到密度小的介质中，透射率就较小。例如，当超声波进入钢板并传播一段距离，到达钢板底面时，若底部是钢与水的界面，则入射到水中的声压只有原声压的 6.5%。而由底部钢与水的界面反射回钢板的反射率却高达 93.5%，若底部是钢与空气的界面，反射率就更大。超声波的这一特性在金属探伤、测厚中得到了很好的应用。

（5）超声波在介质中的衰减。超声波在介质中传播时，由于声波的散射、漫反射或吸收等，会导致能量的衰减，随传播距离的增加，超声波的能量强度逐渐减弱。超声波在介质中的能量衰减程度与超声波本身和介质密度有很大关系：若气体的密度较小，则衰减较快，尤其对高频率超声波而言，衰减更快。因此，在空气中测量时，要采用较低频率的超声波，一般低于数十千赫，而在固体中应该采用频率高的超声波，至少应达兆赫数量级。

（6）超声波具有以下特点。

① 超声波不同于声波，其波长短，绕射现象不显著，且方向性好，传播能量集中，能定向传播。

② 超声波在传播过程中衰减相对声波较小，在传播过程中，遇到不同介质，大部分能量会被反射回来。

③ 超声波对液体、固体的穿透能力很强，尤其是对不透光的固体，可以穿透数十米的深度。

④ 超声波与可闻声波不同，它可以被聚焦，具有能量集中的特点。

⑤ 超声波遇到杂质或分界面会产生反射、折射和波形转换等现象。

正是因为超声波的这些特性，其在工业、国防、医疗、家电等领域的检测和控制方面有着广泛的应用。

### 2．超声波传感器

1）超声波传感器的工作原理

以超声波作为检测手段，前提是必须能够产生和接收超声波。完成这种功能的装置就是超声波传感器，习惯上称为超声波换能器或者超声波探头。

超声波传感器实质上是一种可逆的换能器，它可以将电振荡转换为机械振荡，形成超声波，也可将超声波转换为电振荡。超声波传感器一般由超声波发射器、超声波接收器、定时和控制电路等部分构成。

超声波探头按工作原理分为压电式超声波探头、磁致伸缩式超声波探头和电磁式超声波探头。实际中经常使用压电式超声波探头。压电式超声波探头主要由压电晶体、吸收块（阻尼块，其作用是降低压电晶体的品质因数，吸收超声波能量，没有阻尼块，会使传感器的分辨率变差）和保护膜组成。压电式超声波探头是利用压电效应工作的。正压电效应将接收的超声波转换为电信号；逆压电效应将高频电振荡转换为高频机械振荡，以产生超声波。由于压电效应的可逆性，实际应用的超声波探头大都能够同时用于发射和接收。

超声波探头按结构的不同，又分为直探头、斜探头、双探头、表面探头、聚焦探头、水浸探头、空气传导探头及其他专用探头等。图 4.20 所示为典型的超声波探头。

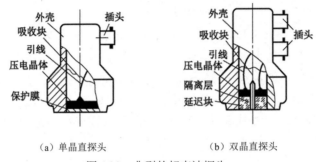

（a）单晶直探头　　　　　　（b）双晶直探头

图 4.20　典型的超声波探头

2）超声波传感器的应用

根据超声波的走向，超声波传感器的应用有两种基本类型，如图 4.21 所示。超声波发射器与接收器分别置于被测物两侧的称为透射型，如图 4.21（a）所示。透射型超声波传感器的典型应用有遥控器、防盗报警器、接近开关等。超声波发射器与接收器置于同侧的称为反射型，如图 4.21（b）所示。反射型超声波传感器的典型应用有接近开关、距离测量、液位或料位测量、金属探伤及厚度测量等。下面具体介绍几种超声波传感器在工业测量中的应用。

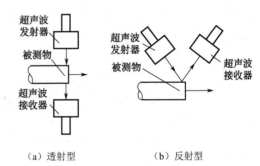

（a）透射型　　　　　　（b）反射型

图 4.21　超声波传感器的应用类型

（1）超声波探伤。超声波探伤是无损探伤技术中的一种主要检测手段。它主要用于检测金属板材、管材、锻件和焊缝等材料的缺陷（如裂缝、气孔、夹渣等），材料的厚度，材料的晶粒等，以及结合断裂力学知识对材料使用寿命进行评估。超声波探伤因为检测灵敏度高、速度快、成本低等优点而得到人们普遍的重视，并在生产实践中得到广泛应用。超声波探伤的方法多种多样，脉冲反射法就是其中一种。根据波的不同，脉冲反射法分为纵波探伤（见图 4.22）、横波探伤（见图 4.23）和表面波探伤（见图 4.24）等。

（2）超声波流量计。图 4.25 所示为超声波流量计的原理图。在被测管道上下游间隔一定的距离分别安装两对超声波发射器和接收器，即（$F_1$，$T_1$）、（$F_2$，$T_2$），其中 $F_1$ 发出的超声波是顺流传播的，而 $F_2$ 发出的超声波是逆流传播的。这两束超声波在流体中传播的速度不同，测量两个接收器上超声波传播的时间差、相位差和频率差等，可测出流体的平均流速，进而推算出流量。

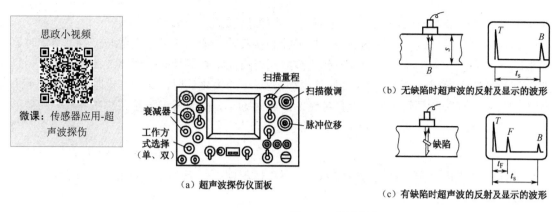

（a）超声波探伤仪面板

（b）无缺陷时超声波的反射及显示的波形

（c）有缺陷时超声波的反射及显示的波形

图 4.22 纵波探伤

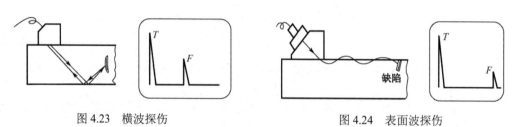

图 4.23 横波探伤

图 4.24 表面波探伤

（3）超声波测厚。超声波测厚的方法有很多，最常用的方法是利用超声波脉冲反射法进行测厚，可以测量钢及其他金属、有机玻璃、硬塑料等的厚度。图 4.26 所示为超声波测厚示意图。双晶直探头左边的压电晶片发射超声波脉冲，经探头内部的延迟块延迟后，该脉冲进入被测试件，在到达试件底面时，被反射回来，并被右边的压电晶片接收。只要测出从发射超声波脉冲到接收超声波脉冲所需要的时间间隔 $t$（扣除经两次延迟的时间），再将其乘以超声波在试件内的传播速度 $c$，就可得到超声波脉冲在被测试件内所经过的距离，这个距离的 1/2 也就代表了厚度值 $\delta$，即

$$\delta = \frac{1}{2}ct$$

（4-14）

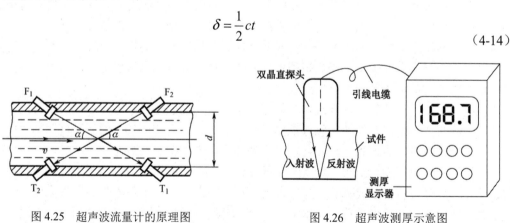

图 4.25 超声波流量计的原理图

图 4.26 超声波测厚示意图

只要在"发射-接收"时间段内使计数电路计数，便可达到显示数字的目的。使用双晶直探头可以简化信号处理电路，有利于减小仪表的体积。探头内部的延迟块可减小杂乱反射波的干扰。

（4）超声波测距。超声波的传播速度 $v$ 可以用下式表示：

$$v=331.5+0.6T$$

（4-15）

式中，$T$ 为环境温度（℃），在 23℃下超声波传播速度为 345.3m/s。

测距时由安装在同一位置的超声波发射器和接收器完成超声波的发射与接收，由定时器计时。首先由发射器向特定方向发射超声波并同时启动定时器计时，超声波在传播途中一旦遇到障碍物就被反射回来，当接收器收到反射波后立即停止计时。这样，定时器就记录下了超声波自发射点至障碍物之间往返传播经历的时间 $t$（s）。由于常温下超声波在空气中的传播速度约为 340m/s，所以发射点距障碍物之间的距离为

$$S=340t/2=170t \tag{4-16}$$

由于单片机内部定时器的计时实际上是对机器周期 $T_{机}$ 的计数，因此假设时钟频率 $f_{osc}$ 取 12MHz，设计数值为 $N$，则

$$T_{机}=12/f_{osc}=1（\mu s），t=NT_{机}=0.000001N（s）$$

$$S=170×N×T_{机}=0.00017N（m） \tag{4-17}$$

或　　　　　　　　　　　　　$$S=0.017N（cm） \tag{4-18}$$

如果 51 单片机的主频为 12MHz，则在编程中按式（4-17）或式（4-18）计算距离。具体程序略。

选择超声波传感器的时候，可以考虑自己搭建传感器电路，也可购买成品，具体型号、参数可以在网络上查找。

# 五、电涡流传感器

## 1. 认识电涡流传感器

电涡流传感器能静态地或动态地、非接触式地、高线性度地、高分辨力地测量被测金属导体距探头表面的距离。它是一种非接触式的线性化计量工具。电涡流传感器能准确测量被测体（必须是金属导体）与探头端面之间静态和动态的相对位置变化。在高速旋转机械和往复式运动机械状态分析、振动研究及分析测量中，对于高精度振动的位移信号，电涡流传感器能连续、准确地采集到转子振动状态的多种参数，如轴的径向振幅及轴向位置。电涡流传感器以其长期工作可靠性好、测量范围大、灵敏度高、分辨率高等优点，在大型旋转机械的在线状态监测与故障诊断中得到广泛应用。

根据转子动力学、轴承学的理论分析，大型旋转机械的运动状态主要取决于其核心，即转轴。电涡流传感器能直接非接触式地测量转轴的状态，为诸如转子的不平衡和不对中、轴承磨损、轴裂纹及发生摩擦等机械问题的早期判定，提供关键信息。

根据法拉第电磁感应原理，块状金属导体置于变化的磁场中或在磁场中进行切割磁力线的运动时，导体内将产生漩涡状的感应电流，称为电涡流，以上现象称为电涡流效应。而根据电涡流效应制成的传感器称为电涡流传感器。电涡流效应如图 4.27（a）所示，电涡流传感器的输出特性曲线如图 4.27（b）所示。

前置器中高频振荡电流通过延伸电缆流入探头线圈，在探头线圈中产生交变的磁场。若被测金属导体靠近这一磁场，则在此金属表面产生感应电流，与此同时该电场产生一个方向与探头线圈产生的磁场方向相反的交变磁场，由于其反作用，使探头线圈高频电流的幅度和相位得到改变，这一变化与金属导体的磁导率、电导率，线圈的几何形状、几何尺寸、电流频率及线圈到金属导体表面的距离等参数有关。

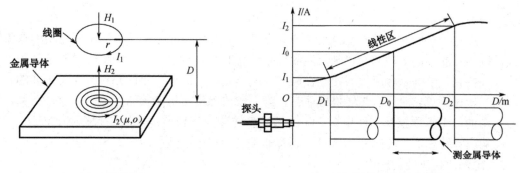

（a）电涡流效应 （b）电涡流传感器的输出特性曲线

图 4.27 电涡流效应及电涡流传感器的输出特性曲线

通常假设金属导体材质均匀且性能是线性和各向同性的，那么线圈和金属导体的物理性质可由金属导体的电导率 $\sigma$、磁导率 $\xi$、尺寸因子 $\tau$、线圈与金属导体表面的距离 $D$、电流 $I$ 和频率 $\omega$ 来描述，线圈特征阻抗可用 $Z=F(\tau,\xi,\sigma,D,I,\omega)$ 函数来表示。通常，我们控制 $\tau,\xi,\sigma,I,\omega$ 这几个参数在一定范围内不变，则线圈的特征阻抗 $Z$ 就成为距离 $D$ 的单值函数，虽然整个函数是非线性的，其函数特征曲线为 "S" 形曲线，但可以选取它近似为线性的一段用于测量工作。通过前置器电子线路的处理，将线圈阻抗 $Z$ 的变化，即线圈与金属导体的距离 $D$ 的变化转化成电压或电流的变化。电涡流传感器就是根据这一原理实现对金属导体的位移、振动等参数的测量的。电涡流传感器的工作原理如图 4.28 所示。当被测金属导体与探头之间的距离发生变化时，探头中线圈的 $Q$ 值也发生变化，从而引起振荡电压幅度的变化。这个随距离变化的振荡电压经过检波滤波、放大、线性修正处理后转化为电压（电流）变化并输出信号。综上所述，电涡流传感器工作系统中被测金属导体可被视为传感器系统的一部分，即一个电涡流传感器的性能与被测金属导体有关。

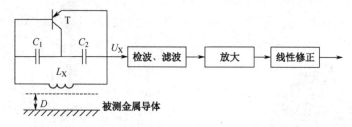

图 4.28 电涡流传感器的工作原理

### 2. 电涡流传感器的应用

1）电涡流传感器的典型应用

电涡流传感器广泛应用于电力、石油、化工、冶金等行业和科研项目，可对汽轮机、水轮机、鼓风机、压缩机等大型旋转机械轴的径向振动、轴向位移、轴转速及胀差等进行在线测量。

（1）轴向位移测量。对于许多旋转机械，包括汽轮机、水轮机、离心式和轴流式压缩机、离心泵等，轴向位移是一个十分重要的参量，过大的轴向位移将会引起机构损坏。轴向位移的测量，可以指示旋转部件与固定部件之间的轴向间隙或相对瞬时的位移变化，用以防止机器受到破坏。

（2）径向振动测量。径向振动可反映轴承的工作状态，以及提示转子的不平衡、不对中等机械故障。径向振动测量可以提供对工业涡轮机、压缩机、动力发电涡轮机等关键或基础

思政小视频

微课：传感器应用-工兵扫雷

机械的状态监测。

（3）胀差测量。对汽轮发电机组来说，在其启动和停机时，由于不同金属材料的热膨胀系数及散热性能不同，轴的热膨胀可能超过壳体膨胀，也可能导致涡轮机的旋转部件和静止部件（如机壳、喷嘴、台座等）相互接触，使机器受损，因此胀差的测量是非常重要的。

（4）转速测量。对所有旋转机械而言，都要求监测旋转机械轴的转速。转速是衡量机器运转状态的一个重要指标。而电涡流传感器测量转速的优越性是其他任何传感器没法比的，它既能响应零转速，又能响应高转速，具有非常强的抗干扰性能。

2）电涡流传感器的应用实例

（1）测量尺寸、间隙、厚度等。电涡流传感器可以测量尺寸、间隙、厚度等参数，如图4.29 所示。

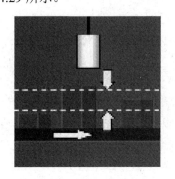

　　（a）尺寸测量　　　　　　　　　（b）间隙测量　　　　　　　　　（c）厚度测量

图 4.29　位移量

（2）转速测量。若转轴上均匀地开 $z$ 个槽（或齿），频率计的读数为 $f$（单位为 Hz），则转轴的转速 $n$（单位为 r/min）的计算公式为 $n=60f/z$。

假设在图 4.30（a）中，齿数为 48，频率计的读数为 120Hz，那么电动机的转速为 $n=60×120÷48=150$（r/min）。转速测量的波形图如图 4.30（b）所示。

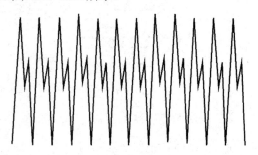

　　　（a）测速原理图　　　　　　　　　　　　　　　（b）波形图

图 4.30　转速测量

（3）安检门。安检门的内部设置有发射线圈和接收线圈。当有金属物体通过时，交变磁场就会在该金属物体表面产生电涡流，并在接收线圈中感应出电压，计算机根据感应电压的大小、相位来判定金属物体的大小。在安检门的侧面还安装了一台"软 X 光"扫描仪，它对人体、胶卷无害，用软件处理的方法，可合成完整的光学图像，如图 4.31 所示。

（4）金属探伤。电涡流传感器也可应用于金属表面探伤，有手持式、手提式、掌上式等。图 4.32 所示为用掌上式电涡流传感器探测飞机裂纹。

（a）实物图

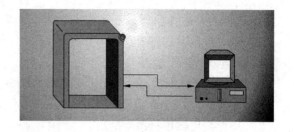
（b）连接示意图

图 4.31　安检门

图 4.32　用掌上式电涡流传感器探测飞机裂纹

 项目小结

　　电位器式位移传感器适用于对较大位移的测量，但精度不高；光栅式位移传感器、磁栅式位移传感器用于精密检测系统位移的测量，测量精度高（可达±1μm），量程也可达数米。超声波传感器属于非接触式测量设备，广泛应用于金属探伤。近年来，其在智能机器人的测距避障上也得到了大量的应用。电涡流传感器能静态地或动态、非接触、高线性度、高分辨力地测量被测金属导体距探头表面的距离。

# 思 考 练 习

## 1．填空题

（1）按位移特征，位移可以分为（　　　　　）和（　　　　　）。
（2）光栅式位移传感器是一种数字式传感器，它直接把（　　　　　　）转换成数字量输出。
（3）光栅的基本元器件是（　　　　　）和（　　　　　）。
（4）磁栅是一种有（　　　　　）信息的标尺。
（5）频率超过（　　　　　）kHz 的声波称为超声波。

## 2．单项选择题

（1）以下哪个选项不是莫尔条纹的特性？（　　　）
　　A．莫尔条纹与位移的对应性　　　　　　B．放大作用

  C．平均效应　　　　　　　　　　　D．光电转换

（2）以下四种位移传感器，不能应用于大位移测量的是（　　）。

  A．光栅式位移传感器　　　　　　　B．磁栅式位移传感器

  C．超声波位移传感器　　　　　　　D．电涡流传感器

（3）以下四种位移传感器，采用非接触测量方式的是（　　）。

  A．光栅式位移传感器　　　　　　　B．电位器式位移传感器

  C．超声波位移传感器　　　　　　　D．磁栅式位移传感器

### 3．判断题

（1）光栅式位移传感器通过测量莫尔条纹移动距离测量微小位移。　　　　　　（　　）

（2）超声波传感器实质上是一种可逆的换能器，它可以将电振荡的能量转换为机械振荡，形成超声波，也可以将超声波能量转换为电振荡。　　　　　　　　　　　　　　（　　）

（3）超声波测距是反射型超声波传感器的典型应用。　　　　　　　　　　　　（　　）

（4）超声波探伤是透射型超声波传感器的典型应用。　　　　　　　　　　　　（　　）

（5）电涡流传感器能够检测的对象必须是金属导体。　　　　　　　　　　　　（　　）

（6）安检门采用了电涡流传感器检测金属物体。　　　　　　　　　　　　　　（　　）

### 4．简答题

（1）光栅式位移传感器主要利用了光栅的什么现象实现精密测量？

（2）超声波传感器在常温下如何计算测得的距离？

### 5．应用题

  以下为某公司的位移传感器选型材料，目的是选择一种测量距离为 5mm，综合精度达 0.1%，可单向测量，输出电压为 0～5V，工作电压为直流 12V 的位移传感器，将型号写在这里：（　　　　　　　　　　　　　　），通过此例学习工业传感器的选用。注意：在购买此传感器时，厂商会根据你的选型结果决定是否配置变送器（对传感器信号进行处理，变为标准信号）。

NS-WY01 型位移传感器

（1）特点。

  NS-WY01 型位移传感器如题图 1 所示，它具有以下特点：精度高、误差小；分辨率高、预期寿命长；移动平滑、顺畅；防护等级为 IP40。

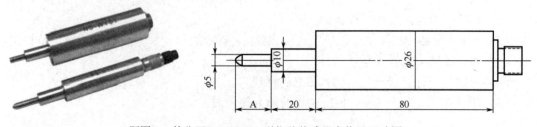

题图 1　某公司 NS-WY01 型位移传感器实物及尺寸图

（2）技术参数。

NS-WY01 型位移传感器参数表如题表 1 所示。

题表 1　NS-WY01 型位移传感器参数表

| 型号 | 1L | 0.5D | 3L | 1.5D | … | 5L | 2.5D | 8L | 4D | 10L | 5D |
|---|---|---|---|---|---|---|---|---|---|---|---|
| 线性行程（mm） | 1 | ±0.5 | 3 | ±1.5 | … | 5 | ±2.5 | 8 | ±4 | 10 | ±5 |
| 综合精度 | 0.05%、0.1%、0.3%、0.5%、1% | | | | | | | | | | |
| 重复性 | 0.005mm | | | | | | | | | | |
| 输出信号 | 4～20mA、0～5V 或 0～10V、−5～＋5V | | | | | | | | | | |
| 电源电压 | 9V、12V、24V DC（标准） | | | | | | | | | | |
| 工作温度 | −30～＋100℃ | | | | | | | | | | |
| 振动频率 | 5～20000Hz | | | | | | | | | | |
| 冲击加速度 | 50g | | | | | | | | | | |
| 位移速度 | 10m/s（max） | | | | | | | | | | |

（3）选型指南。

NS-WY01 型位移传感器的选型如题图 2 所示。

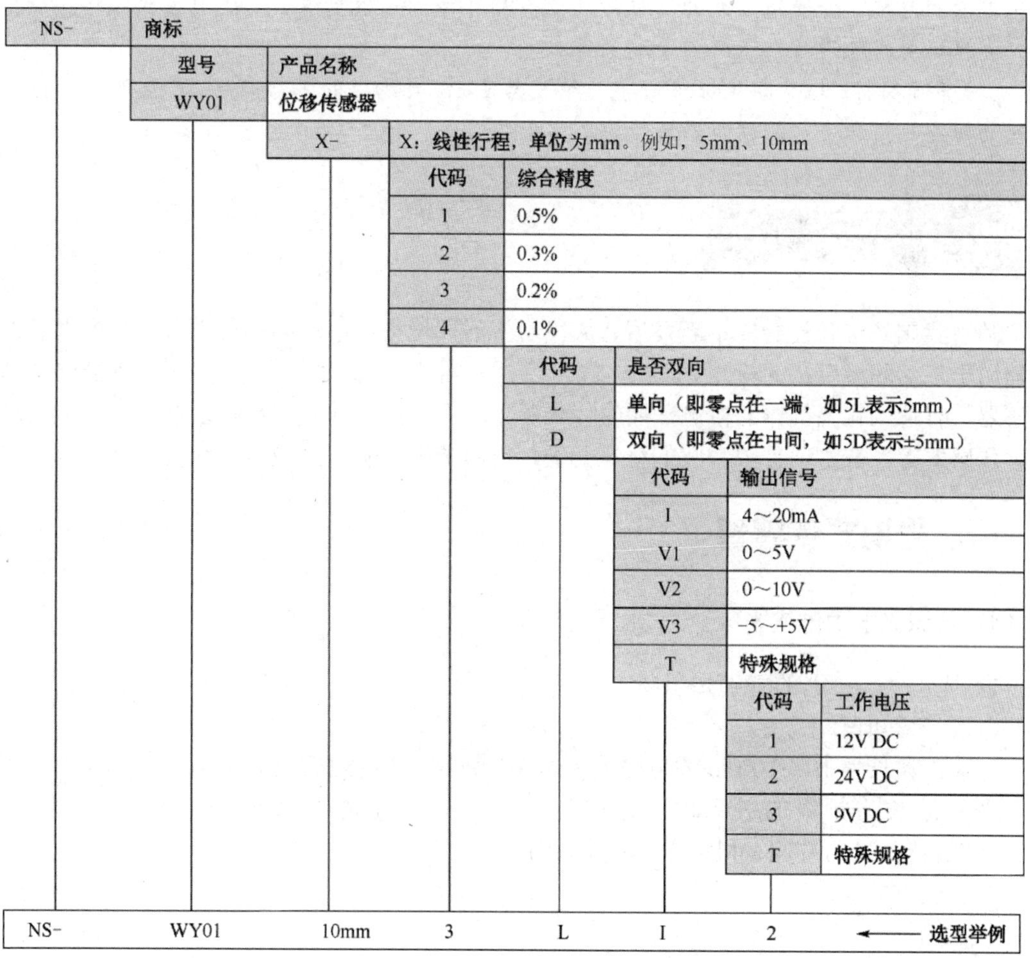

| NS- | 商标 | | | | | | |
|---|---|---|---|---|---|---|---|
| | 型号 | 产品名称 | | | | | |
| | WY01 | 位移传感器 | | | | | |
| | | X- | X：线性行程，单位为mm。例如，5mm、10mm | | | | |
| | | | 代码 | 综合精度 | | | |
| | | | 1 | 0.5% | | | |
| | | | 2 | 0.3% | | | |
| | | | 3 | 0.2% | | | |
| | | | 4 | 0.1% | | | |
| | | | | 代码 | 是否双向 | | |
| | | | | L | 单向（即零点在一端，如5L表示5mm） | | |
| | | | | D | 双向（即零点在中间，如5D表示±5mm） | | |
| | | | | | 代码 | 输出信号 | |
| | | | | | I | 4～20mA | |
| | | | | | V1 | 0～5V | |
| | | | | | V2 | 0～10V | |
| | | | | | V3 | −5～+5V | |
| | | | | | T | 特殊规格 | |
| | | | | | | 代码 | 工作电压 |
| | | | | | | 1 | 12V DC |
| | | | | | | 2 | 24V DC |
| | | | | | | 3 | 9V DC |
| | | | | | | T | 特殊规格 |
| NS- | WY01 | 10mm | 3 | L | I | 2 | ◄── 选型举例 |

题图 2　NS-WY01 型位移传感器的选型

# 项目五　环境量的测量

## 项目目标

（1）知识目标：光电效应的概念，光敏电阻、光敏二极管、光敏三极管、光电池的工作原理；气体的检测方法，半导体气体传感器的工作原理；湿度的概念，湿度的表示方法和检测方法，半导体湿度传感器的工作原理，环境湿度的控制方法；噪声的概念、单位，以及对人的影响。

（2）技能目标：会使用光敏电阻、光敏二极管、光敏三极管检测光照强度，会分析太阳能充电器的电路；会使用常见的气体传感器检测有毒、易燃气体；会使用湿度传感器检测湿度；会根据要求选用噪声传感器检测噪声。

（3）素质目标：培养学生谦虚好学的学习态度、认真细致的工作态度、严谨的工作作风、良好的职业习惯和一定的创新思维能力。

## 项目知识

随着我国经济和社会的不断发展，人民对生活环境提出了更高的要求，于是产生多种传感器用于生活环境质量的检测。例如，温/湿度控制需要温/湿度传感器，照明控制需要光电式传感器，有毒、有害气体的检测需要气体传感器，噪声监测需要噪声传感器，安全防范需要红外传感器等。在本项目中，我们将这几类传感器的知识和应用放在一起进行学习。

## 一、光电式传感器

### 1. 认识光电式传感器

1）光电式传感器的基础知识

（1）光谱知识。

光波：波长为 $10 \sim 10^6$ nm 的电磁波。表 5.1 所示为各种电磁波。

光的波长与频率的关系由光速确定，真空中的光速 $c=2.99793 \times 10^{10}$ cm/s，通常取 $c=3 \times 10^{10}$ cm/s。光的波长 $\lambda$ 和频率 $v$ 的关系为

$$c=\lambda v \tag{5-1}$$

表 5.1 各种电磁波

| 波段 | | 波长 |
|---|---|---|
| γ 射线 | | <0.001nm |
| X 射线 | | 0.001～10nm |
| 紫外线 | | 10～380nm |
| 可见光 | 紫 | 0.38～0.43μm |
| | 蓝 | 0.43～0.47μm |
| | 青 | 0.47～0.50μm |
| | 绿 | 0.50～0.56μm |
| | 黄 | 0.56～0.59μm |
| | 橙 | 0.59～0.62μm |
| | 红 | 0.62～0.76μm |
| 红外线 | 近红外 | 0.76～3μm |
| | 中红外 | 3～6μm |
| | 远红外 | 6～15μm |
| | 超远红外 | 15～1000μm |
| 微波 | | 1～1000mm |
| 无线电波 | 超短波 | 1～10m |
| | 短波和中波 | 10～3000m |
| | 长波 | >3000m |

（2）光源。能够发光的元器件称为光源。光源分为自然光源（太阳光）和人工光源两类。人工光源分为四类：热辐射光源（如白炽灯、卤钨灯）、气体放电光源（如低压汞灯、氢灯、钠灯、镉灯、氦灯等光谱灯）、电致发光元器件（如发光二极管、电致发光屏等）和激光器，其中激光器有单色性好、方向性好、亮度高、相干性好等优点。

（3）光电效应。光电式传感器是将光信号转换为电信号的一种传感器。利用这种传感器测量非电量时，只要将这些非电量的变化转换成光信号的变化，就可以将非电量的变化转换成电量的变化而进行检测。光电式传感器具有结构简单、非接触、可靠性高、精度高和反应快等特点。

光具有波粒二象性，光的粒子学说认为光是由光子组成的，每一个光子具有一定的能量（$E=hf$，其中 $h$ 为普朗克常数，$f$ 为光的频率。因此，光的频率越高，光子的能量也就越大）。光照射在物体上会产生一系列的物理或化学效应，如光合作用、光热效应、光电效应等。

光电式传感器的理论基础就是光电效应，即光照射在某一物体上，可以看作物体受到一连串能量为 $hf$ 的光子的轰击，被照射物体吸收了光子的能量而发生相应电效应的物理现象。光电效应可以分为外光电效应和内光电效应。

在光线作用下，物体内的电子逸出物体表面向外发射的物理现象称为外光电效应，也称光电发射效应，逸出的电子称为光电子。外光电效应可用爱因斯坦光电方程来描述：

$$\frac{mv^2}{2} = hf - W \tag{5-2}$$

式中，$m$ 为电子质量；$v$ 为电子逸出物体表面的初速度；$hf$ 为光子能量；$W$ 为金属材料的逸出功（表征金属表面对电子的束缚能力）。

爱因斯坦光电方程揭示了光电效应的本质。根据爱因斯坦的假设：一个光子的能量只能提供给一个电子，使电子的能量增加为 $hf$，这些能量一部分用于克服逸出功 $W$，另一部分作为电子逸出时的初动能 $mv^2/2$。由于逸出功 $W$ 与材料的性质有关，当材料选定后，要使金属表面有电子逸出，入射光的频率 $f$ 有一最低的限度，这个最低限度频率称为红限频率。当 $hf$ 小于 $W$ 时，即使光通量很大，也不可能有电子逸出。当 $hf$ 大于 $W$ 时，光通量越大，逸出的电子数目越多，光电流也就越大。

根据外光电效应工作的光电器件有光电管、光电倍增管、光电摄像管等。由于这些器件目前使用较少，所以不予介绍。

思政小视频

微课：科学家爱因斯坦

内光电效应分为光电导效应和光生伏特效应。当光照射在物体上，使物体的电阻率发生变化，这种效应叫光电导效应，基于这种效应工作的光电器件有光敏电阻、光敏二极管、光敏三极管等；当光照射在物体上，物体产生一定方向的电动势，这种效应叫光生伏特效应，基于这种效应工作的光电器件有光电池等。

**2. 光电式传感器**

光电式传感器是将光信号转换为电信号的一种传感器。光电式传感器具有精度高、分辨率高、可靠性高、非接触、响应快和结构简单等特点。下面介绍光敏电阻、光敏二极管、光敏三极管和光电池这几种常用的光电式传感器。

1）光敏电阻

光敏电阻又称光导管，是用具有内光电效应的光导材料制成的光电器件。光敏电阻所用的材料一般由金属的硫化物、硒化物、碲化物等半导体组成，光敏电阻的结构如图 5.1（a）所示，光敏电阻的实物及电路符号如图 5.1（b）所示。

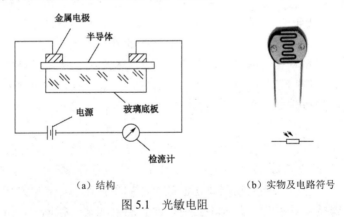

（a）结构　　　　　　　　　　（b）实物及电路符号

图 5.1　光敏电阻

光敏电阻没有极性，可视为一个电阻器，使用时既可以加直流电压，又可以加交流电压。光敏电阻的主要参数如下。

（1）暗电阻。光敏电阻在不受光照射时的阻值称为暗电阻，此时流过光敏电阻的电流称为暗电流。

（2）亮电阻。光敏电阻在受光照射时的阻值称为亮电阻，此时流过光敏电阻的电流称为亮电流。

（3）光电流。亮电流与暗电流之差称为光电流。光电流越大，光敏电阻的灵敏度越高。

无光照时，光敏电阻的阻值（暗电阻）很大，电路中电流（暗电流）很小。当光敏电阻受到一定波长范围的光照射时，它的阻值（亮电阻）急剧减小，电路中的电流（亮电流）迅速增大。一般希望暗电阻越大越好，亮电阻越小越好，此时光敏电阻的灵敏度较高。

可以通过测量亮电阻（在距离 25W 白炽灯的 50cm 处，照度约为 100lx）与暗电阻（完全黑暗）来判断光敏电阻质量的好坏。如果测得光敏电阻的暗电阻为数兆欧到数十兆欧，亮电阻为数千欧到数十千欧，那么说明光敏电阻的质量好。

光敏电阻的基本特性如下。

（1）伏安特性。在一定照度下，流过光敏电阻的电流与光敏电阻两端的电压的关系称为光敏电阻的伏安特性。图 5.2 所示为硫化镉光敏电阻的伏安特性曲线。由图 5.2 可知，在一定的电压范围内，光敏电阻的伏安特性曲线为直线，说明其阻值与照度有关。

（2）光谱特性。光敏电阻的相对灵敏度与入射光波长的关系称为光谱特性，也称为光谱响应。图 5.3 所示为几种不同材料的光敏电阻的光谱特性曲线。由于入射光的波长不同，光敏电阻的相对灵敏度是不同的。

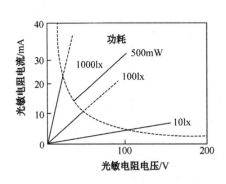

图 5.2　硫化镉光敏电阻的伏安特性曲线

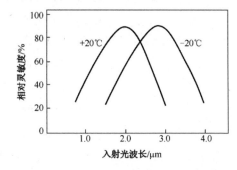

图 5.3　光敏电阻的光谱特性曲线

（3）光照特性。光敏电阻的光照特性表征光敏电阻的光电流与光通量之间的关系。光敏电阻的光照特性曲线如图 5.4 所示。由于光敏电阻的光照特性是非线性的，因此光敏电阻不宜作为测量元器件，一般在自动控制系统中用作开关式光电信号传感元器件。

（4）温度特性。光敏电阻受温度的影响较大。当温度升高时，它的暗电阻和相对灵敏度都下降。温度变化影响光敏电阻的光谱响应，尤其是工作在红外区的硫化铅光敏电阻受温度影响非常大。图 5.5 所示为硫化铅光敏电阻的温度特性曲线。

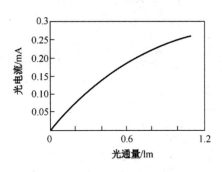
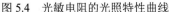

图 5.4　光敏电阻的光照特性曲线

图 5.5　硫化铅光敏电阻的温度特性曲线

（5）光敏电阻的时延特性。实验证明，光电流的变化相对于光的变化在时间上有滞后性，通常用时间常数 $t$ 来描述，这称为光敏电阻的时延特性。时间常数即光敏电阻从停止受到光照到电流下降为原来的 63% 所需的时间，因此 $t$ 越小，响应越迅速，但大多数光敏电阻的时间常数都较大，这是它的缺点之一，所以光敏电阻不能用于要求快速响应的场合。

（6）光敏电阻的频率特性。光敏电阻的相对灵敏度随着入射光频率的上升而下降，如图 5.6 所示，随着入射光频率的上升,硫化铊光敏电阻的相对灵敏度和硫化铅光敏电阻相比下降明显。

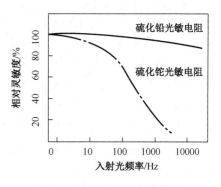

图 5.6　光敏电阻的频率特性

**【应用 1】**光敏电阻控制的报警电路

图 5.7 所示为光敏电阻控制的报警电路。电路中 IC 的 3 引脚的输入电压取决于光敏电阻 $R_G$ 的受光情况，当光照较强时，光敏电阻阻值很小，IC 的 3 引脚的输入电压较大，IC 输出高电平，从而驱动 VT 导通，压电蜂鸣器发出报警声。反之，光线较暗时，IC 输出低电平，VT 不能导通，电路不工作。

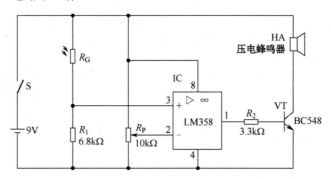

图 5.7　光敏电阻控制的报警电路

**【应用 2】**基于光敏电阻的调光台灯

图 5.8 所示为一个基于光敏电阻的调光台灯电路，当开关 S 拨向位置 2 时，$R_{P1}$、电容 C 和灯泡 N 组成张弛振荡器，用来产生脉冲触发可控硅 VS。灯泡辉光导通电压为 60～80V，当电容充电到其两端电压高于辉光导通电压时，N 导通点亮，VS 被触发导通。调节 $R_{P1}$ 能改变电容充电速率，从而改变 VS 的导通角，达到调光的目的。$R_2$、$R_{P1}$ 构成分压器，通过 $VD_5$ 向电容充电，调节 $R_{P1}$ 也能改变 VS 导通角，使灯的亮度发生变化。

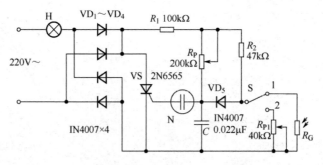

图 5.8　基于光敏电阻的调光台灯电路

当 S 拨向位置 1 时，光敏电阻 $R_G$ 取代 $R_{P1}$。当周围光线较弱时，$R_G$ 呈现高阻状态，$VD_5$ 右端电位升高，电容充电速度加快，振荡频率变高,VS 导通角增大，台灯灯泡两端电压升高、亮度增大。当周围光照增强时，$R_G$ 阻值变小，情况与上述相反，台灯灯泡两端电压变低，亮度减小。

调试时，将 $R_{P1}$ 调到阻值为零，S 置于位置 2，用万用表测灯泡两端交流电压，应在 200V

以上，如低于 200V 可略减小 $R_1$ 的阻值或调节 $R_{P1}$ 的阻值，使之达到要求。光敏电阻 $R_G$ 应安装在台灯光线不能直接照射的地方（如台灯底座侧面），用来感受周围环境的光照强度。调光台灯的灯泡宜用 40W 的白炽灯泡。调整好电路即可投入使用：S 拨向 2 为普通调光模式，调节 $R_{P1}$ 可选择适当的亮度；S 拨向 1 为自动调光模式，如环境变暗时，台灯会逐渐变亮。

2）光敏二极管和光敏三极管

光敏二极管的结构与一般二极管相似，其主体装在透明玻璃外壳中，PN 结装在管的顶部，可以直接受光照射。光敏二极管的结构如图 5.9（a）所示。光敏二极管在电路中一般处于反向工作状态，如图 5.9（b）所示，在没有光照射时，其反向电阻很大，反向电流很小，反向电流称为暗电流。

（a）结构　　　　　　　　　　　（b）工作电路

图 5.9　光敏二极管的结构和工作电路

锗光敏二极管分 A、B、C、D 四类；硅光敏二极管常见的有 2CU1（A～D）系列、2DU（1～4）系列。

光敏三极管有 PNP 型和 NPN 型两种。图 5.10 所示为 NPN 型光敏三极管的结构、基本电路和符号，其结构与一般三极管很相似，具有电流增益功能，只是它的发射极一般做得很大，且其基极不接引线。当集电极加上正电压，基极开路时，光敏三极管处于反向偏置状态。

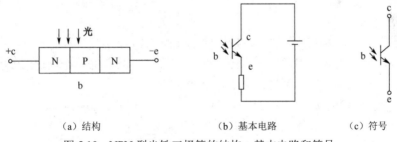

（a）结构　　　　　　　　（b）基本电路　　　　　　（c）符号

图 5.10　NPN 型光敏三极管的结构、基本电路和符号

当光照射在集电极上时，就会在集电极附近产生电子-空穴对，从而形成光电流，相当于三极管的基极电流。光敏三极管有放大作用。

光敏二极管和光敏三极管的特性如下。

（1）光谱特性。光敏二极管的光谱特性曲线如图 5.11 所示。从图 5.11 中可以看出，硅管的峰值波长约为 0.9μm，锗管的峰值波长约为 1.5μm，当其波长到达峰值时相对灵敏度最大，而当入射光的波长增加或缩短时，相对灵敏度下降。一般来讲，锗管的暗电流较大，因此性能较差，故在探测可见光或炽热物体时，一般都用硅管。但对红外光进行探测时，锗管较为适用。

（2）伏安特性。光敏三极管的伏安特性曲线如图 5.12 所示。光敏三极管在不同的照度下的伏安特性，与一般三极管在基极电流不同时的输出特性类似。因此，只要让入射光照在发射极 e 与基极 b 之间的 PN 结附近，将所产生的光电流看作基极电流，就可将光敏三极管看作一般的三极管。光敏三极管能把光信号转换成电信号，而且输出的电信号强度较大。

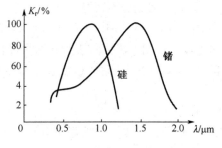

图 5.11　光敏二极管的光谱特性曲线

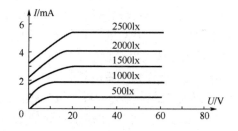

图 5.12　光敏三极管的伏安特性曲线

（3）光照特性。光敏三极管的光照特性曲线如图 5.13（a）所示。它表征光敏三极管的输出电流和照度之间的关系。它们之间近似呈线性关系。当照度足够大时，光敏三极管会出现饱和现象，从而使光敏三极管既可作为线性转换元件，又可作为开关元件。

（4）温度特性。光敏三极管的温度特性曲线反映的是光敏三极管的暗电流和光电流与温度的关系。从图 5.13（b）所示的温度特性曲线可以看出，温度变化对光电流的影响很小，对暗电流的影响很大。所以，电路中应该对暗电流进行温度补偿，否则将会导致输出误差。

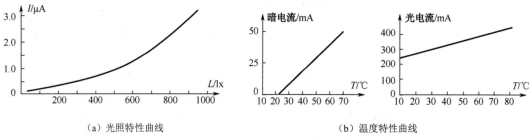

（a）光照特性曲线　　　　　　　　　　　（b）温度特性曲线

图 5.13　光敏三极管的特性曲线

（5）频率特性。光敏三极管的频率特性曲线如图 5.14 所示。光敏三极管的频率特性受负载电阻的影响，减小负载电阻阻值可以改善频率响应。一般来说，光敏三极管的频率响应比光敏二极管差。对于锗管，入射光的调制频率要求在 5kHz 以下。硅管的频率响应比锗管好。

（6）响应时间。不同光敏器件的响应时间有所不同。光敏电阻响应时间较长，其数量级一般为 $10^{-3}\sim10^{-1}s$，一般不能用于要求快速响应的场合；工业用的硅光敏二极管的响应时间数量级为 $10^{-7}\sim10^{-5}s$；光敏三极管的响应时间约比光敏二极管高一个数量级，在要求快速响应或入射光、调制光频率较高时应选用硅光敏二极管。

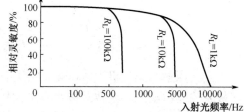

图 5.14　光敏三极管的频率特性曲线

【应用 1】光敏二极管的应用

光敏二极管通常有两种工作模式：光电导模式和光伏模式。光敏二极管工作于光电导模式时，在两极之间要外加一定反偏电压。光电导模式不适用于检测微弱恒定光，因为光电流很小，与暗电流接近。检测微弱光信号一般采用调制技术。

工作于光伏模式下的光敏二极管不用外加任何偏置电压，其工作在短路条件下。此模式的特点如下：频率特性较好（因光敏二极管线性范围大，适用于辐射强度探测）；输出信号不含暗电流，适用于弱光探测电路（当然其探测极限受本身噪声限制）。

图 5.15（a）为无偏置电路，适用于光伏模式，输出电压 $u_o = I_R R_L$。

图 5.15（b）为反向偏置电路，其响应速度是无偏置电路的数倍。

图 5.15（c）为光控二极管开关电路，当光照射光敏二极管时，三极管基极处于低电位，VT 截止，输出高电平；当无光照时，VT 导通，输出低电平。

图 5.15（d）为光控继电器通断电路。在无光照时，VT 截止，继电器 KA 线圈无电流通过，触点处于常开状态。当有光照且达到一定光强时，VT 导通，KA 吸合，从而实现光控通断。

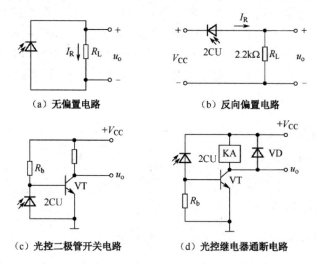

（a）无偏置电路　　　　　　　　（b）反向偏置电路

（c）光控二极管开关电路　　　　　（d）光控继电器通断电路

图 5.15　光敏二极管应用电路

【应用 2】光敏三极管的应用

光敏三极管具有放大功能，在相同光照条件下，可获得比光敏二极管大得多的光电流。在使用时，光敏三极管必须外加偏置电路，以保证集电结反偏、发射结正偏。

图 5.16 所示为由光敏三极管组成的光敏继电器电路。图 5.16（a）所示电路使用了高灵敏度的硅光敏三极管 3DU80B，该管在钨灯（2856K）照度为 1000lx 时能提供 2mA 的光电流，可直接驱动灵敏继电器。二极管在光敏三极管关断瞬间对它进行保护。图 5.16（b）所示为简单的达林顿放大电路，3DU32 受光照产生的光电流经过一级三极管放大后便可驱动继电器。图 5.16（b）中的光敏三极管与放大三极管可用一只达林顿结构的光敏三极管来代替，如 3DU912 系列。

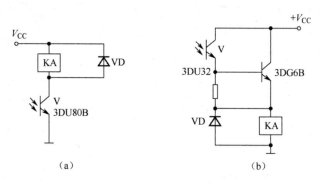

（a）　　　　　　　　　　　　（b）

图 5.16　由光敏三极管组成的光敏继电器电路

3）光电池

光电池是利用光生伏特效应把光能直接转变成电能的器件。由于它可把太阳能直接转换为电能，因此又被称为太阳能电池。它是发电式有源器件，结构如图 5.17 所示，它有面积较大的 PN 结，当光照射在 PN 结上时，其两端产生电动势。

光电池在光线作用下，其实质就是电源。

光电池的命名方式：把光电池所用的半导体材料名称放在光电池名称的前面，如硒光电池、砷化镓光电池、硅光电池等。目前，应用范围最大、最有发展前途的是硅光电池。

光电池的特性如下。

（1）光谱特性。光电池对不同波长的光的灵敏度是不同的。图 5.18 所示为硅光电池和硒光电池的光谱特性。从图 5.18 中可知，不同材料的光电池，光响应峰值所对应的入射光波长是不同的，硅光电池的此项数值约为 0.8μm，硒光电池的此项数值约为 0.5μm。硅光电池的光谱响应波长范围为 0.4～1.2μm，而硒光电池的光谱响应波长范围为 0.38～0.75μm，就此而言，硅光电池的应用范围更大。

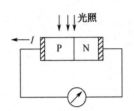

图 5.17　光电池结构

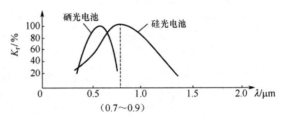

图 5.18　硅光电池和硒光电池的光谱特性

（2）光照特性。光电池在不同照度下产生的光电流和光生电动势是不同的，它们之间的关系就是光照特性。图 5.19 所示为硅光电池的光照特性。光电池负载开路时的开路电压与照度的关系近似呈对数关系，开始电压上升很快，在照度达到 2000lx 后便趋于饱和。当负载短路时，短路电流与照度呈线性关系。但随着负载电阻阻值的增大，这种线性关系将变差，因此当测量与照度成正比的其他非电量时，应把光电池作为电流源来使用；当被测量是开关量时，可把光电池作为电压源来使用。

（3）温度特性。光电池的温度特性描述光电池的开路电压和短路电流随温度变化的情况。由于它关系到应用光电池的仪器或设备的温度漂移，影响测量精度或控制精度等重要指标，因此温度特性是光电池的重要特性之一。光电池的温度特性如图 5.20 所示。

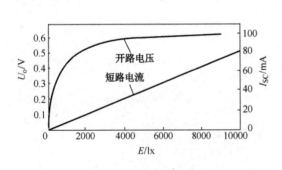

图 5.19　硅光电池的光照特性

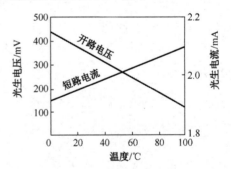

图 5.20　光电池的温度特性

（4）频率特性。光电池的频率特性反映入射光频率和相对光电流的关系，如图 5.21 所示。从图 5.21 中可以看出，硅光电池有很高的频率响应，可用在高速计数、有声电影等方面。这就是硅光电池相对于其他光电器件而言最为突出的优点。

【应用1】光电池开关

利用半导体硅光电池制成的光电开关电路如图 5.22 所示。由于即使在强光下光电池最大输出电压也仅有 0.6V，不足以使 VT$_1$ 管有较大电流输出，故先将硅光电池接于 VT$_1$ 管基极，再用二极管 VD$_2$ 产生 0.3V 的正向电压，两电压共同作用于 VT$_1$ 管，使其 b、e 极间电压大于 0.7V 而导通。

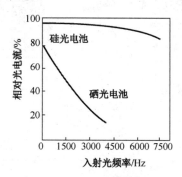

图 5.21 光电池的频率特性

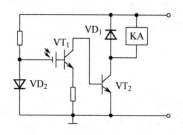

图 5.22 光电开关电路

当光照强度增加，VT$_1$ 导通，导致 VT$_2$ 导通，继电器 KA 线圈得电，继电器的辅助动合触点接通，电路接通；当光照强度下降，VT$_1$ 截止，导致 VT$_2$ 截止，继电器 KA 线圈失电，继电器的辅助动合触点断开，电路断开。

【应用2】太阳能充电器

图 5.23 所示为光敏电阻和硅光电池组成的太阳能充电器。图 5.23 中，光敏电阻 R$_G$、R$_{P1}$、R$_{P2}$ 和电阻 R 组成分压电路。在白天有光照射时，R$_G$ 内阻下降，因此经 R 流入 VT$_1$ 基极的电流因 R$_G$ 和 R$_{P1}$ 分流大为减少，使 VT$_1$ 由导通变为截止，同时 VT$_2$ 也截止，信号灯熄灭。这时，硅光电池由于有光照射，产生较高的电压，并向蓄电池充电。在夜晚无光照射时，R$_G$ 的阻值较高，其上的压降较大，所以输入 VT$_1$ 的基极电流较大，VT$_1$ 导通，VT$_2$ 也随之导通，该基极电流经 VT$_1$ 和 VT$_2$ 放大后，由 VT$_2$ 的集电极输出，一部分经电容耦合到 VT$_1$ 的基极形成正反馈，满足了电路的振荡条件。由于电容的电容量较大，故振荡频率较低，VT$_2$ 把放大了的振荡信号以脉冲电流形式输送给信号灯 H，使其一闪一闪地发光。

调节 R、C 可改变闪光频率和亮灭时间比。由于 R$_{P1}$ 和 R$_G$ 并联后又与 R$_{P2}$ 串联，所以调节电位器 R$_{P1}$ 和 R$_{P2}$ 的阻值，即可改变 VT$_1$ 基极与发射极之间的电压 $V_{be}$。一般硅管在 $V_{be}$ 超过 0.6～0.7V 时导通；反之就截止，故可根据需要使灯点亮或熄灭。

思政小视频

微课：传感器应
用-光伏发电

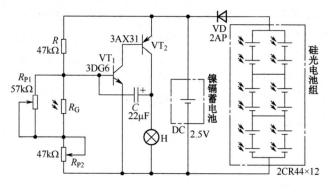

图 5.23 太阳能充电器

### 3．其他光电式传感器

#### 1）光纤传感器

光纤是一种多层结构的圆柱体，一般由纤芯、包层、涂敷层和尼龙外层组成，其结构如图 5.24 所示。

在空气中，光是沿直线传播的。然而，入射到光纤中的光线却被限制在光纤中，并随着光纤的弯曲而沿弯曲的路线被传送到很远的地方。减小入射角，就能实现光的全反射，光纤就是利用这个原理传光的，如图 5.25 所示。

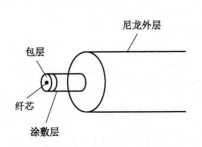

图 5.24　光纤的结构

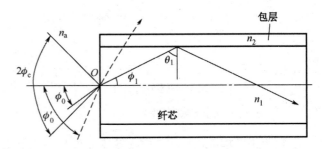

图 5.25　光纤传光原理

光导纤维传感器简称为光纤传感器，是目前发展速度较快的一种传感器。光纤不仅可以作为光的传输介质在长距离通信中应用，还由于其表征光波的特征参量（振幅、相位、偏振态、波长等）因外界因素（如温度、压力、磁场、电场和位移等）的作用而间接或直接地发生变化，可将光纤作为传感元器件来探测各种待测量。

光纤传感器根据工作原理可以分为传感型光纤传感器和传光型光纤传感器。传感型光纤传感器利用外界因素改变光纤中光的特征参量，从而对外界因素进行计量和数据传输；它具有传光、传感合一的特点，可进行信息的获取和传输。传光型光纤传感器利用其他敏感元件来感受被测量的变化，光纤仅作为光的传输介质。

光纤传感器的种类很多，工作原理也各不相同，但都离不开光的调制和解调两个环节。

调制就是把某一被测信息加载到传输光波上，这种承载了被测信息的调制光经光探测系统解调，便可分离出所要检测的信息。从原则上来说，只要能找到一种途径，把被测信息叠加到光波上并能将其解调出来，就可以构成一种光纤传感器。目前已有的途径有强度调制、波长调制、频率调制和相位调制等方法。

先利用外界因素改变光纤中光的波长或频率，然后通过检测光纤中光的波长或频率的变化来测量各种物理量的方法，分别称为波长调制或频率调制。

与传统的传感器相比，光纤传感器具有以下独特的优点。

（1）抗电磁干扰、电绝缘、耐腐蚀性能好。由于光纤传感器利用光传输信息，而光纤又是电绝缘、耐腐蚀的传输介质，并且安全、可靠，这使它可以方便、有效地应用于各种大型机电设备、石油化工机械、矿井等强电磁干扰和易燃易爆等恶劣环境中。

（2）灵敏度高。光纤传感器的灵敏度优于一般的传感器，如测量水声、加速度、辐射强度、磁感应强度等物理量的光纤传感器，测量各种气体浓度的光纤化学传感器和测量各种生物量的光纤生物传感器等。

（3）质量轻、体积小、可弯曲。光纤除具有质量轻、体积小的特点外，还有可弯曲的优点，因此可以采用光纤制成不同外形、不同尺寸的传感器，这有利于其在狭窄空间中的应用。

（4）测量对象广泛。光纤传感器是近年来出现的新设备，可以用来测量多种物理量，如声场强度、电场强度、压力、温度、角速度和加速度等，还可以完成其他测量设备难以完成的测量任务。

（5）对被测介质影响小。与其他传感器相比，光纤传感器抗电磁干扰和核辐射的性能更好。光纤传感器径细、质软、质量轻（力学性能好）；绝缘、无感应（电气性能好）；耐水、耐高温、耐腐蚀（化学性能好），对被测介质的影响较小，能够在人达不到的地方（如高温区）或对人有害的地区（如核辐射区）进行检测，而且能超越人的生理极限，接收人的感官所感受不到的外界信息，可用于医药卫生等复杂环境中。

（6）便于复用，便于成网。具备上述优点的光纤传感器可利用光通信技术组成遥测网和光纤传感网络。

（7）成本低。部分光纤传感器的成本大大低于现有同类传感器。

光纤传感器是新技术传感器，可以用来测量多种物理量，如位移、加速度、压力、流量、振动、温度、电压、电流、核辐射强度、应变、pH 值、生物量等。此外，它还可以完成传统测量设备难以完成的测量任务，显示出了独特的检测能力。

【应用 1】光纤类光电开关

光纤类光电开关具有多种安装方式，可以弯曲，特别适合在狭小空间中使用或用于检测微小物体。图 5.26 所示为光纤类光电开关的应用，如检测微小不透明物体等。

【应用 2】图像光纤传感器

图像光纤是由数目众多的光纤组成的图像单元（或像素单元），典型数目为 3 千到 1 万股，每一股光纤的直径约为 10μm，图像光纤传感器的工作原理如图 5.27 所示。在图像光纤的两端，所有的光纤都是按同一规律整齐排列的。投影在图像光纤一端的图像被分解成许多像素，像素被分解为一组强度与颜色不同的光点，并传送至光纤的另一端，再被重建为原图像。

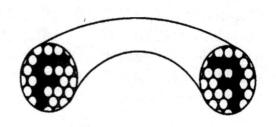

图 5.26　光纤类光电开关的应用　　　　　图 5.27　图像光纤传感器的工作原理

工业用内窥镜用于检查系统的内部结构，它的主要组成部分就是图像光纤传感器。使用时，将探头放入系统内部，通过图像光纤成像即可在系统外部进行观察。

2）光电耦合器件

光电耦合器件是将发光器件（如发光二极管）和光电接收器件（如光敏电阻、光敏二极管、光敏三极管或光可控硅等）组合，以光作为媒介传递信号的光电器件。根据其结构和用途不同，光电耦合器件又可分为用于实现电隔离的光电耦合器和用于检测物体有无的光电开关。

光电耦合器的特点：一是能够实现强电、弱电隔离，输入端、输出端之间的绝缘电阻较大，耐压在 2000V 以上；二是对系统内部噪声有很强的抑制作用，能避免输出端对输入端地线等的干扰；三是发光二极管为电流驱动器件，动态电阻小，对系统内部的噪声有旁路作用（滤除噪声）。

　　光电耦合器常见的组合形式如图 5.28 所示。

　　图 5.28（a）所示的结构简单、成本低，通常用于工作频率不高于 50kHz 的装置内。

　　图 5.28（b）所示为采用高速开关管构成的高速光电耦合器，适用于较高频率的装置中。

　　图 5.28（c）所示为采用放大三极管构成的高传输效率的光电耦合器，适用于直接驱动和频率较低的装置中。

　　图 5.28（d）所示为采用功能元器件构成的高速、高传输效率的光电耦合器。

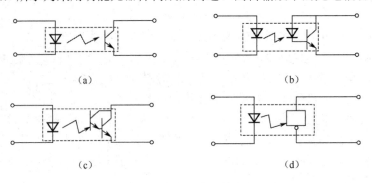

图 5.28　光电耦合器常见的组合形式

　　3）激光传感器

　　激光传感器是利用激光技术进行测量的传感器。它主要由激光（发射）器、激光检测器和激光测量装置组成。它能把被测物理量（如长度、流量、速度等）转换成光信号，然后应用光电转换器把光信号转换为电信号，通过相应电路的过滤、放大、整流得到输出信号，从而反映被测量，因此广义上也可将激光测量装置称为激光传感器。激光传感器实际上是以激光为光源的光电式传感器。

　　激光传感器的优点：能实现无接触远距离测量；结构、原理简单且可靠；适用于各种恶劣的工作环境，抗光、抗电干扰能力强；分辨率较高（在测量长度时，分辨率能达到纳米级）；示值误差小；稳定性好，可用于快速测量。虽然高精度激光传感器已问世多年，但以前由于其价格太高，一直不能获得广泛应用。现在，高精度激光传感器的价格大幅度下降，使其成为远距离检测场合中最经济、有效的传感器。图 5.29 所示为两种激光传感器，图 5.29（a）为对射式激光传感器，图 5.29（b）为槽式激光传感器。

（a）对射式激光传感器　　　　　　　　　（b）槽式激光传感器

图 5.29　激光传感器

激光传感器常用于长度、振动、速度、方位等物理量的精密测量，如图 5.30 所示，还可用于探伤和大气污染物的检测等。

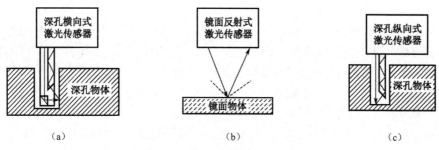

图 5.30　激光传感器精密测量示意图

4）电荷耦合器件

电荷耦合器件（Charge Couple Device，CCD）是一种金属氧化物半导体（Metal Oxide Semiconductor，MOS）集成电路器件。它以电荷量作为信号，基本功能是进行电荷的存储和电荷的转移。CCD 自 1970 年问世以来，由于其低噪声等特点而发展迅速，广泛应用于相机、智能手机、平板电脑等电子产品。

5）红外传感器

红外传感器是利用物体产生红外辐射的特性来实现自动检测的器件。红外传感器种类很多，常见的有两大类：光电型红外传感器和热电型红外传感器。

# 二、气体传感器及其应用

## 1．认识气体传感器

1）气体检测方法

气体与我们的日常生活密切相关。我们对气体的感知主要通过鼻子这个器官来实现，而气体传感器（又称气敏传感器）的作用就相当于我们的鼻子，可"嗅"出空气中某种特定的气体或判断特定气体的浓度，实现对气体成分的检测或监测，以改善人们的生活水平，保障人们的生命安全。

要检测的气体种类繁多，它们的性质也各不相同，所以不可能用一种方法来检测所有气体。对气体的分析方法也因气体的种类、成分、浓度和用途不同而不同。目前主要应用的气体检测方法有电气法、电化学法和光学法等。

电气法是利用气敏元件（主要是半导体气敏元件）检测气体的方法，是目前应用最为广泛的气体检测方法。

电化学法是使用电极与电解液对气体进行检测的方法。

光学法是利用气体的光学折射率或光吸收等特性检测气体的方法。

2）半导体气体传感器

半导体气体传感器主要以氧化物半导体为基本材料制成，当传感器中的气敏元件同气体接触时，气体吸附于气敏元件表面，使其电导率发生变化，从而检测待测气体的成分及浓度。

半导体气体传感器大体上分为电阻式半导体气体传感器和非电阻式半导体气体传感器两种。电阻式半导体气体传感器的气敏元件是用氧化锡、氧化锌等金属氧化物材料制作的，使用时，利用其阻值的变化来检测气体的浓度。非电阻式半导体气体传感器主要有使用金属/半导体结型二极管和金属栅 MOS 场效应管的传感器，使用时，利用它们与气体接触后的整流特性或阈值电压的变化来实现对气体的检测。

（1）气敏电阻的工作原理。

气敏电阻由金属氧化物（如氧化锡、氧化锌等）制成，它们在常温下是绝缘的，制成半导体后具有气敏特性。当气敏电阻工作在空气中时，空气中的氧气、二氧化氮气体等氧化性气体（电子接收性气体）接收来自半导体材料的电子，使 N 型半导体材料的载流子数量减少，表面电导率减小，从而处于高阻状态。一旦气敏电阻与被测还原性气体（电子供给性气体，如氢气、一氧化碳、碳氢化合物气体等）接触，其载流子就会增多，阻值减小。

气敏电阻通常工作在高温状态（200～450℃），目的是加速上述氧化还原反应。例如，用氧化锡制成的气敏电阻，在常温下吸附某种气体后，其电导率变化不大，若保持这种气体浓度不变，则该气敏电阻的电导率随其本身温度的升高而增大，尤其在 100～300℃ 范围内电导率变化很大。显然，气敏电阻电导率的增大是载流子浓度增加的结果。

由上可知，气敏电阻工作时要求本身的温度比环境温度高很多。因此，气敏电阻结构中含有加热电阻丝。气敏电阻的基本测量电路、输出电压与温度的关系如图 5.31 所示。

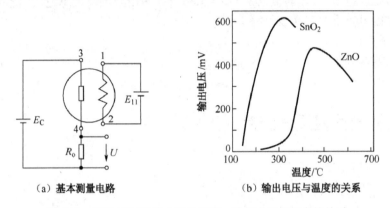

（a）基本测量电路　　　　　　（b）输出电压与温度的关系

图 5.31　气敏电阻的基本测量电路、输出电压与温度的关系

（2）二氧化锡气敏元件。

二氧化锡是一种白色粉末状的金属氧化物，其多结晶体材料具有气敏特性。二氧化锡气敏元件主要有三种类型：烧结型、薄膜型和厚膜型。下面主要介绍烧结型二氧化锡气敏元件。

烧结型二氧化锡气敏元件以多孔陶瓷二氧化锡为基本材料，添加不同物质，采用传统制陶工艺进行烧结。烧结时，先在材料中埋入加热电阻丝和测量电极，制成管芯，然后将加热电阻丝和测量电极引线焊在管座上，并将管芯罩在不锈钢网中。这种气敏元件主要用于检测还原性气体、可燃性气体和液体蒸汽。二氧化锡气敏元件工作时须加热至 300℃，按其加热方式不同，又分为直热式和旁热式两种。

直热式烧结型二氧化锡气敏元件的结构如图 5.32（a）所示，符号如图 5.32（b）所示，其管芯由三部分组成（二氧化锡烧结体、加热电阻丝和电极丝），加热电阻丝和电极丝直接埋在二氧化锡材料内。工作时，加热电阻丝通电加热，使气敏元件达到工作温度，电极丝用于测量气敏元件电阻值的变化。这种气敏元件的优点是制造工艺简单，功耗小，成本低，可在高压回路中使用，可制成价格低廉的可燃气体报警器。这种气敏元件的缺点是热容量小，易受环境气流的影响，测量回路和加热回路之间没有隔离，互相影响。

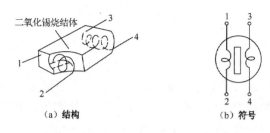

1，2—加热电阻丝；3，4—电极丝

图 5.32 直热式烧结型二氧化锡气敏元件

旁热式烧结型二氧化锡气敏元件的结构如图 5.33（a）所示，符号如图 5.33（b）所示，其管芯增加了一个陶瓷绝缘管，在管内放进了一个加热电阻丝，管外涂金材料形成梳状电极，作为测量电极，在金材料电极外涂二氧化锡材料。这种结构克服了直热式烧结型二氧化锡气敏元件的缺点，其测量电极与加热电阻丝分开，避免了测量回路与加热回路之间的互相影响。而且这种气敏元件热容量大，降低了环境气温对气敏元件加热温度的影响，容易保持气敏元件的结构稳定。

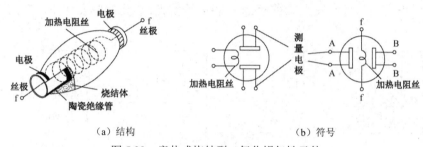

（a）结构 （b）符号

图 5.33 旁热式烧结型二氧化锡气敏元件

### 2. 常见气体传感器及其应用

#### 1）QM-N5 气体传感器及其应用

思政小视频

微课：传感器应用-拒绝酒驾

QM-N5 气体传感器（以下简称 QM-N5）是一种应用广泛的国产气体传感器，它由绝缘陶瓷管、加热电阻丝、电极及二氧化锡烧结体等构成。工作时，加热电阻丝通电加热，当无被测气体进入时，由于空气中的氧气含量大体上是恒定的，因而氧气的吸附量也是恒定的，气敏元件的阻值基本不变。当有被测气体进入，气敏元件表面将因吸附作用而导致气体吸附量增大，阻值减小，由测量电路按照吸附量和阻值的变化关系即可推算出气体的浓度。

QM-N5 的极间电压为 10V，加热电压为 $(5\pm0.5)$V，负载电阻为 2kΩ，适用环境温度为 $-20\sim40℃$，适用于检测煤气、乙炔、乙醇、氢气、硫化氢、一氧化碳及其他烷类气体、烯类气体、氨类气体等。图 5.34 所示为 QM-N5 的外形和符号，A、B 为测量极（电极），H 为加热电阻丝极（丝极）。其中，A 和 A′、B 和 B′是连通的，在使用时候要注意。

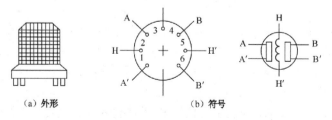

（a）外形 （b）符号

图 5.34 QM-N5 的外形和符号

**【应用 1】集成可燃性气体检测器**

可燃性气体包含天然气、液化石油气及沼气等，这些气体在泄漏后，若浓度较低，则容易造成人中毒；若浓度超过爆炸下限，则遇火花（如打火机打火、电器的开关虚接和静电）会发生爆炸，给人们的生命财产造成无法挽回的损失。下面介绍如何采用 QM-N5 检测可燃性气体。集成可燃性气体检测器电路如图 5.35 所示，其工作原理如下。

9V 直流电源经电阻 $R_{P1}$ 限流，为 QM-N5 的丝极 H-H′提供了 110mA 左右的电流；将测量极 A-A′与 B-B′预热。

在清洁的空气中，两测量极间的电阻较大，B-B′端对地电位较低，气敏元件无信号输出，1IC 为 SL322 型发光显示驱动电路，其 1 脚为输入端，无信号输入时 3～7、12～16 脚均为低电平，因此 2IC、3IC 均不工作，无报警信号。

当气敏元件检测到一定浓度的可燃性气体时，两测量极间的阻值减小，B-B′端对地电位上升，使 1IC 的 1 脚的电压也上升，当电压升高到 0.2V 时，1IC 的 3 脚立即由低电平变为高电平，这时 2IC、3IC 相继工作。2IC、3IC 均为由 5G 1555 组成的自激多谐振荡器，不过 2IC 工作在超低频，3IC 工作在音频范围内。适当调节 $R_1$ 或 $R_2$ 的阻值，使 2IC 工作频率为 1Hz，这时作为指示灯的发光二极管 LED 将闪烁发光，电压蜂鸣器 YD 便发出"嘀、嘀"的报警声。

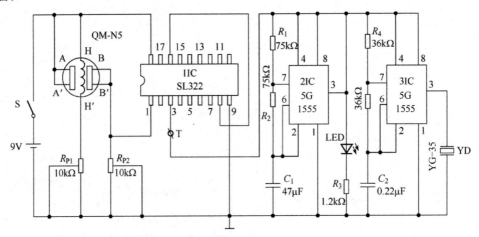

图 5.35　集成可燃性气体检测器电路

该检测器体积小、携带方便，便于巡回检测。

**【应用 2】矿灯瓦斯报警器**

煤矿瓦斯爆炸让人触目惊心，有没有一种简单、携带方便、可靠的瓦斯报警装置呢？答案是肯定的，下面介绍一种矿灯瓦斯报警器。矿灯瓦斯报警器如图 5.36 所示，其工作原理如下。

当瓦斯浓度较低时，由于电位器 $R_P$ 的输出电压较低，$VT_1$ 截止，所以 $VT_2$、$VT_3$ 也截止，矿灯不闪烁报警。

当瓦斯浓度超过设定浓度时，电位器 $R_P$ 的输出电压增大，通过二极管 VD 加到三极管 $VT_1$ 的基极，使 $VT_1$ 导通，从而使 $VT_2$、$VT_3$ 得电并开始工作，由 $VT_2$、$VT_3$、$R_2$、$R_3$、$C_1$ 和 $C_2$ 组成的互补式自激多谐振荡器驱动继电器的开关 K 不断地断开和闭合，使矿灯闪烁，这说明瓦斯浓度已超过设定值。

调试方法：通电 15min 后，先调节电位器 $R_P$ 的阻值使输出为零，再将矿灯瓦斯报警器置于设定浓度的瓦斯气样中，缓慢调节电位器 $R_P$ 的阻值，使报警器刚好报警即可。

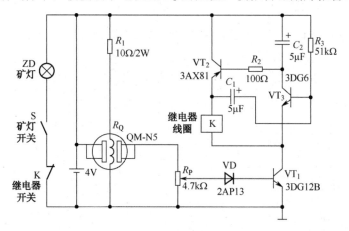

图 5.36　矿灯瓦斯报警器

该报警器的特点：可以直接装设在矿工的工作帽上，采用矿灯蓄电池作为电源。当瓦斯浓度超过设定值时，报警器会自动报警。蓄电池对报警器的供电不受矿灯开关的影响，可以减少使用前的预热时间，避免预热报警。

【应用3】可燃性气体浓度检测

图 5.37 所示为可燃性气体浓度检测电路，该电路可以用于家庭对煤气、一氧化碳、液化石油气等泄漏的监测报警。U257B 是 LED 驱动器集成电路，其输出量（LED 点亮的数量）与输入端（7引脚）电压呈线性关系。通常 IC 输入端的电压低于 0.18V 时，其输出端 2～6 引脚均为低电平，$VL_1$～$VL_5$ 均不亮。当 7 引脚电压升至 0.18V 时，$VL_1$ 被点亮；当 7 引脚电压升至 0.53V 时，$VL_1$ 和 $VL_2$ 被点亮；当 7 引脚电压升至 0.84V 时，$VL_1$～$VL_3$ 被点亮；当 7 引脚电压升至 1.19V 时，$VL_1$～$VL_4$ 被点亮；当 7 引脚电压升至 2V 时，$VL_1$～$VL_5$ 被点亮。U257B 的额定电流为 0.5mA，功耗为 690mW。该电路采用低功耗、高灵敏度的 QM-N10 气敏检测管（简称 QM-N10），它和电位器 $R_P$ 组成检测电路，检测信号从 $R_P$ 的中心端旋臂输出。

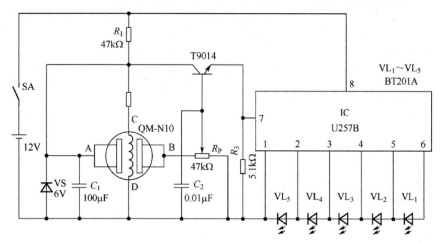

图 5.37　可燃性气体浓度检测电路

当 QM-N10 不接触可燃性气体时，其 A、B 两电极间为高阻抗，使得 7 引脚电压趋于 0V，$VL_1$～$VL_5$ 均不亮。当 QM-N10 处在一定浓度的可燃性气体中时，其 A、B 两电极间阻抗变得很小，这时 7 引脚存在一定的电压，使得相应的发光二极管点亮，可燃性气体的浓度越高，则 $VL_1 \sim VL_5$ 依次被点亮的只数越多。

2）HQ-2 气体传感器及其应用

图 5.38 所示为由气体传感器 HQ-2 构成的烟雾报警电路，适用于会议室、客厅等场所的禁烟指示。

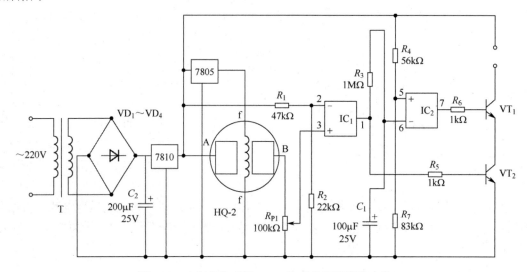

图 5.38　由气体传感器 HQ-2 构成的烟雾报警电路

电路由电源、检测电路、定时报警输出电路三部分组成。电源部分将 220V 市电经变压器降至 15V，由 $VD_1 \sim VD_4$ 组成的桥式整流电路整流并经 $C_2$ 滤波成直流电压。三端稳压器 7810 向 HQ-2 和运算放大器 $IC_1$、$IC_2$ 提供 10V 直流电源，三端稳压器 7805 提供 5V 电压用于加热。

HQ-2 中 A、B 两电极间的阻值在无烟雾环境中为数十千欧，在有烟雾环境中可下降到数千欧。一旦有烟雾存在，A、B 两电极间的阻值便迅速减小，比较器通过电位器 $R_{P1}$ 所取得的分压随之增加，$IC_1$ 翻转输出高电平使 $VT_2$ 导通。$IC_2$ 在 $IC_1$ 翻转之前输出高电平，因此 $VT_1$ 也处于导通状态。只要 $IC_1$ 翻转，输出端便可输出报警信号。输出端可接蜂鸣器或发光器件。$IC_1$ 翻转后，由 $R_3$、$C_1$ 组成的定时器开始工作（改变 $R_3$ 的阻值可改变报警信号的长短）。当电容 $C_1$ 被充电达到阈值电位时，$IC_2$ 翻转，则 $VT_1$ 关断，停止输出报警信号。烟雾消失后，比较器复位，$C_1$ 通过 $IC_1$ 放电。当 HQ-2 长期搁置后首次使用时，在没有遇到烟雾时其阻值也将减小，须经 10min 左右的初始稳定时间方可正常工作。

【应用 2】有害气体报警器

MQK-2 系列气体传感器为国产气体传感器，具有以下特点：

（1）对乙醇气体有很高的灵敏度。

（2）具有良好的重复性和长期的稳定性。

（3）抗干扰性能好，对乙醇气体有很好的选择性。

MQK-2A 适合用于天然气、城市煤气、石油液化气、丙丁烷和氮气等的检测。MQK-2B适合用于检测烟雾等减光型有害气体，其特性参数如下：

（1）回路电压：5～24V。

（2）采样电阻：0.5～20kΩ。

（3）加热电压：$(5\pm0.1)$V。

（4）加热功率：约 750mW。

（5）灵敏度：$R_{o(air)}/R_{s(100ppm)} > 5$。

（6）响应时间：小于 10s。

（7）恢复时间：小于 30s。

使用时的注意事项：气敏元件须预热 3～5min 后方可正常使用；不要在腐蚀性气体环境下使用。工作环境：温度为-10～+50℃，相对湿度为 0～90%RH。

采用 MQK-2 系列传感器的有害气体报警器，其电路如图 5.39 所示。

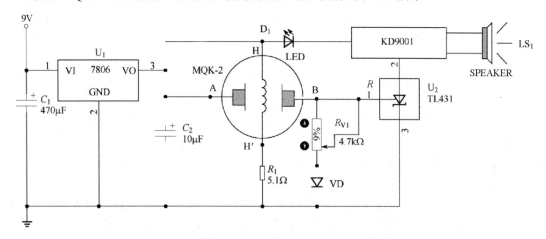

图 5.39　有害气体报警器电路

图 5.39 中 7806 稳压器提供 6V 电压，TL431 是精密电压比较器，当 MQK-2 在干净空气中，A、B 电极间的阻值有数十千欧，TL431 的 R 端为低电平；当 MQK-2 接触到有害气体时，A、B 电极间的阻值迅速减小，R 端电压逐渐升高，当电压为 2.5V 时，TL431 内部导通，LED 发光二极管亮，KD9001 报警器发出报警声。可通过调节 $R_{V1}$ 确定有害气体报警浓度。

## 三、湿度传感器

1. 认识湿度传感器

湿度可通过湿度传感器进行测量。湿度传感器又称湿敏传感器，是将环境湿度转换为电信号的装置。现代化的工、农业生产及科学实验对空气湿度的重视程度日益提高，要求也越来越高，如果湿度不能满足要求，将会造成不同程度的不良后果。

1）湿度表示方法

狭义的湿度是指空气中水汽的含量，常用绝对湿度、相对湿度和露点（或露点温度）等来表示。

（1）绝对湿度。绝对湿度指在一定温度及压力条件下，单位体积待测气体中含蒸汽的质量，其数学表达式为

$$H_a = \frac{M_V}{V} \tag{5-3}$$

式中，$M_V$ 为待测气体中蒸汽的质量；$V$ 为待测气体的总体积；$H_a$ 为待测气体的绝对湿度，单位为 $g/m^3$。

（2）相对湿度。相对湿度为待测气体中的蒸汽压强与同温度下的饱和蒸汽压强的比值的百分数，其数学表达式为

$$RH = \frac{P_V}{P_W} \times 100\% \qquad\qquad (5\text{-}4)$$

式中，$P_V$ 为某温度下待测气体中的蒸汽压强；$P_W$ 为与待测气体温度相同时的饱和蒸汽压强；RH 为相对湿度，单位为%RH。

饱和蒸汽压强与温度和压强有关。当温度和压强变化时，因饱和蒸汽压强变化，所以待测气体中的蒸汽压强即使相同，其相对湿度也会发生变化，温度越高，饱和蒸汽压强越大。日常生活中所说的空气湿度，实际上就是指相对湿度。凡谈到相对湿度，必须同时说明环境温度，否则，所说的相对湿度就失去了意义，一般讨论室温环境下的相对湿度时，可省略温度说明。

（3）露点。饱和蒸汽压强随温度的降低而逐渐减小。在同样的空气蒸汽压强下，温度越低，空气的蒸汽压强与同温度下饱和蒸汽压强的差值越小。当空气温度下降到某一温度时，空气的蒸汽压强与同温度下饱和蒸汽压强相等。此时，空气中的蒸汽将凝结成露珠，相对湿度为 100%RH。该温度称为空气的露点温度，简称露点。如果这一温度低于 0℃，那么蒸汽将结霜，该温度又称为霜点温度。露点包括霜点温度。空气的蒸汽压强越小，露点越低，因而可用露点表示空气的相对湿度。

在高露点时，一般人都会感到不适。因为高露点时，气温较高，从而导致人体出汗；高露点有时也伴随着高相对湿度，此时汗水挥发受阻，从而使人体过热而感到不适。另外，低露点时气温或者相对湿度较低，任何一点都可令人体有效地散热，因而比较舒适。在内陆居住的人一般都会在露点为 15℃ 至 20℃ 时开始感到不适；当露点越过 21℃ 时更会感到闷热。

2）湿度传感器的主要特性

（1）感湿特性。感湿特性为湿度传感器的感湿特征量（如电阻值、电容量、频率等）随环境湿度变化的规律，常用感湿特征量和相对湿度的关系曲线来表示，如图 5.40 所示。

按曲线的变化规律，感湿特性曲线可分为正特性曲线［见图 5.40（a）］和负特性曲线［见图 5.40（b）］。性能良好的湿度传感器，在所测相对湿度范围内，其感湿特征量的变化应为线性变化，其特性曲线斜率大小要适中。

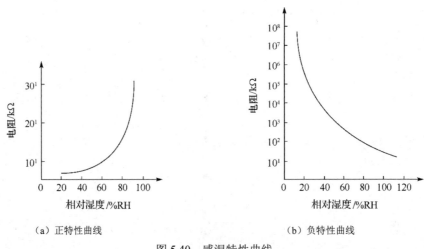

（a）正特性曲线　　　　　　　　　　（b）负特性曲线

图 5.40　感湿特性曲线

（2）湿度量程。湿度传感器能够精确测量相对湿度的最大范围称为湿度量程。一般来说，湿度值不得超出湿度传感器规定的湿度量程的范围。所以在应用中，希望湿度传感器的湿度量程越大越好，以 0～100%RH 为最佳。

湿度传感器按其湿度量程可分为高湿型、低湿型及全湿型三大类。高湿型湿度传感器适用于相对湿度大于 70%RH 的场合；低湿型湿度传感器适用于相对湿度小于 40%RH 的场合；而全湿型湿度传感器则适用于 0～100%RH 的场合。

（3）灵敏度。灵敏度为湿度传感器的感湿特征量随相对湿度变化的程度，即在某一相对湿度范围内，相对湿度改变 1%RH 时，湿度传感器的感湿特征量的变化值就是该湿度传感器感湿特性曲线的斜率。

由于大多数湿度传感器的感湿特性曲线是非线性的，在不同的湿度范围内具有不同的斜率，因此常用湿度传感器在不同相对湿度下的感湿特征量之比来表示其灵敏度。例如，$R_{1\%}/R_{10\%}$ 表示在 1%RH 条件下的电阻值与在 10%RH 条件下的电阻值之比。

（4）响应时间。当湿度增大时，湿度传感器的湿敏元件会因吸湿使感湿特征量发生变化。当湿度减小时，为检测当前湿度，湿敏元件原先所吸的水分要被排出，这一过程称为脱湿，所以用湿度传感器检测湿度时，湿敏元件将发生吸湿和脱湿过程。

在一定环境温度下，当环境湿度改变时，湿度传感器完成吸湿过程或脱湿过程（感湿特征量达到稳定值的规定比例）所需要的时间称为响应时间。感湿特征量的变化滞后于环境湿度的变化，所以实际上多采用感湿特征量的改变量达到总改变量的 90%所需要的时间，即以完成相应的起始相对湿度和终止相对湿度这一变化区间的 90%所需的时间来计算。

（5）感湿温度系数。湿度传感器除对环境湿度敏感外，还对温度十分敏感。湿度传感器的温度系数是表示湿度传感器的感湿特性曲线随环境温度变化而变化的特性参数。在不同环境温度下，湿度传感器的感湿特性曲线是不同的，如图 5.41 所示。

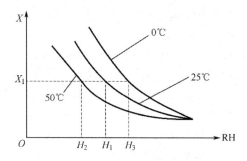

图 5.41　湿度传感器的感湿特性

湿度传感器的感湿温度系数定义：湿度传感器在感湿特征量恒定的条件下，当温度变化时，其表示的相对湿度将发生变化，这两个变化量之比，称为感湿温度系数，单位用%RH/℃表示。

$$A = \frac{H_1 - H_2}{\Delta T} \tag{5-5}$$

式中，$A$ 为感湿温度系数；$H_2$ 和 $H_1$ 分别为温度变化前后环境的相对湿度；$\Delta T$ 为温度变化量。显然，湿度传感器感湿特性曲线随温度的变化越大，由感湿特征量所表示的环境相对湿度与实际的环境相对湿度之间的误差就越大，即感湿温度系数越大。因此，环境温度的不同将直接影响湿度传感器的测量误差。故在环境温度变化频繁的地方测量相对湿度时，必须进行修正或补偿。

湿度传感器的感湿温度系数越小越好。湿度传感器的感湿温度系数一般在 0.2%RH/℃～0.8%RH/℃范围内。

（6）湿滞特性。一般情况下，湿度传感器不仅在吸湿和脱湿两种情况下的响应时间有所不同（大多数湿敏元件的脱湿响应时间大于吸湿响应时间），而且其感湿特性曲线也不重合。当吸湿和脱湿时，两种感湿特性曲线形成一个环形线，称为湿滞回线。湿度传感器的这一特性称为湿滞特性，如图 5.42 所示。

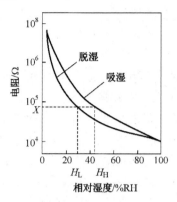

图 5.42　湿滞特性

湿滞回差表示在湿滞回线上，同一感湿特征量值下，吸湿和脱湿两种感湿特性曲线所对应的两相对湿度的最大差值。显然，湿度传感器的湿滞回差越小越好。

（7）老化特性。老化特性指湿度传感器在一定温度、湿度条件下，存放一定时间后，由于尘土、油污、有害气体等的影响，其感湿特性发生变化的特性。

（8）一致性和互换性。湿度传感器的一致性和互换性差。如果在使用过程中湿度传感器损坏，那么有时即使换上同一型号的湿度传感器也要再次进行调试。

3）湿度传感器的分类及工作原理

湿度传感器种类很多，没有统一分类标准。按探测功能来分，湿度传感器可分为绝对湿度型、相对湿度型和结露型；按传感器的输出信号来分，湿度传感器可分为电阻式、电容式和电抗式，电阻式的最多，电抗式的最少；按湿敏元件的工作机理来分，湿度传感器又分为水分子亲和型和非水分子亲和型两大类，其中水分子亲和型的应用较广泛；按材料来分，湿度传感器可分为陶瓷型、高分子型、半导体型和电解质型等。

（1）陶瓷型湿度传感器。陶瓷型湿度传感器具有很多优点，如测湿范围大（基本上可实现全范围的湿度测量），工作温度高（常温陶瓷型湿度传感器的工作温度在 150℃以下，而高温陶瓷型湿度传感器的工作温度可达 800℃），响应时间短（多孔陶瓷的表面积大，易于吸湿和脱湿），抗沾污，灵敏度高，稳定性好，可高温清洗等。陶瓷型湿度传感器按其制作工艺不同可分为烧结型、涂覆膜型、厚膜型、薄膜型和 MOS 型。

陶瓷型湿度传感器较成熟的产品有 $MgCr_2O_4\text{-}TiO_2$ 系、$ZnO\text{-}Cr_2O_3$ 系、$ZrO_2$（二氧化锆）系、$Al_2O_3$ 系、$TiO_2\text{-}V_2O_5$ 系和 $Fe_3O_4$ 系等。它们的感湿特征量大多数为电阻值，除 $Fe_3O_4$ 系为正特性湿度传感器，其他都为负特性湿度传感器，即随着环境湿度的增加，其电阻值减小。

（2）高分子型湿度传感器。高分子型湿度传感器包括高分子型电解质薄膜湿度传感器、高分子型电阻式湿度传感器、高分子型电容式湿度传感器、结露传感器和石英振动式传感器等。

高分子型电阻式湿度传感器的湿敏层为可导电的高分子材料，属强电解质，具有极强的吸水性。水吸附在有极性基的高分子膜上，在低湿条件下，因吸附量少，不能产生离子，所以湿度传感器的电阻值较大；当湿度增加时，水分吸附量增大，而高分子膜吸水后电离，使湿度传感器的电阻值减小。吸湿量不同，湿度传感器的电阻值也不同，根据电阻值变化可测量相对湿度。高分子型电阻式湿度传感器如图 5.43 所示。

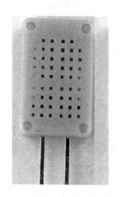

图 5.43　高分子型电阻式湿度传感器

图 5.44 所示为高分子型电容式湿度传感器的结构。在洁净的玻璃基片上，先蒸镀一层极薄（50nm）的梳状金质，作为下电极，再在其上涂一层高分子薄膜（1nm），干燥后，在其上蒸镀一层多孔透水的金质作为上电极，两电极形成电容，然后焊接上下电极引线，就制成了高分子型电容式湿度传感器。

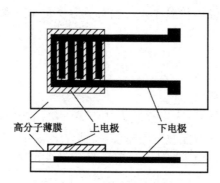

图 5.44　高分子型电容式湿度传感器的结构

当高分子薄膜吸湿后，湿敏元件的介电常数随环境相对湿度的变化而变化，从而引起电容量的变化。

由于高分子薄膜可以做得很薄，所以湿敏元件能迅速吸湿和脱湿，故该类传感器有滞后小和响应速度快等特点。

结露传感器是一种特殊的湿度传感器，它与一般湿度传感器的不同之处在于对低湿度不敏感，仅对高湿度敏感，感湿特征量具有开关式变化特性。结露传感器分为电阻式和电容式，目前广泛应用的是电阻式结露传感器。图 5.45 所示为结露传感器 HDS05。

电阻式结露传感器是在陶瓷基片上制成梳状电极，并在其上涂一层电阻感湿膜制成的。感湿膜采用高分子材料，在高湿度条件下，感湿膜吸湿后膨胀，体积增大，引起电阻值突变；而低湿度条件下，电阻值因感湿膜收缩而变小。结露传感器的感湿特性曲线如图 5.46 所示，当相对湿度低于 75%RH 时，曲线很平坦；当相对湿度为 75%RH～80%RH 时，曲线上升较快；当相对湿度在 94%RH 以上时，电阻值将急速增大；当相对湿度达 100%RH 时，电阻值趋向无穷大，此时称为结露。

图 5.45　结露传感器 HDS05

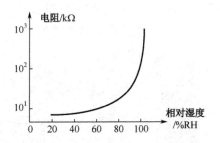

图 5.46　结露传感器的感湿特性曲线

结露传感器的特点：响应时间短，体积较小，对高湿度条件敏感。它的吸湿过程不发生在感湿膜的表面，而在其内部，这就使它的特性不受灰尘和其他气体对其表面污染的影响，因而长期稳定性好，可靠性高，能在直流电压下工作。

结露传感器一般不用于测湿，而作为提供开关信号的结露信号器，用于自动控制或报警，主要用于磁带录像机、照相机和高级轿车玻璃的结露检测及除露控制。

石英振动式湿度传感器是在石英振子的电极表面涂覆高分子材料感湿膜制成的。当感湿膜吸湿时，由于膜的质量变化而使石英振子共振频率变化，从而检测环境湿度，传感器在 0～50℃条件下，相对湿度检测范围为 0～100%RH，误差为±5%RH。

石英振动式湿度传感器还能检测露点，当石英振子表面结露时，振子的共振频率会发生变化，同时共振阻抗增加。

2. 湿度传感器应用

1）结露传感器应用

【应用】录像机结露检测

思政小视频

微课：传感器应用-三星堆考古

录像机在使用过程中若环境湿度比较大或将录像机从较冷的地方移到较暖的地方，则录像机内可能发生结露现象，这样会使磁带与走带机构之间的摩擦阻力增大，造成带速不稳，甚至导致磁带拉伤或使磁头受损而停止转动。图 5.47 所示为录像机结露检测电路。

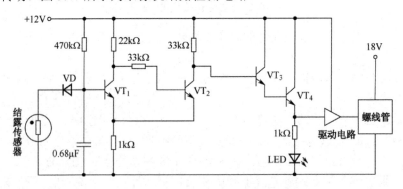

图 5.47　录像机的结露检测电路

该电路通过结露传感器探测机内的湿度情况，在结露时 LED 亮，并输出控制信号使录像机进入停机保护状态。结露传感器是一种特殊的湿度传感器，它与一般湿度传感器的不同之处在于对低湿度条件不敏感，仅对高湿度条件敏感，主要用来检测物体的表面是否附着由蒸汽结成的水滴。

电路原理：在低湿度环境中，结露传感器的阻值约为 2kΩ，$VT_1$ 的基极电位低于 0.5V，$VT_1$ 处于截止状态；$VT_2$ 饱和导通，其集电极电位低于 1V。因 $VT_3$、$VT_4$ 接成达林顿管，所以 VT$_3$、VT$_4$ 也截止，结露指示灯不亮，输出的控制信号为低电平，控制录像机正常工作。

在结露时，结露传感器的电阻值增大，且大于 50kΩ，VT$_1$ 因基极电位上升而饱和导通，VT$_2$ 截止，从而使 VT$_3$、VT$_4$ 导通，结露指示灯亮，输出的控制信号为高电平，控制录像机进入停机保护状态。

2）含水量检测

通常将空气或其他气体中的水分含量称为湿度，将固体物质中的水分含量（固体物质中所含水分的质量与总质量之比的百分数）称为含水量。

湿度较难检测，原因是湿度信息的传递较复杂。湿度信息必须靠水与湿敏元件直接接触来形成。因此，湿敏元件不能密封、隔离，必须直接曝露于待测环境中，而水在自然环境中容易发生三态变化。当其液化或结冰时，往往使湿敏元件的高分子材料或电解质材料溶解、腐蚀或老化，给测量带来不利。研制湿度传感器目前最主要的技术难点就是如何解决长期稳定性差及互换性差的问题。

下面简单介绍测量含水量的主要方法。

称重法：测出被测物质烘干前后的质量 $G_H$ 和 $G_D$，含水量的百分数为

$$W = \frac{G_H - G_D}{G_H} \times 100\% \tag{5-6}$$

这种方法很简单，但烘干需要时间，检测的实时性差，而且有些产品不能采用烘干法。

电导法：固体物质吸收水分后电阻值变小，用测定电阻率或电导率的方法便可判断含水量。

电容法：水的介电常数远大于一般干燥固体物质，因此用电容法测物质的介电常数从而测出的含水量结果是相当精确的。造纸厂的纸张含水量可用电容法测量。

红外吸收法：水对波长为 1.94μm 的红外线吸收效果较强，而对波长为 1.81μm 的红外线几乎不吸收。由上述两种波长的滤光片轮流切换，对红外光进行滤光，根据被测物对这两种波长的光的吸收情况判断含水量。

微波吸收法：水对波长约为 1.36cm 的微波吸收效果显著，而同样条件下，植物纤维对此波长的光的吸收量仅为水的几十分之一，利用这一原理可制成测量木材、烟草、粮食和纸张等物质含水量的仪表。采用微波吸收法测量时要注意被测物的密度和温度对检测结果的影响。采用这种方法的设备，结构稍复杂。

【应用 1】空气湿度检测

808H5V5 可用于组成空气湿度检测电路，检测电路包括湿度传感器和信号放大电路，工作电源电压为+5V，可检测相对湿度范围为 0～100%RH，相应输出电压为 0.8～3.9V。输出信号用引线引出，可以直接驱动电压表指示，也可以经 ICL7106 显示驱动集成电路进行 A/D 转换后，驱动液晶显示器显示。简易空气湿度检测电路如图 5.48 所示。

【应用 2】土壤含水量检测

土壤中是否缺水，单凭观察土壤表面是否湿润是不科学的。如果有了湿度传感器，就可以很容易地确定土壤中是否缺水。图 5.49 所示为使用湿度传感器检测土壤含水量。

图 5.50 所示为简易土壤含水量检测电路，其中湿度传感器由埋在土壤中的两个电极组成。其工作原理如下。

若土壤湿润，土壤的电阻率很小，两电极间的电阻值很小，场效应管 VT$_1$ 的栅极相当于接地，栅源间无偏压，VT$_1$ 导通，三极管 VT$_2$ 截止，555 时基电路的④引脚输入低电平，振

荡器不工作，发光二极管 VD 截止，不发光。

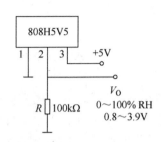

图 5.48　简易空气湿度检测电路　　　　图 5.49　使用湿度传感器检测土壤含水量

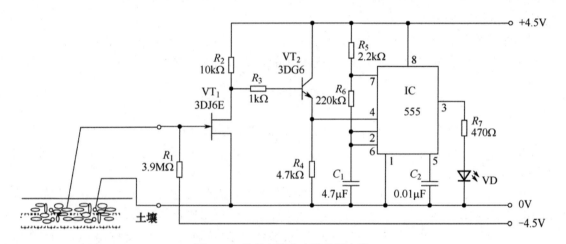

图 5.50　简易土壤含水量检测电路

当土壤中缺水时，土壤的电阻率增大，两电极间的电阻值变大，使得场效应管 $VT_1$ 截止，三极管 $VT_2$ 导通，电阻 $R_4$ 上产生较大的电压降，使 555 时基电路的④引脚输入高电平，振荡器开始工作，输出脉冲信号，发光二极管 VD 随着低频脉冲信号闪烁发光，从而提醒人们注意防旱。

3）环境湿度控制

当空气相对湿度为 45%RH～60%RH 时，人体感觉最为舒适，也不容易引起疾病。当空气相对湿度高于 65%RH 或低于 38%RH 时，微生物繁殖最快；当相对湿度为 45%RH～55%RH 时，病菌的死亡率较高。为了使环境相对湿度满足要求，就要采用一定的控制方法。如果相对湿度过高，就要进行除湿；如果相对湿度过低，就要进行加湿。

（1）除湿技术。空气除湿是一项涉及多个学科的综合性技术，目前已被广泛应用于生物、环保、纺织、冶金、化工、航空航天等领域。常用的空气除湿技术主要有冷却除湿、吸附除湿和吸收除湿等。

方法一：冷却除湿。冷却除湿的原理是潮湿空气温度降低到露点温度以下时会析出水汽。在实现时，要使用制冷式冷源，先通过降低蒸发器表面温度使空气温度降到露点温度以下，从而析出水汽，再加热冷却后的空气，从而降低空气的湿度，达到除湿的目的。凡将密封空间内空气中的水分排出以降低湿度的除湿方式均属于冷却除湿。制冷除湿机典型结构如图 5.51 所示。

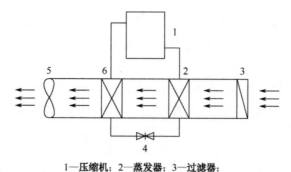

1—压缩机；2—蒸发器；3—过滤器；
4—膨胀阀；5—送风机；6—冷凝器

图 5.51　制冷除湿机典型结构

蒸发器：制冷剂在其中沸腾，吸收被冷却介质的热量后，由液态转变为气态。

压缩机：消耗一定的外界功后，吸入蒸发器中的气态制冷剂，并将其压缩到冷凝临界点后排入冷凝器中。

冷凝器：气态制冷剂在冷凝器中将热量传递给冷却介质（空气或常温水）后，冷凝成液体。

膨胀阀：通过其节流作用，将冷凝后的高压液态制冷剂降压，并将其送入蒸发器。

制冷系统的工作流程如下：压缩机将蒸发器所产生的低压、低温制冷剂蒸汽吸入气缸内并进行压缩，当制冷剂内压升高（温度也升高）到稍大于冷凝器内的压力时，将气缸内的高压制冷剂蒸汽排到冷凝器中，所以压缩机起着压缩和输送制冷剂蒸汽的作用。

在冷凝器内，高压高温的制冷剂蒸汽与温度较低的空气（或常温水）进行热交换而冷凝为液态制冷剂。

液态制冷剂经过膨胀阀降压（降温）后进入蒸发器，在蒸发器内吸收被冷却物的热量后而再次汽化。这样，被冷却物便得到冷却，而制冷剂蒸汽被压缩机吸走。因此，制冷剂在系统中经过压缩、冷凝、膨胀、蒸发过程，完成一个循环。

送风系统工作流程：潮湿空气被吸入后，在蒸发器中被冷却到露点温度以下，水汽凝结成液态水被析出，空气湿度下降，空气进入冷凝器，因吸收制冷剂的热量而升温，再由送风机送出。

方法二：吸附除湿。吸附除湿的原理是某些固体（除湿剂，或称干燥剂）对水分具有强烈的吸附作用。当潮湿空气与除湿剂接触时，空气中的水分被吸附，从而达到除湿目的。常用的固体除湿剂有硅胶、氧化铝、氯化钙等。固体除湿剂在使用后，经过脱水处理可再次使用。

吸附式除湿装置主要有两类：一类是固定床式除湿器，另一类是旋转式除湿器。

最原始的采用固定床式除湿器的除湿措施是在密封的容器内放置除湿剂进行除湿的；后来将固体除湿剂作为固定层填充于塔（筒）内进行空气除湿，该除湿方式为间歇方式，须定期进行脱水处理，操作与控制都不方便。

旋转式除湿器主要指转轮除湿机，它利用一种特制的吸湿纸来吸收空气中的水分。吸湿纸以玻璃纤维滤纸为载体，将除湿剂和保护加强剂等液体均匀喷涂在滤纸上烘干而成，它固定在蜂窝状转轮上，转轮两侧由特制的密封装置分成两个区域：处理区域及再生区域。当需要除湿的潮湿空气通过转轮的处理区域时，潮湿空气中的水分被转轮上的吸湿纸所吸附，干燥空气被送风机送至处理区域；而不断缓慢转动的转轮载着趋于饱和的蒸汽进入再生区域；

再生区域内反向吹入的高温空气使得滤纸中吸附的水分脱离，被再生风机排出室外，从而使转轮恢复了吸湿的能力而完成再生过程。转轮不断地转动，上述的除湿及再生过程周而复始地进行，从而保证除湿机持续稳定地除湿。

方法三：吸收除湿。吸收除湿的依据是某些溶液（液体干燥剂）能够吸收空气中的水分。液体干燥剂具有很强的吸湿能力和容湿能力，当其表面蒸汽压比周围环境潮湿空气蒸汽压低时，液体干燥剂吸收空气中的水分变成稀溶液，同时潮湿空气的湿度下降。液体干燥剂在吸湿的过程中会放出热量，此热量是水分由气态变为液态时释放出来的热量。

当空气在除湿器内与喷洒的液体干燥剂接触时，空气中的水分被溶液吸收而除湿；吸收水分后的溶液由溶液循环泵送到再生器，和由加热盘管加热的再生空气接触，溶液中的水分蒸发并伴随再生空气排出室外，而再生器内浓度提高的溶液由循环泵送入除湿器。

（2）加湿技术。以日常生活为例，寒冷时节人们常在室内取暖，即使温度处于舒适范围内，过低的湿度仍然会使人们感到不舒适。

空气加湿从大的方面来说有两类：一类是向空气中蒸发水，另一类是直接向空气中喷入蒸汽。从加湿原理上可将加湿方法分为水汽化式、水喷雾式和蒸汽式。目前，常见的加湿方法中，浸湿面蒸发加湿属于水汽化式；高压喷雾加湿、超声波加湿属于水喷雾式；电加热和干蒸汽喷雾属于蒸汽式。

超声波加湿原理是通过雾化片的高频谐振，使水面产生自然飘逸的水雾，通过风动装置将水雾扩散到空气中，从而达到均匀加湿空气的目的。在雾化过程中释放的大量负离子可以有效杀死空气中悬浮的有害细菌和病毒，使空气净化，减少疾病发生。

热蒸发式加湿器也叫电加热式加湿器。其工作原理是将水在加热体中加热到沸点，产生水蒸气并送出。所以，电加热式加湿是技术最简单的加湿方式，缺点是能耗较大，不能干烧，安全系数较低，加热器上容易结垢等。

如图5.52所示，干蒸汽喷雾加湿器可将饱和蒸汽导入饱和蒸汽入口，饱和蒸汽在蒸汽套管中沿轴向流动，利用蒸汽的潜热将中心喷管加热，确保中心喷管喷出不含冷凝水的蒸汽；饱和蒸汽经蒸汽套管进入分离室，分离室内设环形折流板，使蒸汽进入分离室后产生旋转，且垂直上升流动，从而高效地将蒸汽和冷凝水分离；分离出的冷凝水从分离室底部通过疏水器排出；当需要加湿时，打开调节阀，干燥的蒸汽进入中心喷管，从带有消声装置的喷孔中喷出，实现对空气的加湿。

【应用】房间湿度控制

湿度控制装置将环境湿度和参考湿度进行比较，根据比较结果控制加湿设备或除湿设备的开关，以保证环境湿度满足要求。图5.53所示为房间湿度控制装置方框图。

房间湿度控制装置电路如图5.54所示。RH为湿度传感器，在湿度小于设定值1的情况下，U1B输出端控制$VT_1$导通，$LED_1$亮，$K_1$继电器线圈得电，$K_{1-1}$闭合，加湿器开始工作。随着湿度增加，$VT_1$截止，$K_1$继电器线圈失电，$K_{1-1}$断开，加湿器停止工作。当湿度大于设定值2的情况下，$VT_2$导通，$LED_2$亮，$K_2$继电器线圈得电，$K_{2-1}$闭合，除湿器开始工作。随着湿度减小，$VT_2$截止，$K_2$继电器线圈失电，$K_{2-1}$断开，除湿器停止工作。

在实际应用中要把各方面的因素综合起来考虑，以选择合适的除湿设备、加湿设备。不管什么样的除湿设备、加湿设备，都要具备湿度检测和控制功能。

可以根据具体应用要求来设定参考湿度，简化湿度检测。设计控制装置时，要根据加/除湿器功率大小，选择不同类型的控制电器：控制大功率设备应选用接触器或固态继电器（又称固态开关）；控制小功率设备可直接用电磁式继电器。另外，还要考虑控制电路与主电路的电气隔离，固态开关内部包含了电气隔离电路。

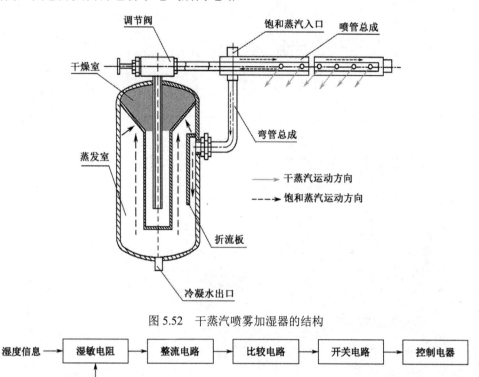

图 5.52　干蒸汽喷雾加湿器的结构

湿度信息 → 湿敏电阻 → 整流电路 → 比较电路 → 开关电路 → 控制电器

低频振荡电路

图 5.53　房间湿度控制装置方框图

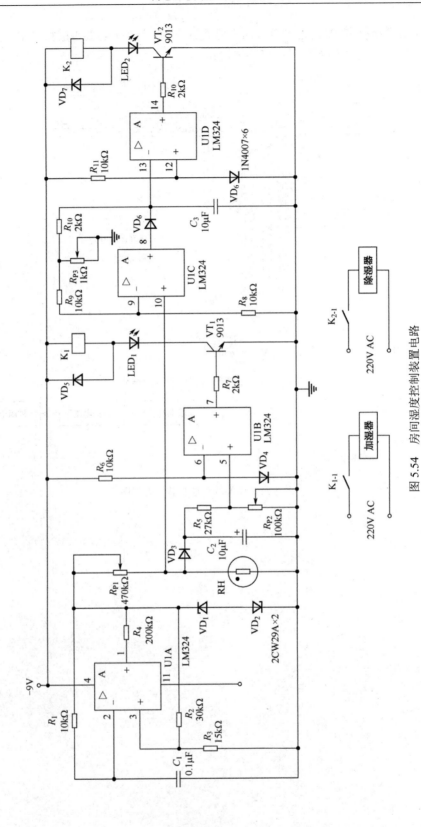

图 5.54 房间湿度控制装置电路

# 四、噪声传感器

## 1. 认识噪声传感器

1）噪声的概念

声音由物体振动引起，以波的形式在一定的介质（如固体、液体、气体）中进行传播。一般情况下，人耳可听到的声波频率为 20Hz～20kHz，称为可听声波；频率低于 20Hz 的声波，称为次声波；频率高于 20kHz 的声波，称为超声波。人耳听到声音的音调的高低取决于声波的频率，高频声波听起来尖锐，而低频声波给人的感觉较为沉闷。

噪声是使人烦躁或音量过强而危害人体健康的声音。从环境保护的角度来看，凡是妨碍人们正常休息、学习和工作的声音，以及对人们要听的声音产生干扰的声音，都属于噪声。从物理学的角度来看，噪声是发声体做无规则振动时发出的声音。

噪声的单位是分贝（Decibel，dB）。对普通人来讲，噪声对人的影响如表 5.2 所示。

表 5.2　噪声对人的影响

| 序号 | 分贝（dB） | 人的感受和对人的影响 |
| --- | --- | --- |
| 1 | −254 | 绝对无声 |
| 2 | 0～20 | 很静，几乎感觉不到 |
| 3 | 20～40 | 安静，犹如轻声絮语 |
| 4 | 40～60 | 一般，普通室内谈话 |
| 5 | 60～70 | 吵闹，有损神经 |
| 6 | 70～90 | 很吵，神经细胞受到破坏 |
| 7 | 90～100 | 非常喧闹，听力受损 |
| 8 | 100～120 | 难以忍受，可暂时致聋 |
| 9 | >120 | 致聋 |

为了防治噪声污染，保障城乡居民生活工作和学习的声环境质量，2008 年国家环境保护部发布了《声环境质量标准》（GB 3096-2008）和《社会生活环境噪声》（GB 22337-2008）两大标准。其中，《声环境质量标准》规定了五类声环境功能区的环境噪声限值及测量方法，适用于声环境质量评价与管理，但不适用于机场周围区域受飞机通过（起飞、降落、低空飞越）噪声的影响；《社会生活环境噪声》规定了营业性文化场所和商业经营活动中可能产生噪声污染的设备、设施边界噪声排放限值和测量方法，适用于对噪声的管理、评价和控制。

2）噪声的监测

噪声的常用监测指标包括噪声的强度（声场中的声压）和噪声的特征（声压的各种频率组成成分）。

噪声测量仪器主要有声级计、频率分析仪、实时分析仪、声强分析仪、噪声分析仪、噪声剂量计、自动记录仪、磁带记录仪。

声级计是在噪声测量中最基本和最常用的一种声学仪器，它不仅具有不随频率变化的平直频率响应，可用来测量客观量的声压级，还有模拟人耳频响特性的 A、B 和 C（有的还有 D）计权网络，可进行主观声级测量。它的"快""慢"挡设置可对涨落较快的噪声进行适当响应，以反映噪声性质。

国际电工委员会（IEC）规定，按测量的精度和稳定性将声级计分为四个类型：0 型、1 型为精密型，频率范围是 20～12500Hz，供研究用；2 型、3 型为普通型，频率范围是 31.5～8000Hz，适用于一般测量和普通调查。脉冲精密声级计除用于测量稳态声源功率外，主要用于测量机器撞击和枪炮发射的脉冲噪声。四种类型声级计的主要性能允差和用途如表 5.3 所示。

表 5.3 四种声级计的主要性能允差和用途

| 类型 | 0 型 | 1 型 | 2 型 | 3 型 |
|---|---|---|---|---|
| 精度/dB | ±0.4 | ±0.7 | ±1.0 | ±1.5 |
| 用途 | 在实验室作为标准仪器 | 在实验室作为精密测量仪器 | 现场测量的通用仪器 | 噪声监测和普及型声级计 |

当前，我国使用的声级计品牌主要有 PEAKMETER、菲力尔、优利德、澳电、CEM、胜利等。

### 2．噪声传感器的应用

1）噪声监测的注意事项

（1）测量仪器。所有测量仪器均应符合相应标准，使用前必须校准。

测量噪声声级时，使用精密和普通声级计。如果要测量噪声频谱，就应在声级计上加装滤波器。

测量等效声级时，使用积分声级计。

测量脉冲噪声时，使用脉冲声级计。

测量声强或分析噪声信号时，使用声强计、实时分析仪等。

（2）测量条件。测量中要考虑背景噪声的影响。当所测噪声高出背景噪声不足 10dB 时，应按规定修正测量结果；当所测噪声高出背景噪声不足 3dB 时，测量结果不能作为任何依据，只能作为参考。

当环境风速大于四级时，应停止室外测量。

测量时要避免高温、高湿、强磁场、地面和墙面反射等因素的影响。

（3）读取方法。对于稳态噪声，用"慢"挡读取指示值或等效声级。

对于周期性变化噪声，可以用"快"挡读取最大值及随时间变化的噪声值，也可以测量其等效声级。

对于脉冲噪声，读取其峰值和脉冲保持值或测量其等效声级。

对于无规则变化噪声，应测量若干时间段内的等效声级及每个时间段内的最大值。

（4）测量位置（主要指测量传声器所在位置）。

户外测量。当要求减小周围的反射影响时，测量位置应尽可能保证离任何反射物（除地面）至少 3.5m，离地面至少 1.2m；必要而有可能时置于高层建筑上，以扩大可监测的地域范围。但每次测量的位置、高度应保持不变。当使用监测车辆测量时，传声器最好固定在车顶。

建筑物附近的户外测量。此类测量应在暴露于所需测试的噪声环境中的建筑物外进行。若无其他规定，测量位置最好离外墙 1～2m，或位于全打开的窗户前面 0.5m 处（包括高楼层）。

建筑物内的测量。此类测量应在所需测试的噪声环境中的建筑物内进行。测量位置最好离墙面或其他反射面至少 1m，离地面 1.2～1.5m，离窗至少 1.5m。

（5）测量时间。

时间段的划分。测量时间分为昼间和夜间两部分。昼间还可以分为早、中、晚三部分。具体时间可依地区和季节不同按当地习惯划分。一般采用短时间的取样方法来测量。昼间选在工作时间范围内（如 8：00 至 12：00 和 14：00 至 18：00）；夜间选在睡眠时间范围内（如

22：00 至次日 5：00）。

测量日的选择。测量一般选择在周一至周五的工作日进行。如果在周六、周日及不同季节测量，环境噪声就有显著差异，必要时可要求做相应的测量或长期连续测量。

2）噪声传感器应用

某电动机生产企业检测电动机启动噪声，要求将实时噪声传送到上位机，由上位机进行判断。选择的噪声传感器实物如图 5.55 所示。

图 5.55 噪声传感器实物

AWA5661 型声级计是一种数字化、模块化多功能声级计，可应用于各种机器、车辆、船舶、电器等工业噪声测量，也可用于环境保护、劳动保护、工业卫生的噪声测量。根据控制要求，选择输出接口为 RS-232 类型即可满足测量要求。AWA5661 型声级计的参数如表 5.4 所示。

表 5.4 AWA5661 型声级计的参数

| 品 牌 | 爱华 | 型 号 | AWA5661 |
|---|---|---|---|
| 符合标准 | GB 3785（1 级） | 频率范围 | 10Hz～16kHz |
| 频率计权 | A、C、Z | 时间计权 | F、S、I、Peak |
| 测量上限 | >140dB | 本机噪声 | <20dB |
| 输出接口 | AC、DC、RS-232 | 测量指标 | $L_P$，$L_{max}$，$L_{peak}$ |

 项目小结

本项目学习了检测光照、气体、湿度和噪声等环境量的传感器的工作原理及应用。事实上，环境量的测量与监控涉及光照、温度、湿度、噪声、气体、安防等方面的传感器，其种类繁多，工作原理多种多样。为了方便应用，传感器生产商对传感器进行了数字化、网络化设计，使传感器的使用变得更加容易。在选用传感器时，可以选用具有数字接口、通信接口的传感器，以简化系统设计。

# 思 考 练 习

## 1. 填空题

（1）光敏电阻利用（　　　　）随光照强度变化的特性测量光照强度。

（2）光敏二极管在电路中一般处于（　　　　）工作状态。

（3）使用光敏三极管必须外加偏置电路，以保证集电结（　　　　）、发射结（　　　　）。

（4）光纤传感器根据工作原理可以分为（　　　　）和（　　　　）。

（5）目前应用最为广泛的气体检测方法是（　　　　　）。

（6）电阻式半导体气体传感器是利用其（　　　　）的变化来检测气体浓度的。

（7）噪声的单位是（　　　　）。

## 2．单项选择题

（1）以下哪项不属于环境传感器的应用？（　　　）

　　A．光照检测　　　B．速度检测　　　C．噪声检测　　　D．湿度检测

（2）以下不能检测环境量的元件是（　　　）。

　　A．光敏电阻　　　B．气敏电阻　　　C．热敏电阻　　　D．压敏电阻

（3）在光线作用下，传感器上能产生电动势的是（　　　）。

　　A．光敏电阻　　　B．光敏二极管　　C．光敏三极管　　D．光电池

（4）以下关于光纤传感器的说法不正确的是（　　　）。

　　A．光纤传感器根据工作原理可以分为传感型和传光型

　　B．光的调制分为波长调制和频率调制

　　C．光纤传感器是新技术传感器，成本较高

　　D．光纤传感器可以用来测量多种物理量

（5）光电耦合器的用途不包含以下哪一项？（　　　）

　　A．实现强弱电隔离　　　　　　　B．抑制系统内部噪声

　　C．检测光照强度　　　　　　　　D．传递信号

（6）常用的空气除湿技术不包含以下哪一项？（　　　）

　　A．加热除湿　　　B．吸附除湿　　　C．吸收除湿　　　D．冷却除湿

（7）人耳可听的声波频率范围是（　　　）。

　　A．<20Hz　　　B．20Hz～20kHz　　C．>20kHz　　　D．以上均不正确

（8）应该将教室、图书馆的噪声强度控制在哪个范围内？（　　　）

　　A．0～20dB　　　B．20～40dB　　　C．40～60dB　　　D．60～70dB

## 3．判断题

（1）当光敏电阻受到一定波长范围的光照时，它的阻值（亮电阻）急剧减小，电路中电流迅速增大。　　　　　　　　　　　　　　　　　　　　　　　　　　　　（　　　）

（2）当被测量是开关量时，可把光电池作为电压源来使用。　　　　　　（　　　）

（3）气敏电阻的工作温度比环境温度高很多，因此其中含有用于加热的电阻丝。
　　　　　　　　　　　　　　　　　　　　　　　　　　　　　　　　　（　　　）

（4）日常生活中所说的空气湿度，通常指绝对湿度。　　　　　　　　　（　　　）

（5）结露传感器对低湿度不敏感，对于高湿度敏感，感湿特征量具有开关式变化特性。
　　　　　　　　　　　　　　　　　　　　　　　　　　　　　　　　　（　　　）

（6）通常将空气或其他气体的水分含量称为"湿度"，将固体物质中的水分含量称为"含水量"。　　　　　　　　　　　　　　　　　　　　　　　　　　　　　　（　　　）

（7）空气加湿技术从原理上主要分为向空气中蒸发水和向地面直接洒水。（　　　）

（8）噪声是使人烦躁或音量过强而危害人体健康的声音。　　　　　　　（　　　）

### 4．简答题

（1）基于内光电效应的光电式传感器有哪几种？

（2）光纤传感器可以用来测量哪些物理量？

（3）简述气敏电阻的工作原理。

（4）根据图 5.40 说明电阻式湿度传感器的工作原理。

### 5．电路分析题

（1）分析图 5.8 所示电路的工作原理。

（2）分析图 5.23 所示电路中向蓄电池充电的工作过程。

（3）分析图 5.47 所示电路的工作原理。

# 项目六　位置的检测

## 项目目标

（1）知识目标：了解电感式接近开关、电容式接近开关、光电式接近开关等接近开关的工作原理及主要参数。了解液位、物位传感器的工作原理及主要参数。

（2）技能目标：掌握电感式接近开关、电容式接近开关、光电式接近开关及液位传感器和物位传感器的选型和应用，并会使用这些传感器。

（3）素质目标：培养学生谦虚好学的学习态度、认真细致的工作态度、严谨的工作作风、良好的职业习惯和一定的创新思维能力。

## 项目知识

当进行运动控制时，往往要检测物体的远近、物体存在与否；当进行液位的控制时，要检测液位的高低，这些都属于位置检测。本项目将学习相关的传感器知识。

## 一、接近开关

### 1. 认识接近开关

1）接近开关的概念

接近传感器是一种具有感知物体接近能力的元件，又称为接近开关。它利用位移敏感元件对接近的物体敏感的特性来识别物体的接近，并输出相应开关信号，如图 6.1 所示。常见的接近开关有电感式接近开关、电容式接近开关、霍尔效应式接近开关、光电式接近开关、热释电式接近开关、多普勒效应式接近开关、电磁感应式接近开关等。

2）相关术语

（1）检测距离：当被检测物体按一定方式从基准位置（接近开关的感应表面）开始移动，直至使接近开关动作时测得的距离。额定动作距离指接近开关检测距离的标称值。

（2）设定距离：接近开关在实际工作中的整定距离，一般为额定动作距离的80%。

（3）回差值：使接近开关动作的位置与复位的位置之间的距离，也叫应差距离。

**注意**：部分术语可根据图 6.2 进行理解，在安装的时候根据传感器的相关参数调整传感器和被测物体之间的距离。

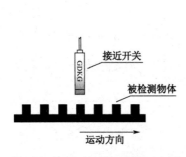

图 6.1　接近开关检测物体示意图

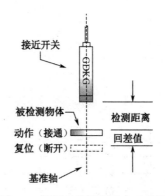

图 6.2　接近开关检测距离示意图

（4）标准检测体：可使接近开关动作的金属检测体。电感式接近开关可检测的正方形 A3 钢标准检测体的厚度为 1mm，其边长是接近开关检测面边长的 2.5 倍。

（5）输出状态：分常开型（NO）接近开关和常闭型（NC）接近开关两种。当未检测到物体时，常开型接近开关所接通的负载，由于接近开关内部的输出晶体管截止而不工作；当检测到物体时，常开型接近开关内部的输出晶体管导通，负载得电工作。常闭型接近开关的动作规律与常开型的相反。

（6）检测方式：分埋入式和非埋入式。埋入式接近开关可与安装支架同一表面，而非埋入式接近开关须把感应头露出，以达到加长检测距离的目的。接近开关的检测方式如图 6.3 所示。

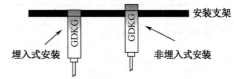

图 6.3　接近开关的检测方式

（7）响应频率 $f$：在规定的时间间隔内（通常取 1s），接近开关动作循环的次数。

（8）响应时间 $t$：接近开关检测到物体到接近开关出现电平状态翻转所需的时间。

**注意**：上述两个术语之间的关系可用公式 $t=1/f$ 进行换算。另外，在测量高速电动机的转速时，要选择高响应频率的接近开关。

（9）导通压降：当接近开关在导通状态时，开关内输出晶体管上的电压降。

（10）输出形式：分 NPN 二线型、PNP 二线型、NPN 四线型等。部分接近开关的输出形式如图 6.4 所示。

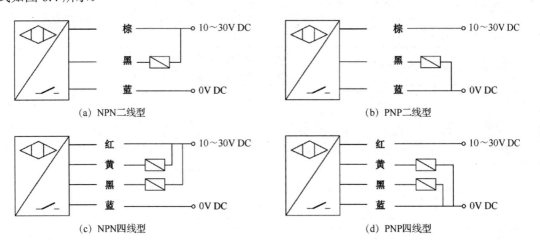

图 6.4　部分接近开关的输出形式

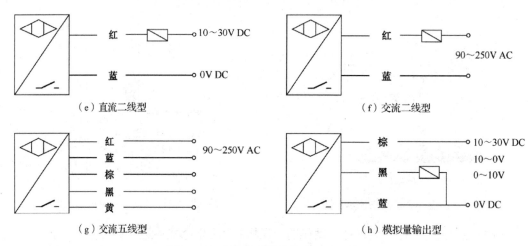

（e）直流二线型                                    （f）交流二线型

（g）交流五线型                                    （h）模拟量输出型

图 6.4　部分接近开关的输出形式（续）

接近开关除了以上术语，还有其他术语。表 6.1 所示为欧姆龙直流三线型接近开关的完整参数表。

表 6.1　欧姆龙直流三线型接近开关的完整参数表

| 设备型号 | TL-Q2MC1 | TL-Q5MC2 | TL-G3D-3 |
|---|---|---|---|
| 检测距离 | (2±0.3)mm | (5±0.5)mm | (7.5±0.5)mm |
| 设定距离 | 0～1.5mm | 0～4mm | 10mm |
| 应差距离 | 检测距离的 10%以下 | | |
| 检测物体 | 磁性金属 | | |
| 标准检测体 | 铁（8 mm×8 mm×1mm） | 铁（15 mm×15 mm×1mm） | 铁（10 mm×5 mm×0.5mm） |
| 响应时间 | — | 2ms 以下 | 1ms 以下 |
| 响应频率 | 500Hz | | |
| 电源电压 | 12～24V DC，脉动（p-p）10%以下 | | 12～24V DC，脉动（p-p）5%以下 |
| 消耗电流 | 15mA 以下（24V DC、无负载时） | 10mA 以下（24V DC 时） | 2mA 以下（24V DC、无负载时） |
| 控制输出 — 开关容量 | NPN 集电极开路 100mA 以下（30V DC 以下） | NPN 集电极开路 50mA 以下（30V DC 以下） | NPN 集电极开路 20mA 以下 |
| 控制输出 — 残留电压 | 1V 以下（当负载电流为 100mA 及导线长为 2m 时） | 1V 以下（当负载电流为 50mA 及导线长为 2m 时） | — |
| 显示灯 | 检测显示（红色） | | — |
| 动作状态 | NO 型（动合触点） | C1：NO 型（动合触点）<br>C2：NC 型（动断触点） | NO 型（动合触点） |
| 保护回路 | 逆向连接保护、浪涌吸收 | | 浪涌吸收 |
| 环境温度 | 工作时、保存时均为-10～+60℃（不结冰、不结露） | 工作时、保存时均为-25～+70℃（不结冰、不结露） | |
| 环境湿度 | 工作时、保存时均为 35%RH～95%RH（不结露） | | |
| 温度的影响 | +23℃时检测距离上下浮动不超过±10% | +23℃时检测距离上下浮动不超过±20% | +23℃时检测距离上下浮动不超过±10% |
| 电压的影响 | 在额定电压±10%范围内，检测距离上下浮动不超过±2.5% | | |
| 绝缘电阻 | 充电部整体与外壳间在 50MΩ 以上（以 500V DC 兆欧表测量） | | |

续表

| | 绝缘强度 | 1000V AC（1min，充电部整体与外壳间） | 500V AC（50/60Hz，1min，充电部整体与外壳间） | |
|---|---|---|---|---|
| | 振动频率（耐久） | 10～55Hz，上下振幅 1.5mm，$X$ 轴、$Y$ 轴、$Z$ 轴各方向 2h | | |
| | 冲击加速度（耐久） | 1000m/s²，$X$ 轴、$Y$ 轴、$Z$ 轴各方向 10 次 | 200m/s²，$X$ 轴、$Y$ 轴、$Z$ 轴各方向 10 次 | |
| | 保护结构 | IEC 规格 IP67（JEM 规格 IP67G，耐浸型、耐油型） | IEC 规格 IP67（JEM 规格 IP67G，耐浸型） | IEC 规格 IP66（JEM 规格 IP66G，耐水型） |
| | 连接方式 | 导线引出式（标准导线长 2m） | | |
| | 质量 | 约 30g | 约 60g | 约 30g |
| 材质 | 外壳 | 耐热 ABS | PPO | |
| | 检测面 | | | |
| | 附件 | 使用说明书 | — | |

**注意**：表 6.1 中参数很多，比较详细，在实际选型的时候要综合考虑，选择最佳性价比的传感器。

### 2. 常见接近开关

1）电感式接近开关

电感式接近开关由检测线圈、振荡电路、检波电路、信号处理电路（放大、整形）及输出电路组成，如图 6.5 所示。

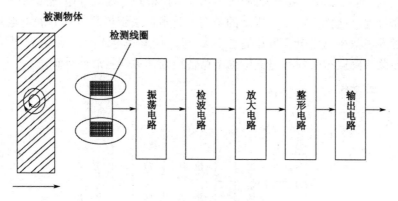

图 6.5　电感式接近开关组成框图

检测线圈为敏感元件，它是振荡电路的组成部分，振荡频率 $f$ 与电感 $L$ 的关系为

$$f = \frac{1}{2\pi\sqrt{LC}} \tag{6-1}$$

电感式接近开关的工作过程如图 6.6 所示。当检测线圈通以交流电时，在检测线圈的周围就产生一个交变的磁场。当金属物体接近检测线圈时，金属物体就会产生电涡流而吸收磁场能量，使检测线圈的电感增加，从而使振荡电路的振荡频率减小，以至停振。振荡与停振这两种状态经检测电路转换成开关信号输出。

电感式接近开关响应频率高、抗干扰性能好、应用范围广、价格较低。在使用电感式接近开关的时候要注意以下几点。

（1）电感式接近开关主要用于检测金属物体，不推荐用于检测非金属物体。

（2）当有电力线/动力线从开关引线周围通过时，为防止开关损坏或误动作，可将金属管套在开关引线上并接地。

（3）开关使用距离请设定在额定距离以内，以免受温度和电压的影响。

（4）严禁通电接线，应严格按接线图及输出回路原理图接线。

（5）用户如有防水、防油、耐酸碱、耐高温等特殊要求或其他规格要求，应在订购时说明。

（6）为了使接近开关长期稳定工作，请务必进行定期维护，包括确认检测物体和接近开关的安装位置是否有移动或松动，接线和连接部位是否接触不良等。

2）电容式接近开关

电容式接近开关是以电极为检测端的接近开关，它由振荡电路、检波电路、信号处理电路（放大、整形）及输出电路等组成，如图 6.7 所示。平时检测电极与大地之间存在一定的电容量，它也是振荡电路的

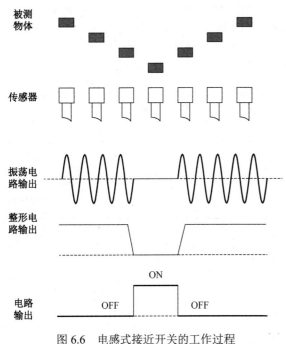

图 6.6　电感式接近开关的工作过程

组成部分。当被检测物接近检测电极时，受电压影响，检测电极因静电感应而产生极化现象。被检测物越靠近检测电极，检测电极上的电荷就越多，由于检测电极的静电电容为 $C=Q/V$，所以电荷的增多使检测电极电容量 $C$ 随之增大，进而使振荡电路的振荡减弱，甚至停止振荡。振荡电路的振荡与停振这两种状态被检测电路转换为开关信号后向外输出。

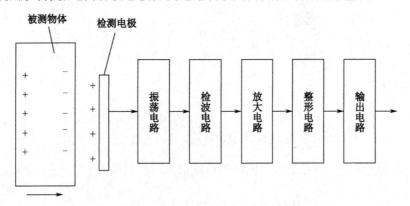

图 6.7　电容式接近开关组成框图

电容式接近开关可检测非金属或金属（如塑料、烟草等）的接近、液位高度、粉状物高度。它的响应频率低，但稳定性好，安装时应考虑环境因素的影响。使用电容式接近开关的注意事项如下。

（1）理论上，电容式接近开关可以检测任何物体，当检测介电常数很高的物体时，检测距离要适当减小，这时增加灵敏度基本无效。

（2）电容式接近开关的接通时间为 50ms，所以在用户产品的设计中，当负载和接近开关

采用不同电源时，务必先接通接近开关的电源。

（3）当使用感性负载（如灯、电动机等）时，其瞬态冲击电流较大，可能劣化或损坏交流二线电容式接近开关。

（4）请勿将接近开关置于磁感应强度达 200Gs 及以上的直流磁场环境中使用，以免造成误动作。

（5）直流二线接近开关具有 0.5～1mA 的静态漏电流，在对漏电流要求较高的场合下尽量使用直流三线接近开关。

（6）应避免接近开关在存在化学溶剂（特别是在强酸/强碱类溶剂）的环境下使用。

（7）为了避免意外发生，在接通电源前应检查接线是否正确，核定电压是否为额定值。

（8）由于电容式接近开关受潮湿、灰尘等因素的影响比较大，为了使其长期稳定工作，请务必进行定期维护，包括确认检测物体和接近开关的安装位置是否有移动或松动，接线和连接部位是否接触不良等。

3）霍尔开关

霍尔元件是一种磁敏元器件。利用霍尔元件做成的接近开关，称为霍尔效应式接近开关，简称霍尔开关。当磁性物体接近霍尔开关时，开关检测面上的霍尔元件因产生霍尔效应而使开关内部电路的状态发生变化，由此识别附近有磁性物体存在，进而控制开关的通或断。

霍尔开关既有无触点、无开关瞬态抖动、可靠性高和使用寿命长等特点，又有很强的负载能力和广泛的用途，特别是在恶劣环境下，它比目前使用的电感式、电容式、光电式等接近开关具有更强的抗干扰能力。霍尔开关实物如图 6.8 所示，在使用时要注意以下几点。

（1）霍尔开关的检测对象必须是磁性物体。

（2）磁感应强度：霍尔开关在工作时，须配置磁钢，磁钢的磁感应强度应为 0.02～0.05T。

（3）使用霍尔开关驱动感性负载时，须在负载两端并联续流二极管，否则会因感性负载长期动作时的瞬态高压脉冲影响霍尔开关的使用寿命。

4）磁性开关

磁性开关采用磁通门技术制作感应探头，其中通入一定频率的励磁电流。在没有检测到磁性物体的磁场时，磁性开关没有输出信号，当磁性物体移动至检测区域时，磁场产生感应电流，与励磁电流叠加，产生一个脉冲信号，感应探头将这个脉冲信号输入集成电路并处理，驱动一个开关三极管，使之导通，并使继电器动作，输出信号。表 6.2 所示为部分磁性开关的参数表。

磁性开关实物如图 6.9 所示，与其他接近开关相比具有以下优点。

（1）可以整体安装在金属中。

（2）对并排安装没有任何要求。

（3）顶部（传感面）可以由金属制成。

（4）价格低廉，结构简单。

其缺点如下。

（1）动作距离受磁性物体（一般为磁铁或磁钢）的磁场强度影响较大。

（2）磁性物体的接近方向会影响动作距离的大小（径向接近时的动作距离是轴向接近时的动作距离的一半）。

（3）径向接近时有可能会出现两个工作点。

（4）在固定磁性物体时不允许用铁氧体材料（如螺钉）。

图 6.8　霍尔开关实物图

图 6.9　磁性开关实物图

表 6.2　部分磁性开关参数表

| 磁性开关 | 触点类型 | 触点功率 | 触点耐压 | 开关电流 | 使用温度 |
|---|---|---|---|---|---|
| GA-2 | NO | 10W | 100V DC | 0.3A | −10～+60ºC |
| GA-3 | NO+NC | 10W | | 0.1A | −10～+60ºC |
| GB-2 | NO | 10W | 250V DC/AC | 0.5A | −10～+60ºC |
| GB-3 | NO+NC | 10W | | 0.1A | −10～+60ºC |
| GC-2 | NO | 10W | 250V DC/AC | 0.5A | −10～+60ºC |
| GT-2K | PNP 输出 NO | 10W | 5～30V DC | 0.2A | −10～+60ºC |
| GH-2 超小型 | NO | 5W | 30V DC | 0.05A | −10～+60ºC |

5）光电开关

光电开关是光电式接近开关的简称，它是利用被检测物对光束的遮挡或反射，由同步回路选通电路，从而检测物体有无的。光电开关可检测的物体不限于金属，所有能遮挡或反射光线的物体均可被检测。多数光电开关使用的是波长接近可见光的红外线，也有选用激光作为工作光束的。光电开关有以下几种类型。

（1）对射式光电开关。如图 6.10（a）所示，对射式光电开关包含在结构上相互分离且沿同一光轴相对放置的发射器和接收器，发射器发出的光线直接进入接收器，当被检测物体经过发射器和接收器之间且阻断光线时，光电开关就产生了开关信号。当被检测物体为不透明物体时，对射式光电开关的检测是最可靠的，检测距离最大可达十几米。

（2）镜反射式光电开关。如图 6.10（b）所示，镜反射式光电开关是集发射器与接收器于一身的传感器，发射器发出的光线经过反射镜反射回接收器，当被检测物体经过且阻断光线时，光电开关就产生了检测开关信号。

在使用镜反射式光电开关时须单侧安装，应根据被测物体的距离调整反射镜的角度以取得最佳的反射效果，它的检测距离一般为数米。

（3）漫反射式光电开关。如图 6.10（c）所示，漫反射式光电开关是一种集发射器和接收器于一身的传感器。当有被检测物体经过时，被检测物体将发射器发射的足够量的光线反射到接收器，于是光电开关就产生了开关信号。

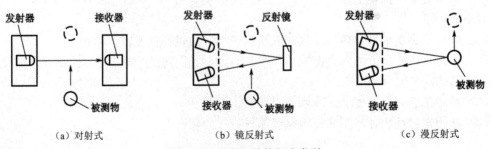

（a）对射式　　　　　　　　　　（b）镜反射式　　　　　　　　　　（c）漫反射式

图 6.10　光电开关的部分类型

当被检测物体的表面光滑或其反光率极高时，漫反射式光电开关是首选的检测传感器。只要不是全黑的物体均能产生漫反射。漫反射式光电开关的检测距离较小，只有数百毫米。

（4）槽式光电开关。如图 6.11（a）所示，槽式光电开关通常采用标准的 U 形槽，其发射器和接收器分别位于 U 形槽的两边，并沿同一光轴放置，当被检测物体经过 U 形槽且阻断光线时，光电开关就产生了开关信号。槽式光电开关比较适合检测高速运动的物体，并且能分辨透明与半透明物体，使用安全可靠。

（5）光纤式光电开关。如图 6.11（b）所示，它采用塑料或玻璃光纤传感器来引导光线，可以对距离远的被检测物体进行检测。通常光纤式光电开关分为对射式和漫反射式。

（a）槽式光电开关　　　　　　　　　　　　（b）光纤式光电开关

图 6.11　槽式光电开关和光纤式光电开关

光电开关的常用术语包括检测距离、回差值、响应频率等，基本与前面介绍的接近开关的术语相同，但是有以下几个专用的术语。

（1）指向角。指向角是指对射式光电开关、漫反射式光电开关、镜反射式光电开关可动作的角度范围。表 6.3 所示为三种光电开关的指向角。

表 6.3　光电开关指向角

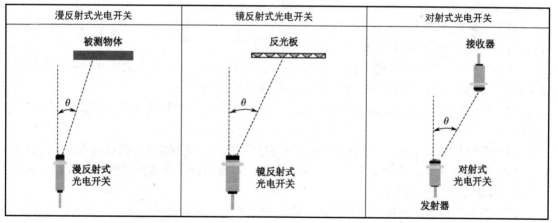

（2）检测方式。根据光电开关在检测物体时发射器所发出的光线返回接收器的途径的不同，光电开关的检测方式可分为漫反射式、镜反射式、对射式等。

（3）反射率。漫反射式光电开关发出的光线须经检测物表面才能反射回接收器，所以检测距离和被检测物体的表面反射率将决定接收器接收到光线的强度。粗糙的表面反射回的光线强度必将小于光滑表面反射回的光线强度，而且被检测物体的表面必须尽量保证垂直于发射器发出的光线。常用材料的反射率如表 6.4 所示。

（4）环境特性。光电开关应用的环境也会影响其长期工作的可靠性。当光电开关工作于最大检测距离状态时，光学透镜可能会粘上环境中的污物，甚至会被一些强酸性物质腐蚀，以至其可靠性降低。比较简单的解决方法就是根据光电开关的最大检测距离降额使用来确定最佳工作距离。

表 6.4　常用材料的反射率

| 材料 | 反射率 | 材料 | 反射率 |
|---|---|---|---|
| 白画纸 | 90% | 不透明黑色塑料 | 14% |
| 报纸 | 55% | 黑色橡胶 | 4% |
| 餐巾 | 47% | 黑色布料 | 3% |
| 包装箱硬纸板 | 68% | 白色金属（光滑表面） | 99% |
| 洁净松木 | 70% | 不透明白色塑料 | 87% |
| 干净粗木板 | 20% | 人的手掌心 | 75% |
| 透明塑料杯 | 40% | 木塞 | 35% |
| 半透明塑料瓶 | 62% | 啤酒泡沫 | 70% |

6）其他接近开关

当观察者或系统与波源间的距离发生改变时，接收到的波的频率会发生偏移，这种现象称为多普勒效应。声纳和雷达就是利用这个效应制成的。利用多普勒效应可制成超声波接近开关、微波接近开关等。当有物体移近时，接近开关接收到的反射信号会产生多普勒效应，由此可以识别出有无物体接近。用能感知温度变化的元件做成的接近开关叫热释电式接近开关。这种开关是将热释电器件安装在开关的检测面上，当有与环境温度不同的物体接近时，热释电器件的输出发生变化，由此可检测出有物体接近。

### 3. 接近开关的应用

1）选型原则

对于不同材质的检测体和不同的检测距离，应选用不同类型的接近开关，使其在系统中具有高的性价比。为此，在选型中应遵循以下原则。

（1）当被检测体为金属材料时，应选用高频振荡式接近开关，该类型接近开关对铁、镍、A3 钢类最灵敏；对铝、黄铜和不锈钢类的检测灵敏度较低。

（2）当被检测体为非金属材料（如木材、纸张、塑料、玻璃和水等），应选用电容式接近开关。

（3）当对金属体和非金属进行远距离检测和控制时，应选用光电开关或超声波接近开关。

（4）检测金属时，若检测灵敏度要求不高时，可选用价格低廉的磁性开关或霍尔开关。

2）注意事项

在一般的工业生产场所，通常选用电感式接近开关和电容式接近开关。因为这两种接近开关对环境的要求较低。

当检测对象是导电体或可以固定在一块金属物上的物体时，一般选用电感式接近开关，因为它的响应频率高、抗干扰性能好、应用范围广且价格较低。

若检测对象是非金属或金属（如塑料、烟草等），或要检测液位高度、粉状物高度等，则应选用电容式接近开关。虽然这种开关的响应频率低，但稳定性好。安装时应考虑环境因素的影响。

若检测对象为导磁材料或为了区别和检测对象同时运动的物体而把磁钢埋在其体内，应选用霍尔开关，因为它的价格最低。

在环境条件比较好、无粉尘污染的场合，可采用光电开关。当光电开关工作时，对被测对象几乎无任何影响。因此，在要求检测精度较高的传真机、烟草机械等设备上，光电开关都被广泛地使用。

在防盗系统中，自动门通常使用热释电式接近开关、超声波接近开关、微波接近开关。有时为了提高识别的可靠性，上述几种接近开关往往被复合使用。

无论选用哪种接近开关，都应注意对工作电压、负载电流、响应频率及检测距离等性能指标的要求。

3）应用领域

接近开关主要用于检测物体的位置，应用领域如下。

（1）在航空航天技术及工业生产中广泛应用。

（2）在日常生活中，如宾馆、饭店、车库的自动门、自动热风机中应用。

（3）在安全防盗方面，如资料档案室、财会办公室、博物馆、金库等重地，通常都安装由多种接近开关组成的防盗装置。

（4）在测量设备中应用，如长度、位置的测量。

（5）在控制设备中应用，如位移、速度、加速度的测量和控制。

图 6.12 所示为接近开关的结构及应用实例。

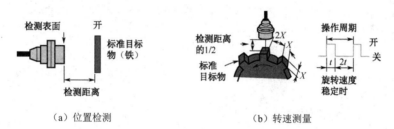

（a）位置检测　　　　　　　　　（b）转速测量

图 6.12　接近开关的结构及应用实例

# 二、液位传感器

思政小视频

微课：大国工匠李刚

## 1．认识液位传感器

在容器中液面的高低称为液位。测量液位的目的如下：一是管理液体的存储量，二是保证存储的安全或自动化控制。有时需要精确的液位数据，有时只需液位升降的信息。

测量液位的传感器叫液位传感器。常见的液位传感器类型有导电式液位传感器、浮子式液位传感器、平衡浮筒式液位传感器、电容式液位传感器、压差式液位传感器、超声波式液位传感器和放射线式液位传感器等。

## 2．部分常见液位传感器

1）导电式液位传感器

导电式液位传感器的基本工作原理如图 6.13 所示。检测电极可根据检测水位的要求进行升降调节，其实际上是一个导电性检测电路的一部分。当水位低于检测电极时，两电极间为绝缘状态，检测电路中没有电流流过，传感器输出电压为零。假如水位上升到与两检测电极都接触时，因为水有一定的导电性，所以检测电路中有电流流过，指示电路中的显示仪表就会示数，同时在限流电阻两端有电压输出。人们通过显示仪表或输出电压可得知水位是否已达到预定的高度。如果把输出电压和控制电路连接起来，便可对供水系统进行自动控制。

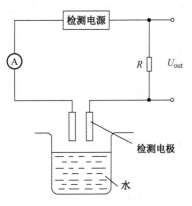

图 6.13　导电式液位传感器的基本工作原理

图 6.14（a）所示为一种实用的导电式液位传感器的电路原理图。电路主要由两个运算放大器组成。$IC_{1a}$ 运算放大器及外围元件组成方波发生器，通过电容 $C_1$ 与检测电极相接。$IC_{1b}$ 运算放大器及外围元件组成比较器，以识别水位的电信号。采用发光二极管作为水位的指示。

图 6.14（b）所示为导电式液位传感器的等效电路及输出波形。可将水视为有一定阻值的等效电阻 $R_0$，当水位上升到与检测电极接触时，方波发生器产生的方波信号被旁路，相当于加在比较器反相输入端的信号为直流低电平，比较器输出高电平，发光二极管处于熄灭状态。当水位低于检测电极时，电极与水为绝缘状态，方波发生器产生正常的方波信号，此时比较器输出低电平，发光二极管闪烁发光，提示水箱缺水。如果要对水位进行控制，那么可以设置多个电极，以电极的不同高度控制水位的高低。

导电式液位传感器在日常生活和工作中广泛应用，如它在抽水及储水设备、工业水箱、汽车水箱液位控制等方面均得到应用。

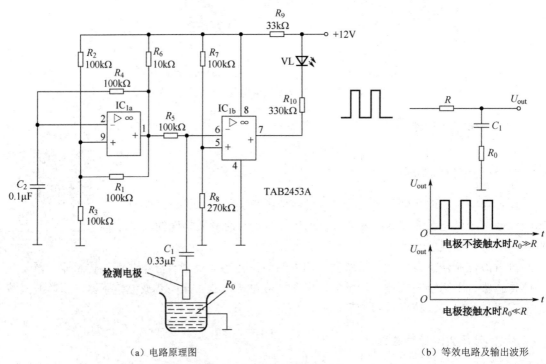

（a）电路原理图　　　　　　　　　　　　　　　　　　（b）等效电路及输出波形

图 6.14　导电式液位传感器

2）压差式液位传感器

压差式液位传感器是根据液面的高度与液压成比例的原理制成的。若液体的密度恒定，则液体加在测量基准面上的压强与液面到基准面的高度成正比，因此通过压强的测定便可知液面的高度。

当储液罐为开放型时，如图 6.15 所示，其基准面上的压强由式（6-2）确定，即

$$P = \rho g h = \rho g(h_1 + h_2) \tag{6-2}$$

式中，$P$ 是液体对测量基准面的压强（Pa）；$\rho$ 为液体的密度（kg/m³）；$g$ 为重力加速度（N/kg）；$h$ 为液面距测量基准面的高度（m）；$h_1$ 为所控最高液位与最低液位之间的高度差（m）；$h_2$ 为最低液面距测量基准面的高度（m）。

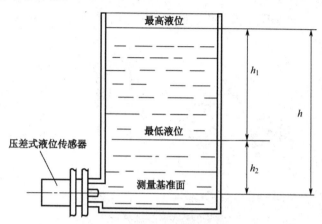

图 6.15　开放型储液罐测压示意图

由于要测定的是高度 $h_1$，因此调整压差式液位传感器的零点，将其提高 $\rho g h_2$，就可以得到压强与液面高度成比例的输出。

当储液罐为密封型时，如图 6.16 所示，压差、液位高度及零点的移动关系如下。

高压侧的压强 $P_1$ 为

$$P_1 = P_0 + \rho_1 g(h_1 + h_2) \tag{6-3}$$

低压侧的压强 $P_2$ 为

$$P_2 = P_0 + \rho_2 g(h_3 + h_2) \tag{6-4}$$

两侧的压差为

$$\Delta P = P_1 - P_2 = \rho_1 g(h_1 + h_2) - \rho_2 g(h_3 + h_2) \tag{6-5}$$

式中，$\rho_1$ 和 $\rho_2$ 分别为图6.16中两侧液体的密度（kg/m³）。

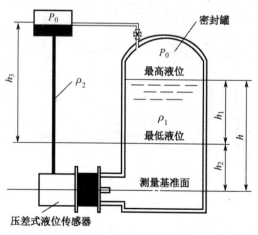

图 6.16　密封型储液罐测压示意图

### 3．液位传感器的应用

常见的液位传感器外形及安装位置如图6.17所示。

采用液位传感器的水位指示报警器可用于太阳能热水器的水位指示与控制。由于太阳能热水器一般都设在房屋的高处，在使用时不易观察热水器的水位，给使用者带来不便。使用该水位指示报警器后，可实现水箱中缺水或加水过多时自动发出声光报警。

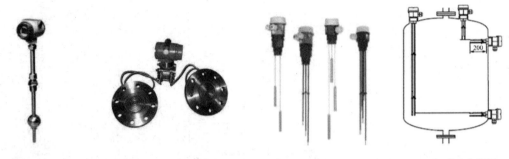

（a）浮球式液位传感器　　　（b）法兰式液位传感器　　　（c）导电式液位传感器　　　（d）不同的安装位置

图6.17　常见的液位传感器外形及安装位置

水位指示报警器的电路图如图6.18所示，主要由集成电路CD4066（图6.18中$S_1 \sim S_4$）、液位传感器、三极管VT（8050或9013）、高亮度红色发光二极管等组成。电源采用4节1.5V电池电源或6V直流稳压电源。其工作原理如下。当水箱无水时，由于180kΩ电阻的作用，使4个开关的控制端为低电平，开关断开，发光二极管$VL_1 \sim VL_4$不亮。随着水位的升高，$S_1$的13脚为高电平，$S_1$接通，$VL_1$点亮。当水位逐渐增加时，$VL_2$、$VL_3$依次发光指示水位。水满时，$VL_4$发光，显示水满。同时，VT导通，B发出报警声，提示水已满。不用报警时，断开开关SA即可。

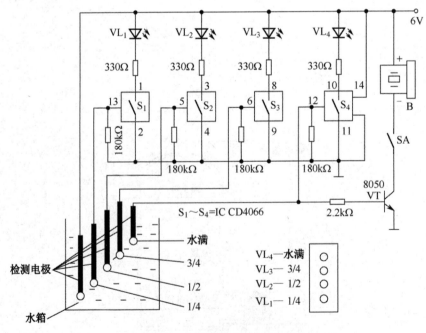

图6.18　水位指示报警器电路图

# 三、物位传感器

## 1．认识物位传感器

物位即物体的位置，包含液位和料位。能感受物位并转换成可用输出信号的传感器称为物位传感器。

物位传感器可分为两类：一类是连续测量物位变化的连续式物位传感器；另一类是以点测为目的的开关式物位传感器，即物位开关。目前，开关式物位传感器比连续式物位传感器的应用更广。它主要用于门限、防溢流和防止空转等过程的自动控制。连续式物位传感器主要用于连续控制和仓库管理等方面，有时也可用于多点报警系统中。

根据工作原理的不同，常见的物位传感器有电容式物位传感器、浮子自动平衡式物位传感器、压力式物位传感器、超声波物位传感器、激光物位传感器等。

## 2．常用物位传感器

物位传感器种类较多，下面以电容式物位传感器为例进行介绍。电容式物位传感器是利用被测物不同，其介电常数也不同的特点进行检测的。它可用于各种导电性/非导电性液位或粉装料位的远距离连续测量和指示。由于其结构简单，没有可动部分，因此它的应用范围较广。由于被测介质的不同，电容式物位传感器也有不同的形式。

1）电容式液位传感器

电容式液位传感器可把液位的变化转换成电容量的变化，通过测量电容量的变化间接得到液位的变化。图 6.19 所示的圆筒形电容式液位传感器含有两个长度为 $L$，半径分别为 $R$ 和 $r$ 的圆筒形金属导体，中间隔以绝缘物质，构成圆筒形电容器。若中间所充介质的介电常数为 $\varepsilon_1$，则两电极间的电容量为

$$C_0 = \frac{2\pi\varepsilon_1 L}{\ln\dfrac{R}{r}} \tag{6-6}$$

（1）非导电性液体的液位测量。

若两圆筒形电极间填充了介电常数为 $\varepsilon_2$ 的液体（非导电性），则两电极间的电容量就会发生变化。假设液体的高度为 $l$，此时两电极间的电容量为

$$C = \frac{2\pi\varepsilon_2 l}{\ln\dfrac{R}{r}} + \frac{2\pi\varepsilon_1(L-l)}{\ln\dfrac{R}{r}} = C_0 + \Delta C \tag{6-7}$$

电容量的变化量为

$$\Delta C = \frac{2\pi(\varepsilon_2 - \varepsilon_1)l}{\ln\dfrac{R}{r}} \tag{6-8}$$

从上式可知，当 $\varepsilon_1$、$\varepsilon_2$、$R$ 和 $r$ 不变时，电容量增量 $\Delta C$ 与电极浸没的长度 $l$ 成正比关系，因此测出电容量的变化数值，便可知液位的高度 $l$。

（2）导电性液体的高度测量。

如果被测介质为导电性液体，在液体中插入一根带绝缘套的金属电极。由于液体是导电的，容器和液体可视为电容器的一个电极，插入的金属电极作为另一个电极，绝缘套管为中间介质，三者组成圆筒形电容器，如图 6.20 所示。

如果液位变化就改变了电容器两电极覆盖面积的大小，液位越高，覆盖面积就越大，圆筒形电容器的电容量也就越大。若中间介质的介电常数为 $\varepsilon_3$，金属电极被导电性液体浸没的长度为 $l$，则此时电容器的电容量为

$$C = \frac{2\pi\varepsilon_3 l}{\ln\dfrac{R}{r}}$$

（6-9）

式中，$R$ 为绝缘覆盖层外半径；$r$ 是金属电极的半径。由于 $\varepsilon_3$ 为常数，所以 $C$ 与 $l$ 成正比，测得 $C$ 的大小，就能得到液位的高度 $l$。

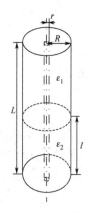

图 6.19　圆筒形电容式液位传感器

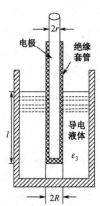

图 6.20　导电性液体的液位测量

2）电容式料位传感器

当测量粉状导电性固体料位和非导电黏性液体液位时，可将电极直接插入圆筒形容器的

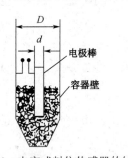

图 6.21　电容式料位传感器的结构

中央，将仪表地线与容器相连，以容器作为外电极，导电性固体或非导电黏性液体作为绝缘物构成圆筒形电容器。图 6.21 所示为电容式料位传感器的结构，其测量原理与电容式液位传感器相同。

电容式物位传感器主要由电极（敏感元件）和电容检测电路组成，可用于检测导电性和非导电性液体之间及两种介电常数不同的非导电性液体之间的界面位置。因检测过程中电容量的变化都很小，因此准确地检测电容量的大小是物位检测的关键。

### 3. 物位传感器的应用

1）射频导纳物位计

射频导纳物位计是一种从电容式物位传感器发展起来的防挂料、更可靠、更准确、高适用性的新型物位控制设备，是对电容式物位传感器的升级。导纳的含义为电学中阻抗的倒数，它由电阻性成分、电容性成分及电感性成分综合而成，而射频即高频无线电波频谱，所以射频导纳可以理解为用高频无线电波测量导纳。当射频导纳物位计工作时，其与容器壁及被测介质之间具有导纳，若物位变化，则导纳值发生相应变化，电路单元将测得的导纳值转换成物位信号输出，实现物位检测。

对于连续检测，射频导纳技术与传统电容技术除了有上述不同，还在于射频导纳技术应用了振荡缓冲器和交流转换斩波驱动器这两个很重要的电路，解决了连接电缆问题和垂直安

装的传感器根部挂料问题。其典型应用如下。

（1）导电、绝缘液体检测，应用于化工、油田、水及污水处理等。

（2）导电、绝缘浆体检测，应用于造纸、制药、水及污水处理等。

（3）粉末（如灰、粉等）检测，应用于发电、冶金、水泥生产等。

（4）颗粒（如煤、粮食等）检测，应用于发电、冶金、粮食生产等。

（5）界面（两种不同液体）检测，应用于化工等。

2）晶体管电容式料位指示仪

晶体管电容式料位指示仪可用来监测密封料仓内导电性不良的松散物质的料位，并能对加料系统进行自动控制。在仪器的面板上装有指示灯：红灯指示"料位上限"，绿灯指示"料位下限"。当红灯亮时，表示料面已经达到上限，此时应停止加料；当红灯熄灭，绿灯仍然亮时，表示料面在上下限之间；当绿灯熄灭时，表示料面低于下限，应该加料。

晶体管电容式料位指示仪的电路原理图如图6.22所示，在料仓里悬挂金属探头（电容式物位传感器），检测其对大地的分布电容。在料仓中的上下限各设有一个金属探头。整个电路由信号转换电路和控制电路两部分组成。

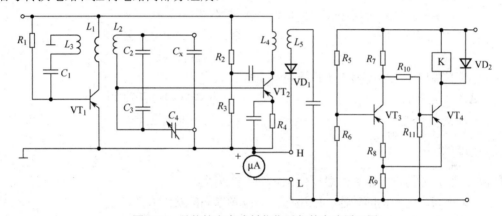

图 6.22　晶体管电容式料位指示仪的电路原理图

信号转换电路是通过阻抗平衡电桥来实现的，当 $C_2C_4=C_xC_3$ 时，电桥平衡。设 $C_2=C_3$，则调整 $C_4$，使 $C_4=C_x$ 时电桥平衡。$C_x$ 是探头对大地的分布电容，它和料面位置有关，当料面上升时，$C_x$ 随着增大，使电桥失去平衡，根据其大小可判断料面情况。电桥由 $VT_1$ 和 LC 回路组成的振荡器供电，其振荡频率约为70kHz，其幅度值约为250mV。电桥平衡时，无输出信号；当料面变化引起 $C_x$ 变化，使电桥失去平衡时，电桥输出交流信号。此交流信号经 $VT_2$ 放大后，被 $VD_1$ 转换为直流信号。

控制电路主要包含由 $VT_3$ 和 $VT_4$ 组成的射极耦合触发器（施密特触发器）和由其驱动的继电器 K，当由信号转换电路送来的直流信号的幅度达到一定值时，触发器输出信号翻转。此时 $VT_4$ 由截止状态转为饱和状态，使继电器 K 吸合，其触点可控制相应的电路和指示灯，指示料面位置。

项目小结

本项目学习了接近开关、液位传感器和物位传感器这三种传感器，其功能分别是物体感知和对液位、物位的检测。

# 思 考 练 习

### 1. 填空题

（1）接近开关是一种具有感知物体（　　　）能力的元件，它输出相应（　　　）信号。

（2）接近开关的输出状态为 NO 时，其触点为（　　　）触点；接近开关的输出状态为 NC 时，其触点为（　　　）触点。

（3）电感式接近开关主要用于检测（　　　）物体。

（4）电容式物位传感器是利用被测物不同，其（　　　）不同的特点进行检测的。

### 2. 单项选择题

（1）适合在恶劣环境下使用的接近开关是（　　　）。
　　A. 光电开关　　　　　　　　　　　　B. 电容式接近开关
　　C. 霍尔开关　　　　　　　　　　　　D. 电感式接近开关

（2）可以整体安装在金属中使用的接近开关是（　　　）。
　　A. 光电开关　　　　　　　　　　　　B. 电容式接近开关
　　C. 磁性开关　　　　　　　　　　　　D. 电感式接近开关

（3）以下哪种传感器不能用于检测电动机的转速？（　　　）
　　A. 光电开关　　　　　　　　　　　　B. 机械式限位开关
　　C. 霍尔开关　　　　　　　　　　　　D. 电感式接近开关

### 3. 判断题

（1）接近开关的设定距离一般要比额定动作距离大。　　　　　　　　　　（　　　）

（2）检测高速电动机的转速，应该选择响应频率高的接近开关。　　　　（　　　）

（3）导电式液位传感器是利用水具有一定导电性这个特点测量水位的。　（　　　）

（4）压差式液位传感器是根据液面的高度与液压成比例的原理制成的。　（　　　）

（5）物位即物体的位置，包含液位和料位。　　　　　　　　　　　　　（　　　）

### 4. 简答题

（1）说明图 6.18 所示电路的工作原理。

（2）列举五种常用的物位传感器。

# 项目七 速度的测量

## 项目目标

（1）知识目标：光电编码器的概念、分类及工作原理；霍尔效应及霍尔式传感器的工作原理；角度传感器的概念、分类；流量的测量方法和典型流量计的工作原理。

（2）技能目标：光电编码器、霍尔式传感器、角度传感器、流量计的选型及应用。

（3）素质目标：培养学生谦虚好学的学习态度、认真细致的工作态度、严谨的工作作风、良好的职业习惯和一定的创新思维能力。

## 项目知识

速度、角度是运动对象的常见参数，本项目中将学习光电编码器、霍尔式传感器两种典型的速度测量传感器及角度传感器，还将学习和速度有关的流量测量方法。

## 一、光电编码器

### 1. 认识光电编码器

1）光电编码器概述

光电编码器是一种通过光电转换将输出轴上的机械几何位移量转换成脉冲或数字量的传感器。光电编码器按结构分为直线式光电编码器和旋转式光电编码器。旋转式光电编码器是一种主要用于角位移和转速测量的数字式传感器，在现代数控机床、加工中心、智能机器人控制系统中广泛应用。

2）光电编码器的工作原理

旋转式光电编码器有两种：增量编码器和绝对编码器。增量编码器可利用光电转换输出三组方波脉冲（A、B 和 Z 相）；A、B 两相脉冲相位差 90°，可方便地判断出旋转方向；而 Z 相为每转一周输出一个脉冲，用于基准点定位。增量编码器的优点是结构简单，机械平均寿命长（可达数万小时），抗干扰能力强，可靠性高，适用于长距离传输。其缺点是无法输出轴转动的绝对位置信息。欧姆龙增量编码器实物如图 7.1（a）所示。

E6J-A 绝对编码器实物如图 7.1（b）所示，绝对编码器是按照角度直接进行编码的传感器，可直接把被测转角用数字代码表示出来，它不需要基准数据，也不需要计数系统。它在任意位置都可给出与位置相对应的固定数字码输出，可以直接读出角度坐标的绝对值；没有累积误差；切断电源后位置信息不会丢失。但是，其分辨率是由二进制的位数来决定的，也就是说精度取决于位数，有 10 位、14 位等。

（a）E6B2-P 增量编码器　　　　　　　　　　（b）E6J-A 绝对编码器

图 7.1　欧姆龙编码器实物

此外，随着技术的发展，出现了混合式绝对编码器，它可输出两组信息：一组信息用于检测磁极位置，带有绝对信息功能；另一组信息与增量编码器的输出信息类似。

（1）绝对编码器。

绝对编码器的码盘通常是一块光学玻璃，码盘与旋转轴固定连接。玻璃上刻有透光和不透光的图形。编码器光源产生的光经光学系统形成一束平行光投射在码盘上，并与位于码盘另一面成径向排列的光敏元件相耦合。码盘上的码道数就是该码盘的数码位数，每一码道对应一个光敏元件。当码盘处于不同位置时，各光敏元件根据受光照与否，输出相应的电平信号。图 7.2 所示为绝对编码器的结构。

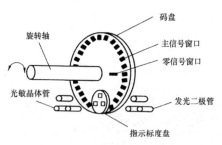

图 7.2　绝对编码器的结构

码盘通常用照相腐蚀法制作。现已生产出径向线宽为 $6.7 \times 10^{-8}$ rad 的码盘，其精度高达 $1/10^8$。与其他编码器一样，码盘的精度决定了绝对编码器的精度。为此，不仅要求码盘分度精确，而且要求它在明暗交替处有陡峭的边缘，以便减少逻辑"0"和"1"相互转换时引起的噪声。这要求光学投影精确，并采用材质精细的码盘材料。

目前，绝对编码器大多采用格雷码盘，格雷码的两个相邻数码只有一位是不同的。从格雷码到二进制码的转换可用硬件实现，也可用软件来完成。光源采用发光二极管，光敏元件为硅光电池或光电三极管。光敏元件的输出信号经放大及整形电路，形成具有足够高的电平与接近理想方波波形的信号。为了尽可能减少干扰噪声，通常放大及整形电路都装在编码器的壳体内。此外，由于光敏元件及电路的滞后特性，使输出波形有一定的滞后，限制了最大使用转速。

利用光学分解技术可以获得更高的分辨率。图 7.3 所示为一个具有光学分解器的 14 位绝对编码器。

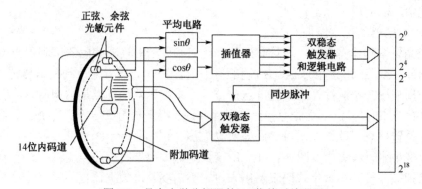

图 7.3　具有光学分解器的 14 位绝对编码器

该编码器的码盘具有 14 位内码道和 1 条专用附加码道。后者的扇形区的形状和光学几何结构与光学分解器的多个光敏元件相配合，使其能产生接近于理想的正、余弦波输出；并通过平均电路进行处理，以消除码盘的机械误差，从而得到更为理想的正弦或余弦波，如图 7.4 所示。

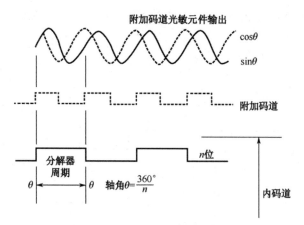

图 7.4　附加码道光敏元件输出

插值器将输入的正弦信号和余弦信号用不同的系数加在一起，形成数个相移不同的正弦输出信号。各正弦输出信号被转换成一系列脉冲，从而细分了光敏元件的输出正弦波信号，于是就产生了附加的最低有效位。图 7.4 所示的附加码道光敏元件产生的 16 个正弦波形，每 2 个正弦波形之间的相位差为 $\pi/8$，从而在 4 位二进制编码器的最低有效位间隔内产生 32 个精确等分点。这相当于附加了 5 位二进制码的输出，使编码器的分辨率从 $1/2^{14}$ 提高到 $1/2^{19}$，角位移的精度小于 $3''$。

（2）增量编码器。

增量编码器是以脉冲形式输出信号的传感器，其码盘比绝对编码器的码盘要简单得多，且分辨率更高。增量编码器结构如图 7.5 所示，增量编码器的码盘一般只需要 3 条码道，这些码道实际上与绝对编码器码道的作用不同，主要用于产生计数脉冲。它的码盘的外道和中间道有数目相同、均匀分布的透光和不透光的扇形区（光栅），但是二者的扇形区相互错开半个区。当码盘转动时，它的输出信号是相位差为 90° 的 A 相和 B 相脉冲信号，以及只有一条透光狭缝的第三码道所产生的脉冲信号（它作为码盘的基准信号，给计数系统提供一个初始的零位信号）。从 A、B 两相脉冲信号的相位关系（超前或滞后）可判定旋转的方向。

由图 7.6（a）可见，当码盘正转时，A 相脉冲波形比 B 相的超前 $\pi/2$，而反转时，A 相脉冲波比 B 相的滞后 $\pi/2$。

图 7.6（b）所示为增量编码器的电路，用 A 相脉冲信号的下降沿触发单稳态触发器，产生的正脉冲与 B 相脉冲信号相"与"，当码盘正转时只有正向脉冲输出口有脉冲输出；反之，只有逆向脉冲输出口有脉冲输出。因此，增量编码器根据输出脉冲源和脉冲计数来确定码盘的转动方向和相对角位移量。通常，若编码器有 $N$ 个输出信号（码道），可计数脉冲为 $2N$ 倍光栅数，

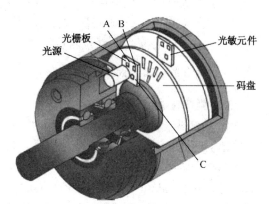

图 7.5　增量编码器的结构

在增量编码器中 $N=2$。图 7.6（b）所示电路的缺点是有时会产生误记脉冲造成误差，这种情况出现在当某一通道信号处于高电平或低电平状态，而另一通道信号正处于高电平和低电平之间的往返变化状态时，此时码盘虽然未产生位移，但是会产生单方向的输出脉冲。例如，在重力仪测量时，如果码盘发生抖动或手动对准位置，就可能出现这种情况。

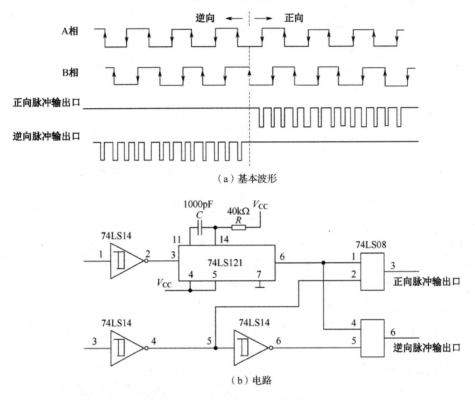

图 7.6　增量编码器的基本波形和电路

图 7.7 所示为光电编码器鉴相计数电路，鉴相电路由 1 个 D 触发器和 2 个与非门组成，计数电路由 3 片 74LS193 组成。

实际使用过程中，码盘频繁地进行顺时针和逆时针转动，但由于存在量化误差，工作较长一段时间后，码盘回中时计数电路输出的可能不是 2048，而是有数个字的偏差。为解决这一问题，增加了一个码盘回中检测电路，系统工作后，数据处理电路在模拟器处于非操作状态时，系统启用回中检测电路，若码盘处于回中状态，而计数电路的数据输出不是 2048，则可对计数电路进行复位，并重新设置初值。

### 2．光电编码器的应用

1）测量转速

增量编码器除了直接用于测量相对角位移，也常用来测量转轴的转速。最简单的方法就是在给定的时间间隔内对编码器的输出脉冲进行计数，它所测量的是平均转速。例如，一个每转输出 360 个脉冲的编码器，当转速为 60rad/min 时，若计数时间间隔为 1s，则分辨率为 1/360；若转速为 6000rad/min，则分辨率为 1/36000。因此，这种测量方法的分辨率不因被测转速而改变，其测量精度取决于计数时间间隔。故采样时间应由被测速度范围和所需的分辨率来决定。它不适用于低转速的测量。增量偏码器测量平均速度的原理框图如图 7.8（a）所示。

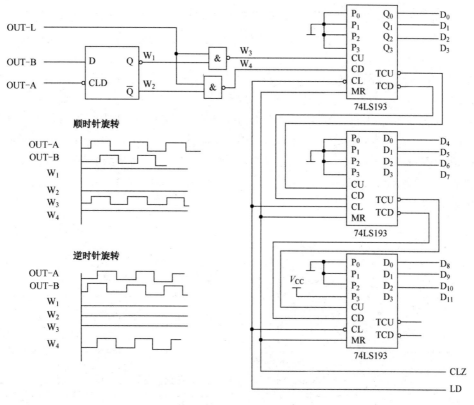

图 7.7　光电编码器鉴相计数电路

测量转速的另一种方法——测量瞬时速度的原理框图如图 7.8（b）所示。在这个系统中，计数器的计数脉冲来自时钟。通常时钟的频率较高，而计数器的选通信号是编码器的输出脉冲。例如，时钟频率为 1MHz，对于每转输出 100 个脉冲的编码器，在转速为 100r/min 时，码盘每个脉冲周期为 0.006s，可获得每秒 6000 个时钟脉冲的计数，即分辨率为 1/6000；当转速为 6000r/min 时，分辨率降至 1/100。可见，转速较高时分辨率较低。但是，它可给出某一给定时刻的瞬时转速（严格地说，是码盘一个脉冲周期内的平均转速）。在转速不变和时钟频率足够高的情况下，码盘上的扇形区数目越多，反映速度的瞬时变化就越准确。系统的采样时间应由编码器的每转脉冲数和转速决定。该方法的缺点是扇形区的间隔不等将带来较大的测量误差，可用平均效应加以改善。

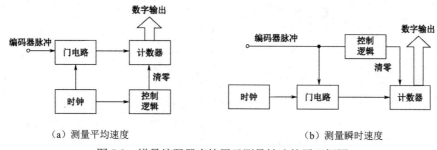

（a）测量平均速度　　　　　　　　　　（b）测量瞬时速度

图 7.8　增量编码器直接用于测量转速的原理框图

2）测量线位移

在某些场合，用旋转式光电增量编码器来测量线位移是一种有效的方法。这时，须利用一套机械装置把线位移转换成角位移。测量系统的精度将主要取决于机械装置的精度。

图 7.9（a）所示为通过丝杆将直线运动转换成旋转运动。例如，用一个每转产生 1500 个脉冲的增量编码器和一个导程为 6mm 的丝杆，可达到 4μm 的分辨力。为了提高精度，可采用滚珠丝杆与双螺母消隙机构。

图 7.9（b）所示为用齿轮、齿条来实现直线-旋转运动转换的方法。一般情况下，这种方法的精度较低。

图 7.9（c）和图 7.9（d）所示为用皮带传动和摩擦传动来实现线位移与角位移之间转换的两种方法。这两种系统结构简单，特别适用于需要进行长距离位移测量及某些环境条件恶劣的场所。无论用哪一种方法来实现线位移-角位移的转换，增量编码器的码盘都要旋转多圈。这时，编码器的零位基准已失去作用，计数系统所必需的基准零位可由附加的装置来提供，如用机械、光电等方法来实现。

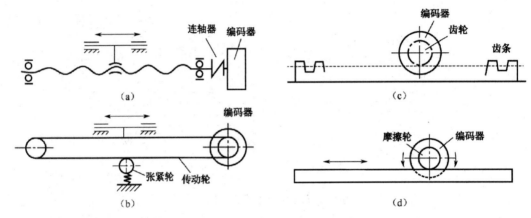

图 7.9    不同的运动形式转换方法示意图

# 二、霍尔式传感器

## 1. 认识霍尔式传感器

1）霍尔效应

将一块半导体或导体材料，沿其 $Z$ 轴方向加以磁场 $B$，沿 $X$ 轴方向通以工作电流 $I$，则在 $Y$ 轴方向产生电动势，如图 7.10 所示，这种现象称为霍尔效应。

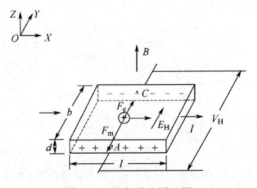

图 7.10    霍尔效应原理图

如图 7.10 所示，一块长为 $l$、宽为 $b$、厚为 $d$ 的 N 型单晶薄片，置于沿 $Z$ 轴方向的磁场 $B$ 中，在 $X$ 轴方向通以电流 $I$，则其中的载流子——电子所受洛仑兹力为

$$F_{m} = qvB \tag{7-1}$$

式中，$v$ 为电子的漂移运动速度，其方向为 $X$ 轴的负方向；$q$ 为电子的电荷量；$B$ 为磁感应强度。自由电子受力偏转，向 $C$ 面积聚，同时在 $A$ 面上出现同等数量的正电荷，在两面间形成一个沿 $Y$ 轴正方向的横向电场 $E_{H}$（即霍尔电场），使运动电子受到一个沿 $Y$ 轴正方向的电场力 $F_{e}$，$A$、$C$ 面之间的电位差为 $U_{H}$（即霍尔电压），则

思政小视频

微课：传感器应用-量子反常霍尔效应

$$F_{e} = qE_{H} = q\frac{U_{H}}{b} \tag{7-2}$$

$F_{e}$ 将阻碍电荷累计，当 $F_{e}$ 与 $F_{m}$ 大小相等时，达到平衡状态。这时有

$$F_{e} + F_{m} = 0 \tag{7-3}$$

即

$$q\frac{U_{H}}{b} = qvB \tag{7-4}$$

于是得到

$$U_{H} = vBb \tag{7-5}$$

若 N 型单晶薄片中的电子浓度为 $n$，则流过单晶薄片横截面的电流 $I = nebdv$，得

$$v = \frac{1}{nebd} \tag{7-6}$$

将式（7-6）代入式（7-5）式，得

$$U_{H} = \frac{1}{ned}IB = R_{H}\frac{IB}{d} = K_{H}IB \tag{7-7}$$

式中，$R_{H} = 1/ne$，称为霍尔系数，它表示材料产生霍尔效应的本领大小；$K_{H} = 1/ned$，称为霍尔元件的灵敏度，一般地说，$K_{H}$ 越大越好，以便获得较大的霍尔电压 $U_{H}$。

由以上分析可得到以下结论。

（1）由于 $K_{H}$ 和载流子浓度 $n$ 成反比，而半导体的载流子浓度远比金属的载流子浓度小，所以采用半导体材料制成的霍尔元件灵敏度较高。

（2）因 $K_{H}$ 和材料厚度 $d$ 成反比，所以霍尔元件都切得很薄，称为霍尔片，一般 $d \approx 0.2$mm。理想情况下，霍尔电极 A 对应的等电位点在 A′，当外磁场的磁感应强度 $B = 0$ 时，$V_{H} = V_{AA'}$ = 0。但实际上，因为各种原因，A 的等电位点不在 A′，而在 A″，此时即使 $B = 0$，也会有 $V_{H} = V_{AA'} \neq 0$，如图 7.11 所示。为了减小霍尔电极大小及其相对位置的影响，通常取霍尔电极的宽度尺寸小于霍尔元件长度尺寸的 1/10。

（3）当霍尔元件的材料和厚度确定以后，$K_{H}$ 为常数，霍尔电压和 $IB$ 的乘积成正比，利用这一特性，在电流恒定的情况下，可以测量磁感应强度；反之，在 $B$ 恒定的情况下，可以测出电流。

2）常见的霍尔元件

制作霍尔元件的主要材料有 GaAs（砷化镓）、InSb（锑化铟）、Si（硅）等。其中，前两种最常用，Si 主要用于霍尔元件与放大电路封装在一起的霍尔集成电路。不同封装形式的霍尔元件外形如图 7.12 所示。

描述霍尔元件的技术参数很多，下面给出较常用的几种。

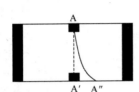

图 7.11　非理想等位线对霍尔元件输出的影响　　　图 7.12　不同封装形式的霍尔元件外形

（1）输入电阻（$R_{in}$）：$R_{in}$ 是指霍尔元件两控制电极之间的电阻（室温、零磁场下测量时）。

（2）输出电阻（$R_{out}$）：$R_{out}$ 是指当霍尔元件中两霍尔电极之间的电阻（在室温、零磁场下测量）。

（3）额定控制电流（$I_c$）：$I_c$ 是指霍尔元件温升不超过 10℃ 时所通过的控制电流（在空气中，且满足一定散热条件时）。

（4）最大允许控制电流（$I_{cm}$）：$I_{cm}$ 是指霍尔元件允许通过的最大控制电流（在空气中，且满足一定散热条件时）。该电流与霍尔元件的几何尺寸、电阻率及散热条件有关。

（5）不等位电动势（$V_m$）：$V_m$ 是指在额定控制电流下，外磁场磁感应强度为零时，霍尔电极间的开路电压。不等位电动势是由两个霍尔电极不在同一个等位面上造成的，其正负随控制电流方向而变化，但数值不变。

（6）不等位电阻（$R_M$）：不等位电动势 $V_m$ 与额定控制电流 $I_c$ 之比称为不等位电阻，即 $R_M = V_m/I_c$。

（7）磁灵敏度（$S_B$）与乘积灵敏度（$S_H$）：在额定控制电流下，$B=1T$ 的磁场垂直于霍尔元件电极面时，霍尔电极间的开路电压称为磁灵敏度，即 $S_B = V_H/B$。

当额定控制电流为 1A，$B=1T$ 的磁场垂直于霍尔元件电极面时，霍尔电极间的开路电压称为乘积灵敏度，即 $S_H = V_H/(I_c B)$。

（8）霍尔电压温度系数（$\beta$）：外磁场磁感应强度一定，额定控制电流为 $I_c$，当温度升高或降低 1℃ 时，霍尔电压 $V_H$ 变化的百分率称为霍尔电压温度系数，即

$$\beta = \frac{V_{H(T_2)} - V_{H(T_1)}}{(T_2 - T_1) \times V_{H(0℃)}} \times 100\% \tag{7-8}$$

式中，$V_{H(0℃)}$ 为零摄氏度时霍尔电压的输出值。

（9）输入/输出电阻温度系数（$\alpha_{in}/\alpha_{out}$）：温度升高或降低 1℃ 时，霍尔元件输入电阻 $R_{in}$ 或输出电阻 $R_{out}$ 变化的百分率，分别称为其输入或输出电阻温度系数，$\alpha_{in}$ 的表达式如式（7-9）所示，$\alpha_{out}$ 类似。

$$\alpha_{in} = \frac{R_{in(T_2)} - R_{in(T_1)}}{(T_2 - T_1) \times R_{in(0℃)}} \times 100\% \tag{7-9}$$

式中，$R_{in(0℃)}$ 为零摄氏度时霍尔元件的输入电阻。

（10）非线性误差（$N_L$）：一定磁感应强度下，霍尔元件开路电压的实测值 $V_{H(B)}$ 和理论值 $V'_{H(B)}$ 之间的相对误差，称为霍尔元件的非线性误差，其表达式如式（7-10）所示。

$$N_L = \frac{V_{H(B)} - V'_{H(B)}}{V'_{H(B)}} \times 100\% \qquad (7\text{-}10)$$

### 2. 霍尔式传感器的应用

1）霍尔式传感器

（1）霍尔元件的等效电路及不等位电动势补偿原理。霍尔元件可以等效为如图 7.13 所示的电桥。其中，桥臂电阻 $R_1$、$R_2$、$R_3$、$R_4$ 分别代表控制电极 A、C 与霍尔电极 B、D 之间的分布电阻，$V_C$ 为控制电极 A、C 之间所加的电压，$V_H$ 为霍尔输出电压。

理想情况下，若无外加磁场，可以认为上述 4 个电阻相等，故霍尔电压 $U_H=0$。实际上，霍尔元件都是存在不等位电动势的，即使无外加磁场，上述电桥的输出也不为零。为了补偿该零位误差，可以在相应的桥臂上并联合适的电阻，从而保证电桥满足平衡条件。霍尔元件不等位电动势补偿方案及其等效电路如图 7.14 所示。

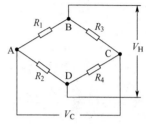

图 7.13　霍尔元件的等效电路

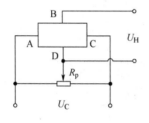

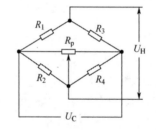

（a）补偿方案　　　　　　（b）等效电路

图 7.14　霍尔元件不等位电动势补偿方案及其等效电路

（2）霍尔元件的驱动电路。霍尔元件有恒压和恒流两种驱动方式，图 7.15、图 7.16 分别显示了这两种驱动方式的电路原理图。

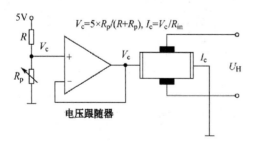

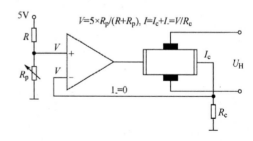

图 7.15　恒压驱动的电路原理图　　　　　　图 7.16　恒流驱动的电路原理图

一般情况下，GaAs 霍尔元件宜选用恒流源驱动，InSb 霍尔元件宜选用恒压源驱动。这是因为在恒流驱动方式下，GaAs 霍尔元件的霍尔电压的温度系数比较小（仅有-0.06%/℃），且 $U_H$ 与磁感应强度 $B$ 的关系曲线有良好的线性度；而 InSb 霍尔元件在恒压驱动方式下，$V_H$ 的温度系数比较小。

（3）霍尔元件的输出放大电路。图 7.17 所示为霍尔电压的测量放大器。其中，$A_1$、$A_2$ 共同组成第一级，为结构对称的同相比例运算放大器，有很高的输入电阻及较低的漂移和失调。$A_3$ 是差分放大级，用于将差分输入转换为单端输出。由图 7.17 中标出的各级输入/输出关系可知，该放大器的输出电压 $U_O$ 与霍尔输入电压 $U_H$ 之间存在以下关系：

$$U_O = -\frac{R_b}{R_a}(U_{O1} - U_{O2}) = -\frac{R_b}{R_a}(1 + \frac{R}{R_m/2})U_H \qquad (7\text{-}11)$$

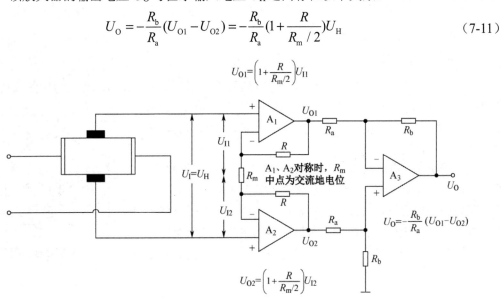

图 7.17　霍尔电压的测量放大器

2）集成霍尔式传感器

集成霍尔式传感器是指内部不仅包含霍尔元件，还包含运算放大器等电路的 IC 元件，根据输出信号的特点，分为线性型霍尔式传感器与开关型霍尔式传感器两大类，其内部结构及特点如表 7.1 所示。集成霍尔式传感器的简单应用电路如图 7.18 所示。

表 7.1　集成霍尔式传感器的分类及特点

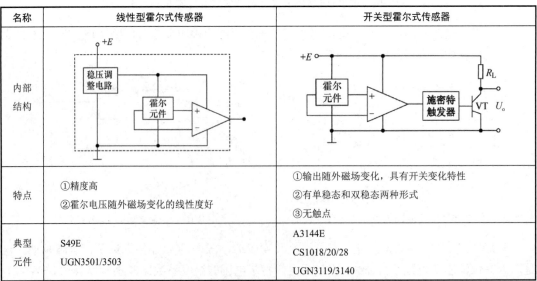

| 名称 | 线性型霍尔式传感器 | 开关型霍尔式传感器 |
|---|---|---|
| 内部结构 | | |
| 特点 | ①精度高<br>②霍尔电压随外磁场变化的线性度好 | ①输出随外磁场变化，具有开关变化特性<br>②有单稳态和双稳态两种形式<br>③无触点 |
| 典型元件 | S49E<br>UGN3501/3503 | A3144E<br>CS1018/20/28<br>UGN3119/3140 |

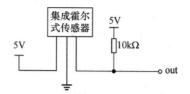

图 7.18 集成霍尔式传感器的简单应用电路

3）霍尔式传感器的应用

由式（7-7）可知，可保持 $I$ 不变，通过测量 $V_H$ 来得到 $B$；也可保持 $B$ 不变，通过测量 $V_H$ 来得到 $I$；还可通过测量 $V_H$ 直接得到 $I$ 和 $B$ 的乘积，这样就可以得到各种类型的基于霍尔效应的传感器。

霍尔式传感器可用于交直流电压、电流、功率及功率因数的测量，还可用于磁感应强度、线圈匝数、磁性材料矫顽力的测量。除此之外，还可利用霍尔效应来测量速度、圈数、位移、镀层及工件厚度等，下面给出几个简单的例子。

（1）霍尔式传感器用于功率测量。假设霍尔式传感器的控制电流 $I_c$ 与负荷电压 $V$ 成正比，即

$$V=k_1 I_c \tag{7-12}$$

故有

$$I_c = \frac{V}{k_1} \tag{7-13}$$

若用负荷电流 $I$ 来产生相应的磁感应强度 $B$，即

$$B=k_2 I \tag{7-14}$$

将上述 $I_c$ 和 $B$ 的表达式代入式（7-7）可得

$$V_H=K_H I_c B \tag{7-15}$$

于是

$$V_H = K_H I_c k_2 I = \frac{K_H k_2}{k_1} V I_1 = kP \tag{7-16}$$

式中，$k = K_H k_2 / k_1$，而 $K_H$、$k_1$、$k_2$ 一般情况下都是常数，所以 $k$ 也是常数。由此可知，只要测出了霍尔电压，就可以得到功率。

对于上述功率测量方法，将负荷电压接入霍尔式传感器的控制端，而负荷电流则通过一种称为霍尔变流器（或称霍尔 CT）的元件转换为相应的磁场，霍尔变流器的工作原理图如图 7.19 所示。

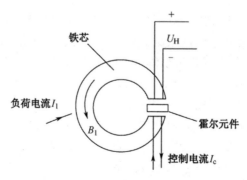

图 7.19 霍尔变流器的工作原理图

（2）霍尔式传感器用于磁感应强度的测量及铁磁物体的探测。图 7.20 所示为霍尔式传感器用于磁场测量的电路原理框图。它是在保持控制电流不变的情况下，通过测量霍尔电压来得到被测磁场的磁感应强度的。

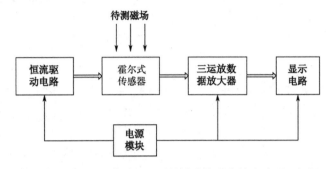

图 7.20　霍尔式传感器用于测量磁感应强度的电路原理框图

图 7.21 所示为铁磁物体探测电路原理框图。当铁磁物体靠近霍尔式传感器时，会引起霍尔式传感器感磁面的磁场变化，从而引起其输出的霍尔电压变化。当该电压大于所设定的阈值电平时，电平比较电路就会输出高电平（或低电平），使得后级信号输出电路产生输出信号。该电路适用于检测马达转速之类的霍尔式传感器接口电路。

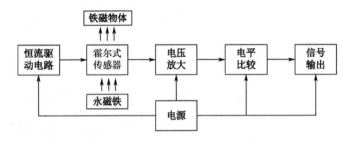

图 7.21　铁磁物体探测电路原理框图

（3）霍尔式传感器用于微位移的测量。一般将霍尔式传感器固定在被测的移动物体上，并置于梯度为 $a$ 的均匀磁场中。假定霍尔式传感器控制电流 $I_c$ 保持不变，且磁感应强度 $B$ 的梯度方向与物体位移方向一致。将霍尔式传感器基本表达式 $V_H=K_H I_c B$ 两边对位移 $x$ 求导，得

$$\frac{\mathrm{d}V_H}{\mathrm{d}x} = (K_H I_c)\frac{\mathrm{d}B}{\mathrm{d}x} = K_H I_c a \xrightarrow{K_H、I_c、a均为常数} \frac{\mathrm{d}V_H}{\mathrm{d}x} = \mathrm{const} \tag{7-17}$$

两边对 $x$ 积分，可得

$$V_H = x\,\mathrm{const} \tag{7-18}$$

在式（7-18）中，const 为常数，当霍尔式传感器在梯度均匀变化的磁场中运动时，其霍尔电压 $V_H$ 与霍尔式传感器在磁场中的位移成正比，故只要测出霍尔电压，就可以得到相应的位移。

图 7.22 所示为霍尔式传感器测量物体位移的工作原理图。霍尔电压 $V_H$ 与物体位移 $x$ 有良好的线性关系，适合测量不大于 1mm 的位移。

（4）霍尔开关测速。测量时将永久磁铁固定在被测旋转体上，当它转动到与霍尔开关正对的位置时，霍尔开关接通，离开正对位置，霍尔开关断开。根据这个原理，通过电子线路计算出每分钟霍尔开关输出脉冲的个数，即可得到被测旋转体的转速。在被测旋转体上安装的永久磁铁个数越多，转速测量的分辨率就越高。

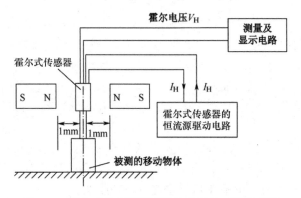

图 7.22　霍尔式传感器测量物体位移的工作原理图

图 7.23 所示为霍尔开关用于测量车轮转速的工作原理图，采用在转盘（车轮）上安装单个永久磁铁的形式，转速 $n$ 的数值就等于每秒钟脉冲个数乘以 60（单位为 rpm）；若安装有 $m$ 个永久磁铁，那么转速 $n$ 的数值就等于每秒钟脉冲个数乘以 60 再除以 $m$（单位为 rpm）。

**注意：** 在测速实验过程中，一方面要求霍尔开关和永久磁铁要固定好，且感应距离要适当；另一方面，须使用转速表等仪器验证测速的结果是否正确。

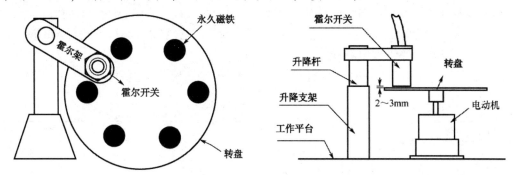

图 7.23　霍尔开关用于测量车轮转速的工作原理图

## 三、角度传感器

### 1．认识角度传感器

1）角度传感器

角度涵盖的范围很广，平面角按平面所在的空间位置可分为在水平面内的水平角（方位角），在垂直面内的垂直角（倾斜角），空间角是水平角和垂直角的合称；按标称值可分为定角和任意角；按组成单元可分为线角度和面角度；按形成方式可分为固定角和动态角，固定角是指加工或装配成的零/组件角度，以及仪器转动后恢复至静态时转过的角度；动态角是指物体或系统在运动过程中形成的角度，如卫星轨道对地球赤道面的夹角，精密设备主轴转动时的轴线角漂移，测角设备在测量角速度和角加速度时输出的实时角度信号等。

测量与角度相关的各种参数（角位移、角速度、角加速度等）的传感器称为角度传感器。角度传感器按照输入的物理量可分为倾角传感器、角速度传感器、角加速度传感器等。下面主要介绍倾角传感器。

倾角传感器是把微控制器单元（Micro-Controller Unit，MCU）、微机电系统（Micro-Electro-Mechanical System，MEMS）、加速度计、A/D 转换电路及通信单元全都集成在一块非常小的电路板上制成的传感器。

倾角传感器的工作原理：倾角传感器先通过传感器芯片采集重力加速度在传感器敏感轴上的分量大小，然后通过控制单元对芯片采集的信号进行处理，计算出倾角大小，再经过通信单元输出到网络、总线接口或显示屏上。根据力学原理可以知道，当对象的运动方向与基准平面形成一个夹角时，其重力加速度 $g$ 在运动方向上的分量和没有夹角时是不同的。有夹角时，根据矢量分解，重力加速度就会有分量 $g_1$ 作用在运动方向，且 $g_1=g\cos\alpha$，于是可以得到倾斜角 $\alpha=\arccos(g_1/g)$。

根据该原理可知，倾角传感器不用安装在载体的旋转轴上，这给测量带来很大的便利。

倾角传感器分为两种类型。一种类型可以称为静态倾角传感器，其基本原理如上所述，这类传感器大多应用于大坝、桥梁及高耸建筑等静态或准静态物体的测量。另外一种类型是动态倾角传感器，这类传感器采用最新的惯导技术，避免传感器在运动（包括振动）过程中丧失精度，可以应用于车辆、飞机、工程机械及机器人等运动载体，可在运动中高精度测量载体的姿态。

2）倾角传感器的选型

（1）使用环境：静态测量选用静态倾角传感器，动态测量选用动态倾角传感器。

（2）测量的范围：产品的量程有±15°、±30°、±90°、±180°等可选择。

（3）测量的精度要求：静态倾角传感器的精度通常较高，可以到0.1°、0.01°。

（4）传感器输出接口类型：一般数字量输出接口有 RS-232、RS-485、CAN、Modbus RTU 等通信方式，模拟量输出接口有 0～5V、4～20mA 等方式。

表 7.2 所示为无锡慧联信息科技有限公司生产的倾角传感器选型表。

**表 7.2　倾角传感器选型表**

| 产品图片 | 主要特性 | 产品描述 |
| --- | --- | --- |
| 低精度倾角传感器 | 精度：0.1°<br>分辨率：0.01<br>量程：−180°～180°（可选）<br>数字量输出方式：RS-232、RS-485、TTL（可选）<br>模拟量输出方式：4～20mA 电流、0～5V 电压（可选） | LIS 系列倾角传感器成本低、体积小、功耗低、一致性和稳定性很高，量程可选，数字/模拟量输出方式可选，应用于对成本要求高的场合 |
| 中高精度倾角传感器 | 精度：0.02°<br>分辨率：0.002<br>量程：−180°～180°（可选）<br>数字量输出方式：RS-232、RS-485、TTL（可选）<br>模拟量输出方式：4～20mA 电流、0～5V（可选） | SIS 系列倾角传感器主要用于工业控制领域，性能可靠、稳定，扩展性好。HIS 系列倾角传感器精度更高，适用于精密控制场合 |
| 超高精度倾角传感器 | 精度：0.002°<br>分辨率：0.0005<br>量程：−180°～180°（可选）<br>温漂：0.0007°/°C<br>数字量输出方式：RS-232、RS-485、TTL（可选）<br>模拟量输出方式：4～20mA 电流、0～5V 电压（可选） | AIS 系列倾角传感器是无锡慧联信息科技有限公司制造的一款超高精度倾角仪，应用于精密测量控制领域 |
| 倾角开关 | 精度：0.1°<br>分辨率：0.01<br>量程：−180°～180°（可选）<br>数字量输出方式：RS-232<br>其他输出方式：开关电压输出、继电器输出 | 倾角开关可以设置报警阈值，当倾角值大于预设的报警阈值时，将发生报警输出。报警阈值在出厂时设为默认值，用户可以自行根据实际情况调整 |

续表

| 产品图片 | 主要特性 | 产品描述 |
|---|---|---|
| <br>动态倾角传感器 | 精度：1°，0.5°，0.3°（可选）<br>分辨率：0.01<br>量程：-180°~180°（可选）<br>数字量输出方式：RS-232、RS-485、TTL（可选）<br>模拟量输出方式：4~20mA 电流、0~5V 电压（可选） | 动态倾角传感器是一款高性能的惯性测量设备，可以测量运动载体的姿态参数（横滚和俯仰）、角速度和角加速度等信息 |

### 2．角度传感器的应用

1）倾倒报警

角度开关价格便宜，适合简单的角度判断，如各种产品倾斜、倾倒触发报警，倾倒断电等。

角度开关的实物如图 7.24 所示。

角度开关的特点如下。

（1）采用高灵敏度的元件 SW-520D 作为敏感元件。

（2）工作电压为 3.3~5V。

（3）输出形式为数字开关量（"0"和"1"），具体取值取决于角度开关的导通与断开，如图 7.25 所示。当角度开关（图 7.25 中的传感器）断开，DO 输出高电平（"1"）；角度开关导通，DO 输出低电平（"0"），所以其输出端可以直接与单片机连接，通过单片机检测高低电平，判断角度的变化。

图 7.24　角度开关的实物

（4）输出端可以直接驱动继电器模块，组成一个大功率的角度开关，在电气设备等产品倾倒时实现自动断电的功能。

（5）小型 PCB 尺寸为 3.2cm×1.4cm。

（6）价格便宜。

角度开关的尺寸及接线如图 7.26 所示。

**注意**：电源极性不可接反，否则有可能烧坏芯片，开关信号指示等 LED 亮时输出低电平，不亮时输出高电平。

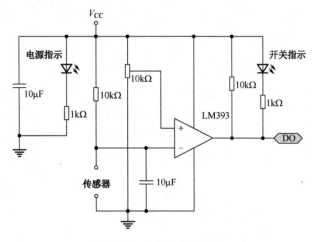

图 7.25　角度开关原理图

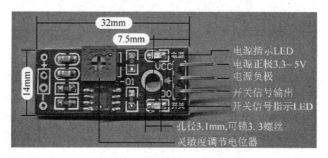

图 7.26  角度开关的尺寸及接线

倾倒报警应用：将角度开关的电源正极引脚连接 5V 电源，电源负极引脚接地，将开关信号输出引脚（DO）连接到 51 单片机开发板的 P1.0 引脚，将单片机的 P1.1 引脚连接到 51 单片机开发板的蜂鸣器。编写以下程序并将其下载到开发板，测试倾倒报警功能。

```c
#include <reg52.h>
sbit sw=P1^0;
sbit speaker= P1^1;
void delay（unsigned int z）
{
  unsigned int  i, j;
  for（i=z;i>0;i--）
  for（j=124;j>0;j--）;
}
void main（）
{
  while（1）
  {
    if（sw==0）
    {
      delay（5）;           //消抖动
      if（sw==0）           //确认触发
      {
        speaker=!speaker;   //倾倒蜂鸣器报警
        delay（2）;
      }
    }
  }
}
```

2）动态测试

VG400 垂直陀螺仪是一款高性能、低价位的惯性测量设备，可以测量运动载体的姿态参数（横滚和俯仰）、角速度和角加速度信息，其实物如图 7.27 所示。VG400 具备数字接口，可以非常方便地集成到用户的系统中。

VG400 的主要特性如下。

（1）可实现非线性补偿、正交补偿及温度补偿。

（2）精度：0.3°（动态）/0.1°（静态）。

（3）采用特殊偏置追踪算法消除漂移。

（4）可实现陀螺漂移补偿。

图 7.27  VG400 垂直陀螺仪的实物

（5）可采用 RS-232、RS-485、TTL、CAN 等标准输出。

（6）工作温度范围：−40℃～+85℃。

（7）采用高性能卡尔曼算法滤波。

（8）具有抗振动的 MEMS 陀螺仪。

（9）采用了尖端的传感器融合技术。

VG400 应用领域包含卫星追踪、姿态测量、平台稳定、单兵作战设备、ROV 水下机器人导航、海洋勘测等。

图 7.28 所示为 VG400 传感器与计算机数据通信接口，传感器的 1 引脚接电源，2 引脚为 NC 脚（空脚），不用连接，3 引脚接地，4 引脚接 RXD（接收端），5 引脚接 TXD（发送端）。

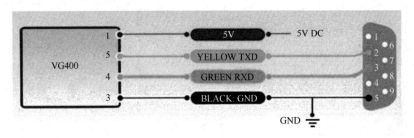

图 7.28　VG400 传感器与计算机数据通信接口

安装 VG400 时应保持传感器安装面与被测目标面平行，如图 7.29 所示。图 7.29 中的 Pitch+为 $X$ 轴正方向；Roll+为 $Y$ 轴正方向；Heading+为航向。

使用 Witlink 软件控制 VG400 的界面如图 7.30 所示，用户可以方便地查看当前的倾斜角、横滚角和方位角，也可以进行其他参数的修改和设置。软件的使用步骤如下。

图 7.29　VG400 安装示意图

（1）正确连接串口，并连接好电源。

（2）选择正确的设备型号。

（3）选择计算机串口，并单击"连接串口"按钮。

（4）单击"开始"按钮，屏幕上将显示当前的倾斜角、横滚角和方位角。

（5）如果要保存测试数据，可以选择"记录文件"选项，将数据记录在指定的文件中。

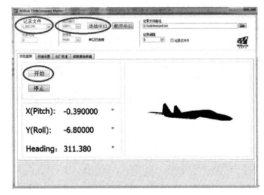

图 7.30　使用 Witlink 软件控制 VG400

# 四、流量计

## 1. 认识流量计

用于测量流量的仪器仪表统称流量计，通常由一次仪表和二次仪表组成。一次仪表又称流量传感器，安装于流体导管内部，用于产生与流量成正比的信号；二次仪表又称流量变送器，可将检测出的信号转换为与流量信号成函数关系的电信号进行显示及输出。

1）流量检测方法

根据流体流动状态、介质特性及管道等因素的不同，有以下几种常用的检测方法。

（1）节流压差法。在流体管道中安装节流件，根据流体力学原理，节流件处将产生压力，可根据压差和流量的关系进行流量测量。

（2）容积法。让流体流经已标定容积的计量室，流体流动的压力推动计量室内类似齿轮的机构转动，每转一周排出固定容积的流体。用这种方法测量流量的仪表称为容积式流量计，按计量室结构分为椭圆齿轮式、腰轮式（罗茨式）、刮板式、旋转活塞式、圆盘式、膜式、旋转叶轮式等。

（3）阻力法。流体会对管道内的阻力体产生作用力，作用力大小与流量大小有关。采用此法测量流量的流量计有转子流量计、靶式流量计等。

（4）速度法。测出管道内流体的平均流速，将其乘以管道截面积即可得到流量。根据测流速的方法不同，流量计分为涡轮流量计、电磁流量计、涡街流量计、超声波流量计等。

2）典型流量计

（1）容积式流量计。以椭圆齿轮式流量计为例说明容积式流量计的工作原理及特点。图7.31所示为椭圆齿轮式流量计的工作原理图，一对相互啮合的椭圆齿轮和与之配合紧密的壳体组成计量室。流体流动的压力产生的力矩会推动齿轮转动，连续不断地将充满在齿轮与壳体之间的固定容积内的流体排出，当椭圆齿轮旋转一周时，将排出4个半月形（计量室）体积的流体。

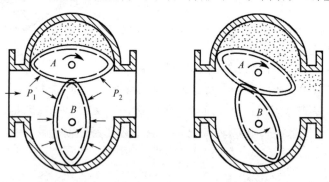

图 7.31　椭圆齿轮式流量计的工作原理图

假设一个半月计量室的容积为 $V$，齿轮转数为 $n$，可通过机械方式或其他方式测出单位时间内的体积流量 $q_v$：

$$q_v = 4nV \tag{7-19}$$

椭圆齿轮式流量计适用于高黏度液体的测量。流量计基本误差为 $\pm(0.2\% \sim 0.5\%)$，量程比为 10:1。

容积式流量计的优点是测量精度高、量程比宽，流体黏度变化对测量影响小，安装方便，对流量计前后的直管段的要求不高。但其缺点是对制造装配的要求较高，传动机构复杂，成本较高，对流体清洁度的要求较高，通常要求上游加装过滤器。

容积式流量计也可测气体流量。

（2）节流压差式流量计。在被测流体流过管道内节流件时，根据伯努利方程，在节流件两端产生的压差 $\Delta P$ 与瞬时体积流量 $q_v$ 有以下关系。

$$q_v = \alpha D^2 \sqrt{2\rho\Delta P} \tag{7-20}$$

式中，$\alpha$ 为流量系数；$D$ 为节流件最小孔径（m）；$\rho$ 为流体密度（kg/m³）。采用压差检测方法可测出 $\Delta P$。如果要得到计算体积流量 $Q_v$，就必须对瞬时体积流量 $q_v$ 进行计算。

常用的节流件有孔板、喷嘴和文丘里管，如图 7.32 所示，其中 $d$ 为管道截面直径。针对不同的流体类型和状态，可采用标准和非标准节流件。使用标准节流件时，被测流体应该充满管道和节流装置，并连续地流经管道；节流件前直管段长度应大于 $10d$，下游侧直管段长度应大于 $5d$；流体流动是连续稳定的或随时间缓变的；最大流量与最小流量之比不超过 3:1。标准节流件在各行业中广泛应用，占各类节流件的 80% 以上，标准节流件不适用于动流和临界流的流量测量。

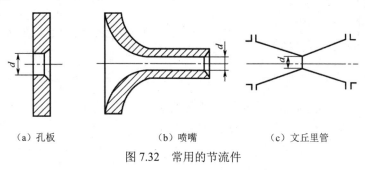

（a）孔板　　　　　　　（b）喷嘴　　　　　　　（c）文丘里管

图 7.32　常用的节流件

（3）转子流量计。转子流量计又称浮子流量计。当被测流体自下而上流经锥形管时，在转子上、下端面产生压差，形成作用于转子的上升力，当其与转子所受重力平衡时，转子稳定在一个平衡位置上。流量变化时，转子便会移到新的平衡位置，这样平衡位置的高度就代表被测流体流量的大小。图 7.33 所示为转子流量计的结构。

根据伯努利方程可推算出，体积流量 $q_v$ 与高度 $h$ 之间满足以下关系：

$$q_v = \alpha \pi D_f h \tan\varphi \sqrt{\frac{2V_f(\rho_f - \rho)g}{\rho A_f}} \tag{7-21}$$

式中，$D_f$ 为转子的最大直径；$V_f$ 为转子体积；$A_f$ 为转子处最大截面积；$\rho_f$ 为密度（kg/m³）；$\alpha$ 为流量系数；$\rho$ 为流体密度；$g$ 为重力加速度；$\varphi$ 为锥形管壁与垂直方向的夹角。

一般可认为 $\alpha$ 是雷诺数的函数，每种流量计有相应的界限雷诺数，低于此值的 $\alpha$ 不再是常数，$q_v$ 与 $h$ 不呈线性关系，会影响测量精度。因此，转子流量计测量的流体，其雷诺数应大于一定值。

转子流量计按锥形管材料不同，可分为玻璃管转子流量计和金属管转子流量计两大类。

玻璃管转子流量计结构简单、价格低廉、使用方便、可制成防腐蚀仪表、耐压低，多用于透明流体的现场测量。

金属管转子流量计将转子的位移通过测量转换机构进行转换，转换后的位移信号可直接用于指示，也可将该位移信号转换为电信号或气压信号进行远传及显示。

转子流量计可以测量多种介质的流量，特别适用于中小管径场合和对低雷诺数中小流量流体的测量。转子流量计结构简单，灵敏度高，量程比宽（10:1），压力损失小且恒定，对直管段的要求不高，刻度近似线性，价格低，使用维护简便，但只适用于垂直管道的流量检测，精度受流体性质和测量环境的影响，精度一般在 1.5 级左右。

（4）靶式流量计。靶式流量计由检测（传感）部分和转换部分组成，检测部分包括放在管道中心的靶、杠杆、密封膜片，如图 7.34 所示。

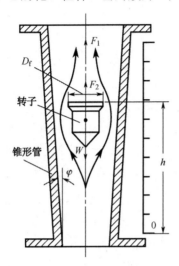

图 7.33　转子流量计的结构

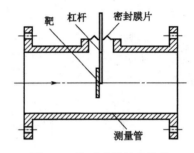

图 7.34　靶式流量计的结构

当流体流过靶时，因流体压力和靶对流体的节流作用而形成力 $F$ 的作用。此作用力与流体平均流速 $u$、密度 $\rho$ 及靶的受力面积 $A$ 的关系为

$$F = k\frac{\rho}{2}u^2 A \tag{7-22}$$

式中，$k$ 为一比例常数。通过测量靶所受作用力，可以求出流体流速与流量。

靶式流量计的转换部分按输出信号的不同有电动和气动两种。测量时通过杠杆机构将靶上所受力引出，按照力矩平衡原理将此力转换为相应的标准电信号或气压信号，由显示仪表显示流量值。

靶式流量计适用于测量高黏度、低雷诺数流体的流量，如重油、沥青、含固体颗粒的浆液及腐蚀性介质。靶式流量计结构比较简单，不用安装引压管和其他辅助管件，安装维护方便，压力损失小。

靶式流量计在安装与使用时，为了保证测量的准确度，流量计前后应有必要的直管段，且一般应水平安装，若必须安装在垂直管道上，则需要注意流体的流动方向应由下向上，安装后进行零点调整。

（5）涡轮流量计。涡轮流量计是一种典型的速度式流量计。它具有测量精度高、反应快及耐压高等特点，因而在工业生产中的应用日益广泛。

涡轮流量计的结构如图 7.35 所示，主要由导流器、外壳、轴承、涡轮和磁电转换器组成。涡轮是测量元件，被测流体推动涡轮叶片旋

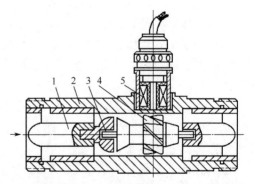

1—导流器；2—外壳；3—轴承；4—涡轮；5—磁电转换器

图 7.35　涡轮流量计的结构

转。在一定范围内，涡轮的转速与流体的平均流速成正比。通过磁电转换装置将涡轮转速变成电脉冲信号，经放大后送给显示记录仪表，即可以推导出被测流体的瞬时流量和累积流量。

涡轮通常由不锈钢材料制成，根据流量计直径大小，其上装有 2～8 片叶片。为了提高对流速变化的响应能力，涡轮质量应尽量小。

磁电转换器由线圈和磁钢组成，安装在流量计壳体上，可分成磁阻式和感应式两种。磁阻式磁电转换器是将磁钢放在感应线圈内，涡轮叶片由导磁材料制成的。当涡轮叶片旋转通过磁钢下面时，磁路中的磁阻改变，周期性地在线圈中感应出电脉冲信号，其频率就是叶片转过的频率。感应式磁电转换器是在涡轮内腔放置磁钢，涡轮叶片由非导磁材料制成。磁钢随涡轮旋转，在线圈内感应出电脉冲信号。由于磁阻式磁电转换器比较简单、可靠，所以使用较多。除了磁电转换器，也可用光电器件、霍尔元件等进行转换。

为提高抗干扰能力和增大信号传送距离，在磁电转换器内装有前置放大器。

涡轮流量计测量精度高，可达 0.5 级以上，在小范围内可达±0.1%，复现性和稳定性均好；量程范围大，量程比可达 20:1～10:1，刻度呈线性；耐高压，承受的工作压强可达 16MPa，而压强损失在最大流量时小于 25kPa；对流量变化反应迅速，可测脉动流量，其时间常数一般仅为数毫秒到数十毫秒；输出为脉冲信号，抗干扰能力强，且便于与计算机相连。

涡轮流量计的缺点是制造困难，成本高。由于涡轮高速转动，轴承易损，降低了长期运行的稳定性，影响使用寿命。通常，涡轮流量计主要用于精度要求高、流量变化快的测量场合，还用作标定其他流量的标准仪表。

涡轮流量计应水平安装，并保证其前后有一定的直管段。它可以测量气体流量，也可以测量轻质油，如汽油、煤油、柴油、低黏度润滑油及腐蚀性不强的酸碱溶液流量，但要求被测介质洁净，以减少轴承磨损，一般应在流量计前加装过滤器。如果被测液体易气化或含有气体，就要在流量计前装消气器。

（6）漩涡流量计。漩涡流量计是利用流体的卡门涡街现象进行测量的。

在均匀流动的流体中，垂直地插入一个具有非流线型截面的柱体，称为漩涡发生体。在该漩涡发生体两侧会产生旋转方向相反、交替出现的漩涡，并随着流体流动，在下游形成两列不对称的漩涡列，称之为卡门涡街。图 7.36 所示为圆柱漩涡发生器的结构。

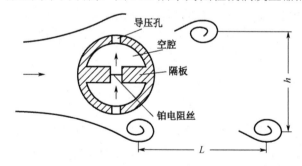

图 7.36　圆柱漩涡发生器的结构

在一定的雷诺数范围内，每一列漩涡产生的频率 $f$ 与漩涡发生体的形状和流体流速 $u$ 有以下关系：

$$f = S_t \frac{u}{d} \tag{7-23}$$

式中，$d$ 为漩涡发生体的特征尺寸；$S_t$ 称为斯特罗哈尔数。$S_t$ 与漩涡发生体形状及流体雷诺数有关，但在雷诺数为 500～150000 的范围内，若形状固定，则 $S_t$ 值基本不变。工业上测量的流体雷诺数几乎都不超过上述范围，因此漩涡产生的频率仅决定于流体的流速和漩涡发生体的形状及特征尺寸。

当漩涡发生体的形状和尺寸确定后，可以通过测量漩涡产生的频率来测量流体的流量。

检测漩涡产生的频率有多种方式，可以将检测元件放在漩涡发生体内，也可以在下游设置检测器进行检测。图 7.36 采用的检测原理是，中空的圆柱漩涡发生器两侧开有导压孔与内部空腔相连，孔中装有电流加热的铂电阻丝。两侧漩涡交替经过导流孔，有漩涡的一侧静压增大，流速减小，流体被压进空腔，如此交替使空腔内流体产生脉动流动。脉动流动的流体对电阻产生冷却，使电阻值发生脉动变化，从而产生和漩涡频率一致的脉冲信号，检测此脉冲信号即可测出流量。此外，还可以在空腔内使用压电式检测元器件或应变式检测元器件测出交替变化的压力。

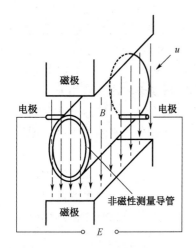

图 7.37　电磁流量计的结构及工作原理

漩涡流量计测量精度较高，可达 ±1%；量程比大，可达 30:1；在管道内无可动部件，使用寿命长，压强损失小，水平或垂直安装均可，安装与维护比较方便，测量几乎不受流体参数变化的影响，对气体、液体介质均适用，且输出脉冲信号，容易实现远传。这种流量计是一种正在得到广泛应用的流量测量仪表。漩涡流量计一般适用于大口径或大横截面（相对于漩涡发生器）、紊流流速分布变化小的场合，并要求流量计前后有足够长的直管段。

（7）电磁流量计。电磁流量计利用法拉第电磁感应原理测量导电流体的流量。它由变送器和转换器两部分组成，变送器由一对安装在管道上的电极和一对磁极组成，要使磁力线、电极和管道三者形成相互垂直状态，如图 7.37 所示。变送器将流体流量信息变成电信号，转换器则将电信号转换成标准的输出信号。

当导电流体以平均流速 $u$ 在管道内流动时，由于流体切割磁力线，在电极上产生感应电动势 $E$，$E$ 的大小与磁感应强度 $B$、管道直径 $D$ 和流速 $u$ 有以下关系：

$$E = BDu \tag{7-24}$$

则流体流量方程为

$$q_v = \frac{1}{4} \pi D^2 u = \frac{\pi D}{4B} E \tag{7-25}$$

该流量方程成立的前提：磁场是均匀分布的恒定磁场；被测流体为非磁性流体；流速轴是对称分布的；流体电导率均匀且各向同性。电磁流量计的励磁方式有直流励磁、正弦交流励磁和低频方波励磁三种方式。

直流励磁方式用永久磁铁或直流电励磁，能产生一个恒定的、不易受交流磁场干扰的均匀磁场；流体自感现象小，但易使电极极化，导致电动机间电阻增大，故只适用于测量非电解质液体，如液态金属。

正弦交流励磁方式产生交流磁场，可以克服直流励磁的极化现象，便于信号的放大，但易受电磁干扰。

低频方波励磁方式兼具上述两种方式的优点，既能使感应电动势与平均流速成正比，又能排除极化现象。但检测线路要经过交流放大、采样保持、直流放大等过程转换为直流输出，电路比较复杂。

电磁流量计是工业中测量导电流体常用的流量计，由于测量导管中无阻力件，压强损失极小，电极和衬里有防腐措施，故可用于测量含有颗粒、悬浮物等的流体（如纸浆、矿浆、煤粉浆）和酸、碱、盐溶液的流量。电磁流量计测量范围大（量程比可达 10:1，甚至 100:1），适用面广，管径范围大（小到 1mm，大到 2m 以上），测量精度为 0.5～1.5 级，输出与流量呈线性关系，不受被测介质的物理性质影响，反应迅速（可以测量脉动流量），且对直管段要求不高，使用比较方便。

电磁流量计要求被测介质必须是导电性液体，不能用于气体及石油制品的流量测量；测量流速下限一般为 50cm/s；由于电极装在管道上，工作压强受到限制。此外，电磁流量计结构也比较复杂，成本较高。

电磁流量计的安装地点应尽量避免剧烈振动和交直流强磁场，要求任何时候流体都要充满管道。电磁流量计可以水平安装，也可以垂直安装。水平安装时，两个电极要在同一平面上；垂直安装时，流体要自下而上流过仪表，要确保流体、外壳、管道间的良好接地和良好接触。

（8）超声波流量计。超声波流量计是一种新型流量计，其测量流量的方法有传播速度法、多普勒法、波束偏移法、噪声法等，在工业应用中以传播速度法最普遍。其基本原理是，超声波在流体中传播时，流体流速对超声波传播速度会产生影响，通过发射和接收超声波信号可以测量流体流速，从而求得流量。图 7.38 所示为超声波测速的原理图。根据具体测量参数的不同，传播速度法又可分为时差法、相差法和频差法。

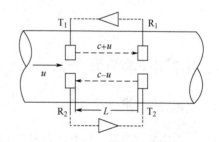

图 7.38 超声波测速的原理图

方法 1：时差法。采用时差法可测量超声波脉冲顺流和逆流时传播的时间差。如图 7.38 所示，在管道上、下游相距 $L$ 处分别安装两对超声波发射器（$T_1$、$T_2$）和接收器（$R_1$、$R_2$）。设超声波在静止流体中的传播速度为 $c$，流体的流速为 $u$。当 $T_1$ 按顺流方向、$T_2$ 按逆流方向发射超声波时，接收器 $R_1$、$R_2$ 接收超声波所需的时间分别为 $t_1$、$t_2$，即

$$t_1 = \frac{L}{c+u}$$
$$t_2 = \frac{L}{c-u} \tag{7-26}$$

因为 $c$ 远大于 $u$，所以相对于 $c$，$u$ 可忽略，故时差

$$\Delta t = t_2 - t_1 = \frac{2Lu}{c^2} \tag{7-27}$$

则流体流速

$$u = \frac{c^2}{2L}\Delta t \tag{7-28}$$

在实际的工业测量中，时差$\Delta t$非常小，若流速测量要达到 1%的精度，则时差法测量要达到 0.01μs 的准确度，因此难以实现。

方法 2：相差法。相差法是把上述时间差转换为超声波传播的相位差来测量的。设发射器向流体连续发射频率为 $f$ 的正弦波超声波脉冲，则逆流和顺流时两束波的相位差$\Delta\varphi$与前述

时间差$\Delta t$ 之间的关系为

$$\Delta\varphi=\varphi_2-\varphi_1=\omega\Delta t=2\pi f\Delta t \tag{7-29}$$

则流体的流速

$$u = \frac{c^2}{4\pi fL}\Delta\varphi \tag{7-30}$$

相差法比时差法多了一个放大系数（$2\pi f$），相差法对准确度的要求不像时差法那样严格，因此提高了测量精度。

但在时差法和相差法中，流速测量均与声速有关，而声速是温度的函数，当环境温度变化时会影响测量精度。

方法 3：频差法。频差法是通过测量顺流和逆流时超声波脉冲的循环频率差来测量流量的。超声波发射器向被测流体发射超声波脉冲，接收器收到超声波脉冲并将其转换成电信号，此电信号经放大后去触发发射器发射下一个超声波脉冲。因此，任何一个超声波脉冲都是由前一个接收信号脉冲所触发的，脉冲信号在发射器、流体、接收器和放大电路内循环，故此法又称为声循环法。脉冲循环周期的倒数称为声循环频率（即重复频率），它与超声波脉冲在流体中的传播时间有关。因此，顺流、逆流时的声循环频率分别为$f_1$、$f_2$，即

$$f_1 = \frac{1}{t_1} = \frac{c+u}{L} \tag{7-31}$$

$$f_2 = \frac{1}{t_2} = \frac{c-u}{L} \tag{7-32}$$

脉冲循环的频率差

$$\Delta f = f_1 - f_2 = \frac{2u}{L} \tag{7-33}$$

流体流速

$$u = \frac{L}{2}\Delta f \tag{7-34}$$

由式（7-34）可知，流体流速和频率差成正比，且与超声波波速无关。此法的精度与稳定性都较高，这是频差法的显著优点。循环频率差$\Delta f$ 很小，直接测量的误差较大，为了提高测量精度，一般须采用倍频技术。

由于顺流、逆流两个声循环回路在测量时会相互干扰，使仪器难以稳定工作，而且要保持两个声循环回路的特性一致也是非常困难的。因此，实际应用频差法测量时，仅用一对换能器按时间交替转换为接收器和发射器使用。

图 7.39 所示为换能器在管道上的配置方式，其中 Z 式为单声道方式，是最常用的方式，装置简单，适用于有足够长的直管段、流速分布为管道轴对称的场合；V 式适用于流速不对称的流体的测量；当安装距离受到限制时，可采用 X 式。换能器一般均交替转换为发射器和接收器使用。

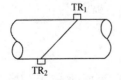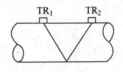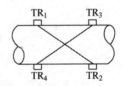

图 7.39　换能器在管道上的配置方式

超声波流量计测量时，换能器可以置于管道外，不与流体直接接触，不破坏流场，没有压强损失，测量范围大，可用于各种液体的流量测量，包括测量腐蚀性液体、高黏度液体和

非导电液体的流量，尤其适用于大口径管道或各种水渠、河道甚至海洋中的流速和流量测量，在医学上还用于测量血液流量等。但超声波流量计结构较为复杂，价格高昂，一般用在特殊场合。

安装超声波流量计的位置之前需要一定长度的直管段。一般直管段长度在上游侧需要 10$d$ 以上，而在下游侧需要 5$d$ 左右（$d$ 为管道截面直径）。

### 2. 流量传感器的应用

1）流量计选型

表 7.3 所示为重庆川仪流量计选型表。

**表 7.3　重庆川仪流量计选型表**

| 序号 | 实物图 | 类型 | 简介 |
|---|---|---|---|
| 1 |  | 电磁流量计 | 量程比大、精确度高、可掩埋安装和长期沉浸安装，最小电导率可达 1.7μS/m |
| 2 |  | 涡街流量计 | 高精度：0.75 级（气体）/0.5 级（液体）；可靠的焊接结构可防止"水锤"现象，量程比可达 1:30，有良好的防振功能，具备双探头 DSP 数字自适应滤波信号处理功能，一体化温压自动补偿功能；采用独特的 FFT 功率谱分析技术 |
| 3 |  | 压差流量计 | 加工工艺先进，质量可靠；采用 ASME 技术焊接；结构简单，无活动件，工作寿命长；适用于高压力、高温度环境 |
| 4 |  | 金属管浮子流量计 | 适用于测量腐蚀性液体、气体等介质。在低流速、小流量测量中表现突出，指针现场指示型不需要电源，可用于易燃易爆环境。压强损失较小，安装简单、方便 |
| 5 |  | 质量流量计 | 可测量瞬时质量流量、体积流量、温度及密度，因此可以取代多种测量仪器。由于构造无死角，所以该流量计可以清洗得很彻底，而且容易消毒 |

以下为重庆川仪两线制流量计选型说明，此设备主要由传感器和转换器组成。传感器选型说明如图 7.40 所示，转换器选型说明如图 7.41 所示。

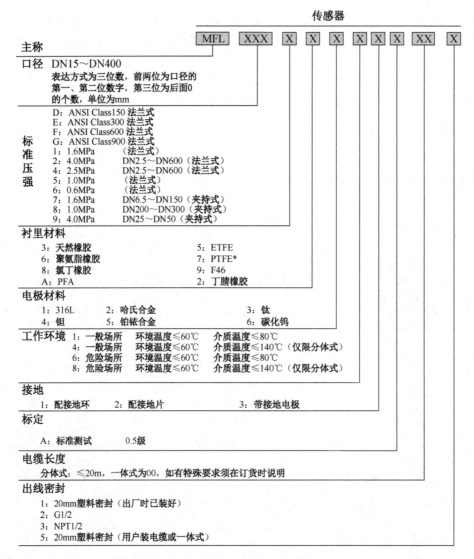

图 7.40　重庆川仪两线制流量计传感器选型说明

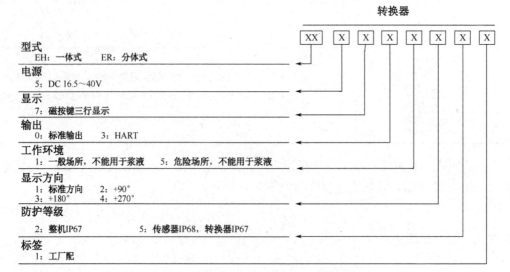

图 7.41　重庆川仪两线制流量计转换器选型说明

2）水流量仪表检定装置概述

各种流量测量仪表，尤其作为经济核算和量值传递依据的高精度的标准流量计，从研制到使用都须利用流量标定检验装置进行检定。图7.42所示为用于液体流量计的水流量仪表检定装置的结构，该装置是采用的静态容积法进行流量计检定的。

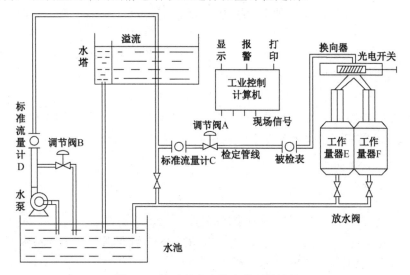

图 7.42　水流量仪表检定装置的结构

检定过程如下。水泵将水抽到 30m 高的水塔，待水塔容器有溢流后开始检定，并且检定过程必须一直保证有溢流，以便流源产生稳定压力。调节阀 A 与标准流量计 C 共同组成流量调节回路，在检定管线内调节出不同大小的流量值，图 7.42 所示的装置中流量值分别设置为被检表最大流量的 20%、40%、60%、80%、100%。根据本次检定的流量值，选择不同容积大小的工作量器。待流量稳定后，由换向器将水流由非工作量器突然切换到工作量器 E（F）中，测出注水时间 T 及工作量器中的水量 V，可求得标准流量 $Q=V/T$，将此值与被检表的实测值相比较，即可确定被检表在此流量值下的误差。每个流量值重复检测 3 次，针对 5 个流量值共进行 15 次操作即可确定被检仪表的准确度等级。

在图 7.42 所示的装置中，为保证水塔液面稳定，在上水系统中，由标准流量计 D 和调节阀 B 组成一个流量调节回路，以保证每一次上水流量值略大于被检定点的流量值。此外，为增加检定范围，系统增加了一根 $\phi$100mm 的检定管线和一个 2000L 的工作量器，以检定大流量或大管径的流量计，其结构与前述检定管线相同。在手动操作上述检定过程中，每个环节都有可能引入误差，且效率低，劳动强度大，更重要的是由于操作时间长，会引起环境变化、仪器参数漂移等，很难保证条件不变。本装置采用工控机进行监控，上述各步骤自动进行，提高了效率，降低了对操作人员的要求，同时提高了测量准确度，降低了人力的消耗。此外，工控机的 PID 调节器的作用使检定点的流量值稳态精度高，且调节方便。

 项目小结

本项目学习了光电编码器和霍尔式传感器两种典型的速度测量传感器，当然，光电开关也可以应用于速度测量。此外，本项目还学习了角度传感器和流量计。

# 思 考 练 习

## 1. 填空题

（1）旋转式光电编码器是一种主要用于（　　　　）和（　　　　）测量的数字式传感器。

（2）霍尔式传感器是基于（　　　　）效应的一种多用途传感器。

（3）集成霍尔式传感器按输出信号的特点可以分为（　　　　）和（　　　　）霍尔式传感器。

（4）角度传感器按照输入的物理量可分为（　　　　）、（　　　　）和角加速度传感器等。

（5）流量计通常由一次仪表和二次仪表组成。一次仪表又称流量（　　　　），二次仪表又称流量（　　　　）。

## 2. 单项选择题

（1）以下传感器不能应用于转速测量的是（　　　）。

　　A．光电开关　　　　B．光敏电阻　　　　C．光电编码器　　　D．霍尔开关

（2）光电编码器不能检测的物理量是（　　　）。

　　A．角度　　　　　　B．速度　　　　　　C．直线位移　　　　D．压力

（3）以下哪个不属于旋转式光电编码器？（　　　）

　　A．增量编码器　　　　　　　　　　　B．绝对编码器

　　C．混合式绝对编码器　　　　　　　　D．直线式编码器

（4）增量编码器输出的三组方波脉冲不包含（　　　）。

　　A．A 相　　　　　　B．B 相　　　　　　C．C 相　　　　　　D．Z 相

（5）以下哪种效应能产生电动势？（　　　）

　　A．应变效应　　　　　　　　　　　　B．霍尔效应

　　C．光电导效应　　　　　　　　　　　D．热电阻效应

（6）以下哪种效应不能产生电动势？（　　　）

　　A．压电效应　　　　　　　　　　　　B．霍尔效应

　　C．应变效应　　　　　　　　　　　　D．光生伏特效应

（7）如果要将传感器连接到 A/D 转换器进行数据采集，选择以下哪种接口？（　　　）

　　A．RS-232　　　　　B．RS-485　　　　　C．CAN　　　　　　D．0～5V

（8）如果要测量运动载体的姿态参数（横滚和俯仰），选用哪种传感器？（　　　）

　　A．动态倾角传感器　　　　　　　　　B．角度开关

　　C．倾角传感器　　　　　　　　　　　D．光电编码器

（9）如图 7.30 所示，哪个角度为方位角？（　　　）

　　A．X（Pitch）　　　B．Y（Roll）　　　C．Heading　　　　D．ABC 均不是

（10）涡轮流量计使用了哪种方法测量流量？（　　　）

　　A．节流差压法　　B．容积法　　　　C．阻力法　　　　　D．速度法

（11）超声波流量计通过测量流体流速测量流量，以下哪个选项不是流速测量方法？（　　　）

　　A．时差法　　　　B．相差法　　　　C．节流差压法　　　D．频差法

### 3．判断题

（1）增量编码器的 A、B 两组脉冲相位差 90°，从而可方便地判断出旋转方向。

（　　）

（2）绝对编码器具有可以直接输出角度坐标的绝对值，没有累积误差，电源切断后位置信息不会丢失等优点。（　　）

（3）霍尔式传感器既可以测量交直流电压、电流、功率及功率因数，又可以测量速度、里程、圈数、流速、位移、镀层及工件厚度等物理量。（　　）

（4）利用倾角开关可以测量连续角度值。（　　）

（5）利用静态倾角传感器可以进行桥梁监测，也可以跟踪火箭飞行姿态。（　　）

### 4．简答题

（1）根据图 7.23 说明怎样使用霍尔式传感器测速，如何计算转速。

（2）简述倾角传感器的工作原理。

（3）在选择倾角传感器时要注意哪几个方面？

（4）流量检测方法有哪几种？

# 第三部分

# 现代感知技术及其应用

本书第二部分主要介绍了典型传感器技术及其应用，但在传感器技术日新月异的今天，这只是重温经典。在第三部分，本书将介绍 FRID、生物识别、图像识别等现代感知技术，为读者打开新型感知技术的大门，使读者了解并掌握现代感知技术的应用。

# 项目八　RFID 技术

## 项目目标

（1）知识目标：掌握条码的概念和分类、RFID 技术的概念和分类。

（2）技能目标：会安装条码读取器；会使用条码识别工具；会读写 RFID 卡，安装、调试 RFID 系统。

（3）素质目标：培养学生谦虚好学的学习态度、认真细致的工作态度、严谨的工作作风、良好的职业习惯和一定的创新思维能力。

## 项目知识

## 一、条码识别

### 1．条码技术

条码技术出现在 1949 年，最早用于生产的条码是美国在 20 世纪 70 年代使用的 UPC 码（通用商品条码）。EAN 为欧洲物品编码协会，后来成为国际物品编码协会。中国于 1988 年成立物品编码中心，1991 年加入 EAN。2002 年，美国加入 EAN。20 世纪 90 年代出现二维码。

1）条码的概念

条码是由一组按特定规则排列的条、空及对应的字符（可选）组成的标记。条是指对光线反射率较低的部分，空是指对光线反射率较高的部分，这些条和空组成的数据表达一定的信息，并能够用特定的设备识读，转换成与计算机兼容的二进制和十进制信息。广义的条码分为一维条码和二维码。图 8.1（a）所示为一维条码，图 8.1（b）所示为二维码。

（a）一维条码　　　　　　　　　　　　　　（b）二维码

图 8.1　条码形式

2）条码的编码方法

条码的编码是指按一定的规则，用条、空对数字或字符集合进行表示。条码的编码方法有以下两种。

（1）宽度调节法：组成条码的条或空只由两种宽度的单元构成，尺寸较小的单元称为窄单元，尺寸较大的单元称为宽单元，通常宽单元的宽度是窄单元的 2～3 倍。用宽单元表示二进制数"1"，用窄单元表示二进制数"0"，如图 8.2（a）所示。采用这种方法编码的条码有 25 码、39 码、93 码、库德巴码等。

（2）模块组配法：组成条码的每个模块都具有相同的宽度，而一个条或一个空是由若干个模块构成的，每个条的每个模块表示一个数字"1"，每个空的每个模块表示一个数字"0"，如图 8.2（b）所示。第一个条是由三个模块组成的，表示"111"；第二个空是由两个模块组成的，表示"00"；第一个空和最后一个条只有一个模块，分别表示"0"和"1"。采用这种方法编码的条码有商品条码、CODE-128 码等。

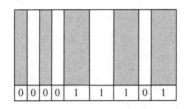 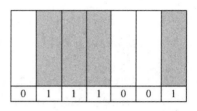

（a）宽度调节法　　　　　　　　　　（b）模块组配法

图 8.2　条码的编码方法

判断编码方法的基本方法：如果所有的条、空都只有两种宽度，说明采用的是宽度调节法；如果条、空只有一种或具有两种以上宽窄不等的宽度，说明采用的是模块组配法。

3）条码分类

广义的条码分为一维条码和二维码，常用的一维条码有 UPC 码、CodaBar 码、39 码、93 码、128 码、EAN 码、ISBN 码等。常用的一维条码及其应用如表 8.1 所示。

表 8.1　常用的一维条码及其应用

| 一维条码 | 图形 | 应用 |
|---|---|---|
| UPC 码 | 0 36000 29145 2 | UPC 码是由美国统一代码委员会制定的用于商品的条码，主要应用在美国和加拿大。我国有些出口到北美地区的商品为了适应北美地区的需要，须申请 UPC 码。UPC 码有标准版和缩短版两种，标准版由 12 位数字构成，缩短版由 8 位数字构成 |
| CodaBar 码 | 1234567 | CodaBar 码是一种广泛应用在医疗和图书领域的条码，包括以下内容。① 10 个数字：0～9。②4 个字母：A～D。③6 个特殊字符："$""-"":""/"".""+"。其中，A～D 仅作为启始符和终止符，并可任意组合 |
| 39 码 | 2 3 5 7 9 8 7 2 5 9 | 1974 年，Intermec 公司的戴维·阿利尔博士研制出 39 码。39 码很快被美国国防部采纳，作为军用条码码制。39 码是一种可表示数字、字母等信息的条码，主要用于工业、图书及票证的自动化管理，目前应用极为广泛 |
| 93 码 | a 000800 a | 93 码和 39 码具有相同的字符集，但 39 码编码密度低，符号尺寸大（12 位），所以常出现印刷面积不足的问题，而 93 码尺寸小（9 位），所以与 39 码相比，其是高密度的一维条码，并且采用了双校验字符，可靠性比 39 码高 |

续表

| 一维条码 | 图形 | 应用 |
|---|---|---|
| 128 码 | 2002 0004 | 128 码是广泛应用在企业内部管理、生产流程、物流控制系统方面的条码码制，其由于具有优良的特性，在管理信息系统的设计中被广泛使用。128 码是应用最广泛的条码之一 |
| EAN 码 | 5 901234 123457 | EAN 码是国际物品编码协会制定的一种条码，有标准版和缩短版两种。标准版由 13 位数字构成，缩短版由 8 位数字构成 |
| ISBN 码 | ISBN 978-7-5064-2595-7 9 787506 425957 | 国际标准书号（International Standard Book Number，ISBN），是国际通用的图书或独立的出版物（除定期出版的期刊以外）使用的标识码。通过国际标准书号可以清晰地辨认所有非期刊书籍。一个国际标准书号只有一个或一份相应的出版物与之对应 |

常用的二维码有 QR 码、PDF417、Code 16K、Code 49、Aztec Code、Color Code、Data Matrix、EZ Code、Maxi Code 等。常用的二维码及其应用如表 8.2 所示。

表 8.2　常用的二维码及其应用

| 二维码 | 图形 | 应用 |
|---|---|---|
| QR 码 | | QR 码是一种矩阵码，或称二维空间码，1994 年由日本 Denso-Wave 公司发明。QR 是英文 Quick Response 的缩写，即快速反应，发明者希望 QR 码可被快速解码。QR 码在中国和日本应用较多。QR 码比普通条码可储存更多信息，也不用像普通条码般在扫描时要求正面对准扫描器。QR 码为正方形，只有黑白两色，其 4 个角中的 3 个角印有较小的正方形图案，供解码软件定位。使用时，无论以任何角度扫描 QR 码，信息都可被正确读取 |
| PDF417 | | PDF417 是一种堆叠式二维码，目前应用较为广泛，共包含 17 个条码，每个条码均由 4 个条和 4 个空构成，故称为 PDF417。PDF417 需要有 417 解码功能的条码读取器才能识别，其最大的优势在于具有庞大的数据容量和极强的纠错能力。PDF417 是由美国 SYMBOL 公司发明的，其中 PDF（Portable Data File）的意思是便携数据文件 |
| Code 16K | | Code 16K 是一种多层、长度可变的连续型码，可以表示全部的 128 个 ASCII 字符及扩展 ASCII 字符 |
| Code 49 | | Code 49 是一种多层、长度可变的连续型码，它可以表示全部的 128 个 ASCII 字符。每个 Code 49 码由 2～8 层组成，每层有 18 个条和 17 个空。层与层之间由一个分隔条分开。每层包含一个层标识符，最后一层包含表示符号层数的信息 |

续表

| 二维码 | 图形 | 应用 |
|---|---|---|
| Aztec Code | | Aztec Code 由美国 Hand Heldproducts 公司推出，最多可容纳 3832 个数字或 3067 个字母字符或 1914 个字节的数据 |
| Color Code | | Color Code 由 ColorZip 发明，是可以从电视屏幕上被具有照相功能的手机读取的彩色条码，主要在韩国应用 |
| Data Matrix | | Data Matrix 主要用在电子行业的小零件上，如 Intel 的奔腾处理器的背面就印制了这种码 |
| EZ Code | | EZ Code 是专为具有照相功能的手机设计的编码，可在网上下载其生成软件 |
| Maxi Code | | Maxi Code 是由美国联合包裹服务（UPS）公司研制的，特别为高速扫描而设计，主要应用于包裹搜寻和追踪。其外形接近正方形，由位于符号中央的"公牛眼"定位图形及其周围六边形蜂巢式结构的资料位元组成。可从任意方向快速扫描 Maxi Code。Maxi Code 的图形大小与资料容量大小都是固定的，图形面积固定约为 1 平方英寸（1 平方英寸≈645 平方厘米），最多可容纳 93 个字元 |

4）条码识别系统

条码识别系统由条码扫描器、放大整形电路、译码接口电路和计算机系统等部分组成，如图 8.3（a）所示。

通常，条码的识别过程如下。

打开条码扫描器开关，条码扫描器光源发出的光照射到条码上，反射光经滤镜 2 聚焦后，照射到光电转换器上。光电转换器接收到与空和条相对应的强弱不同的反射光信号，并将光信号转换成相应的电信号输出到放大整形电路（放大后的电信号仍然是一个模拟信号，为了避免由条码中的疵点和污点导致错误，设置了整形电路），把模拟信号转换成数字信号，以便计算机系统能准确判断。

条码扫描识别过程中信号的变化如图 8.3（b）所示。脉冲数字信号经译码接口电路译成数字/字符信息，它通过识别起始字符、终止字符来判断条码的码制及扫描方向，通过测量脉冲数字电信号中"1""0"的数目来判断条和空的数目，通过测量"1""0"信号持续的时间来判别条和空的宽度，这样便得到了被识读的条码的条和空的数目及其相应的宽度和所用的码制信息，然后根据码制所对应的编码规则，将条形符号转换成相应的数字/字符信息。通过译码接口电路，将所得的数字/字符信息送入计算机系统进行数据处理与管理，便完成了条码识别的全过程。

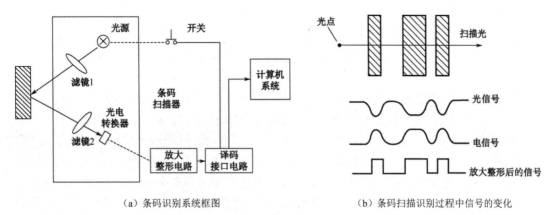

（a）条码识别系统框图　　　　　　　（b）条码扫描识别过程中信号的变化

图 8.3　条码识别系统

5）各类条码阅读设备

（1）光笔。在使用时，操作者须用光笔接触到条码表面，通过光笔在条码表面形成一个很小的光点，当这个光点从左到右划过条码时，在空的部分，光线被反射，在条的部分，光线将被吸收，因此在光笔内部产生一个变化的电压，这个电压通过放大、整形后用于译码。光笔是一种出现最早的手持经济型接触式条码读取器，如图 8.4（a）所示。

（2）CCD 读取器。CCD 即电荷耦合器件（Charge Couple Device），比较适合近距离和接触式阅读，它的价格没有激光阅读设备高，而且内部没有移动部件，如图 8.4（b）所示。

（3）激光扫描仪。激光扫描仪又称激光枪，是各种条码阅读设备中价格相对较高的，但它所能提供的各项功能指标是最高的。激光扫描仪分为手持式与固定式两种：手持式激光扫描仪连接方便，使用简单、灵活；固定式激光扫描仪适用于阅读量较大、条码较小的场合，可有效解放双手，如图 8.4（c）所示。

（4）固定式扫描器。固定式扫描器又称固体式扫描仪，常用于超市的收银等，如图 8.4（d）所示。

（5）数据采集器。数据采集器是一种融掌上电脑和条码扫描技术为一体的条码数据采集设备，它具有体积小、质量轻、可移动使用、可编程定制业务流程等优点，如图 8.4（e）所示。

（6）智能手机。智能手机通过安装支付宝、微信等软件，关联用户银行账户，可利用二维码识别技术，支持网络支付和网络购物，受到大众的欢迎，如图 8.4（f）所示。

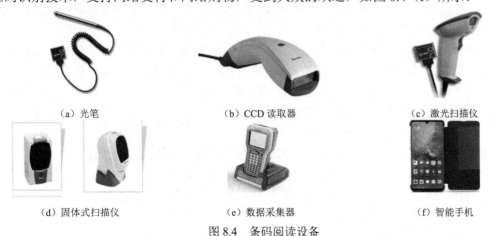

（a）光笔　　　　　　　（b）CCD 读取器　　　　　　　（c）激光扫描仪

（d）固体式扫描仪　　　　　（e）数据采集器　　　　　（f）智能手机

图 8.4　条码阅读设备

## 2．条码技术的应用

条码技术可以应用于物料管理、生产管理、电子支付等方面。

1）物料管理

现代化生产物料配套的不协调极大地影响了产品生产效率，杂乱无序的物料仓库、复杂的生产备料及采购计划的执行几乎是每个企业都会遇到的难题。解决这些难题的思路如下。

（1）将物料编码并打印条码标签，这样不仅便于物料跟踪管理，而且有助于保持合理的物料库存，提高生产效率，便于企业资金的合理运用。对于采购的生产物料，按照行业及企业规则建立统一的物料编码，杜绝因物料无序而导致的损失和混乱。

（2）对需要进行标识的物料打印其条码标签，以便在生产管理中对物料的单件尽心跟踪，从而建立完整的产品档案。

（3）利用条码技术对仓库进行基本的进、销、存管理，有效降低库存成本。

（4）通过产品编码，建立产品质量检验档案，产生质量检验报告，与采购订单挂钩，建立对供应商的评价。

2）生产管理

在生产管理中建立产品识别码，应用产品识别码监控生产，采集生产测试数据、生产质量检查数据，进行产品完工检查，建立产品档案，有助于有序地安排生产计划，监控生产流向，提高产品合格率。

（1）制定产品识别码格式。根据企业规则和行业规则确定产品识别码的编码规则及格式，保证产品规则化且标识唯一。

（2）建立产品档案。通过产品识别码对在生产线上的产品进行跟踪，并采集产品的部件、检验结果等数据作为产品信息，当生产计划通过审核后建立产品档案。

（3）根据生产线上的信息采集点收集的信息控制生产。

（4）通过产品识别码在生产线上采集质量检测数据，以产品质量标准为准绳判定产品是否合格，从而控制产品在生产线上的流向及是否建立产品档案，并给合格产品打印合格证。

3）电子支付

在电子支付已经普及的今天，无现金生活已经成为现实。其中，支付宝和微信支付是我国目前排名靠前的两种支付手段。

4）应用案例

（1）项目需求。生产过程管理是一个企业的灵魂，企业产品的好坏主要取决于生产过程的管理和控制。条码技术在生产线管理上应用广泛，被诸多企业采用。

条码技术在生产线管理上的优势：产品的生产工艺在生产线上能即时、有效地得到反映，节省了人工跟踪的劳动力。产品的生产过程能在计算机上显现出来，便于生产者找到生产中的瓶颈；便于快速统计和查询生产数据，为生产调度、排单等提供依据。对于检验不合格的产品，能为分辨是工人的问题还是零件的问题提供实用的分析报告。

（2）生产线条码系统的主要需求分析。

电器生产企业在生产过程中利用条码来监控生产情况，须完成以下任务。

质量跟踪：能跟踪整机及主要配件（主板、电源等）的型号、生产场地、生产日期、生产班组/生产线、PCB 版本号、工程变更信息（ECO）、批号和序号等信息。

生产实时动态跟踪：能随时从计算机中得知实际生产的情况。

客户跟踪：能从计算机中随时得到客户的姓名、地址和发货数量。

报表功能：提供各类管理报表供管理层复审。

（3）解决方案。生产线上的条码应用流程如图 8.5 所示。

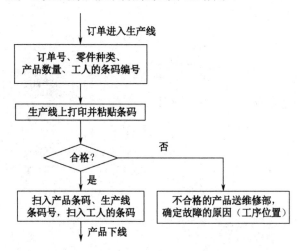

图 8.5　生产线上的条码应用流程

生产线条码系统可包含四个主要的数据库：系统设计库、用户库、PCB 库和整机库。条码标签包含型号/标志、生产场地、生产日期、生产班组/生产线、批号和序号信息。条码标签分别用于 PCB、整机、包装箱和保修卡。

生产线条码系统由硬件系统和软件系统组成。硬件系统是基础，如图 8.6 所示，主要由数据库服务器、车间监控计算机、固定式条码阅读器、条码网络仪、条码打印机等组成，固定式条码阅读器和条码网络仪之间采用 RS-485/422 总线进行通信，成本低，速度快。数据库服务器和车间监控计算机之间采用工业以太网进行通信。

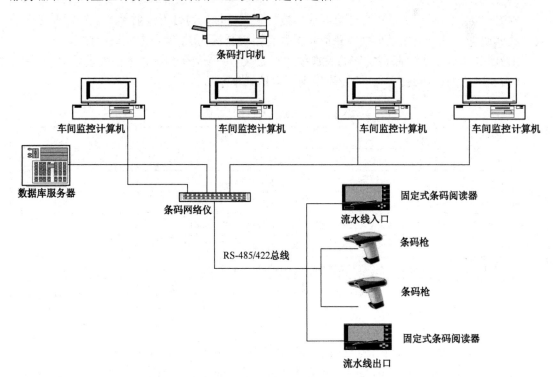

图 8.6　生产线条码系统（硬件系统）

软件系统主要由条码数据采集、数据库、生产监视、生产调度、作业计划、任务管理和统计分析模块组成，如图 8.7 所示。

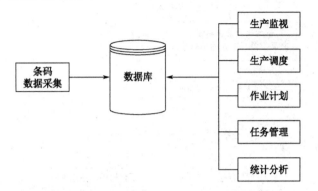

图 8.7　生产线条码系统（软件系统）

# 二、RFID

## 1. RFID 的基础知识

### 1）RFID 的概念

RFID 是一项利用射频信号的无线通信来实现目标识别的自动识别技术。其工作原理是使用能接收和发射射频信号的电子标签存储信息，电子标签与读取器之间通过感应耦合或微波能量进行非接触的双向通信，实现存储信息的识别和数据交换。

### 2）RFID 技术的发展

RFID 技术作为一项先进的自动识别和数据采集技术，通过无线射频方式进行非接触的双向数据通信，对目标加以识别并获取相关数据，被公认为 21 世纪十大重要技术之一。

RFID 技术成为了物联网发展的关键技术，表 8.3 所示为 RFID 技术的发展阶段。目前，RFID 产品已成为市场最为关注的智能识别、数据采集产品。

表 8.3　RFID 技术的发展阶段

| 时间 | 阶段 |
| --- | --- |
| 1941—1945 年 | 雷达的改进奠定了 RFID 技术的理论基础 |
| 1951—1960 年 | 早期 RFID 技术的探索阶段，主要进行实验研究 |
| 1961—1970 年 | RFID 技术理论得到发展，开始应用尝试 |
| 1971—1980 年 | RFID 技术与产品研发迅速发展，部分相关技术加速发展 |
| 1981—1990 年 | RFID 技术及产品进入商业应用，封闭系统应用开始出现 |
| 1991—2000 年 | RFID 技术标准问题得到重视，RFID 产品广泛应用 |
| 2001 年至今 | RFID 技术标准问题得到重视的程度加深，REID 产品更加丰富，有源、无源电子标签得到发展 |

### 3）RFID 系统的组成

一套典型的 RFID 系统由电子标签、读取器和应用系统组成，如图 8.8 所示。

读取器主要负责与电子标签的双向通信，同时接收来自主机系统的控制指令。读取器的频率决定了 RFID 系统工作的频段，其功率决定了 FRID 系统工作的有效距离。读取器根据使用的结构和技术的不同可以分为只读装置和读/写装置，它是 RFID 系统的信息控制和处理中心。读取器通常由射频接口、逻辑控制单元和天线三部分组成。RFID 读取器的内部结构如图 8.9 所示。

应用系统　　　　　　　读取器　　　　　　电子标签

图 8.8　RFID 系统的组成

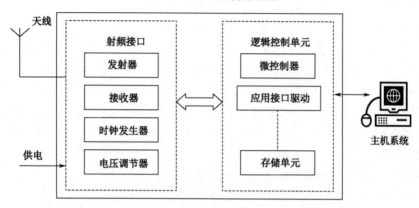

图 8.9　RFID 读取器的内部结构

电子标签是 RFID 系统的数据载体，由天线、RFID 芯片及电源三部分组成，如图 8.10 所示（其中电容器为电源）。每个电子标签具有唯一的电子编码，以标识目标。RFID 芯片主要包含调变电路、控制电路、存储器及处理器四部分。

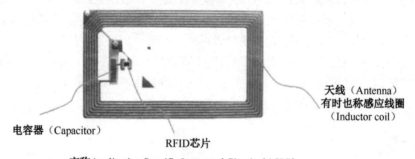

图 8.10　电子标签的结构

4）电子标签的分类

（1）按供电方式分类，电子标签可以分为以下几种。

①有源电子标签（Active Tag），也称主动式标签。

②无源电子标签（Passive Tag），也称被动式标签。

③半无源电子标签（Semi-Passive Tag）。

有源电子标签内装有电池，无源电子标签内没有装电池，半无源电子标签部分依靠电池工作。

（2）按频率分类，电子标签分为以下几种。

低频（Low Frequency，LF）电子标签：其工作频率范围为125～134kHz。

低频电子标签的最大优点在于其标签即使靠近金属或液体也能有效发射信号，不像其他较高频率电子标签的信号一样会被金属或液体反射回来；其缺点是读取距离短，无法同时进行多标签读取，信息含量较低，一般应用于门禁系统、动物晶片、汽车防盗器和玩具等。

高频（High Frequency，HF）电子标签：其工作频率一般为13.56MHz。

高频电子标签对标的协议为ISO-14443A Mifare和ISO-15693，采用被动式感应耦合，读取距离为10～100cm。高频电子标签的优点在于数据传输速度较快且可进行多标签识读，可应用于门禁系统、电子钱包、图书管理、产品管理、文件管理、电子机票等。高频电子标签的相关技术相对成熟，应用较为广泛，用户接受度高。

超高频（Ultra-High Frequency，UHF）电子标签：其工作频率一般为433MHz、860MHz～960MHz。超高频电子标签采用被动式天线，以蚀刻或印刷的方式制造，因此成本较低，读取距离为5～6m。超高频电子标签的优点在于读取距离较远，信息传输速度较快，而且可以同时进行大量标签的读取，是目前电子标签应用的主流。超高频电子标签的缺点是在金属与液体上的应用较不理想。超高频电子标签可应用于航空旅客与行李管理、货架及栈板管理、出货管理、物流管理、货车追踪及供应链追踪等。超高频电子标签的相关技术门坎高，是未来发展的主流。

极高频/微波电子标签：其工作频率一般为2.4GHz、5.8GHz。

（3）依据封装形式的不同，电子标签可分为信用卡标签、线形标签、纸状标签、玻璃管标签、圆形标签及特殊用途的异形标签等。

### 2. EPC的基础知识

1）什么是EPC

EPC（Electronic Product Code）即电子产品编码，是一种编码系统。它建立在EAN.UCC系统（全球统一标识系统）的基础之上，并对该系统做了一些扩充，用以实现对单品进行标识。

和人的身份证号码类似，EPC相当于物件的"身份证号码"，它通过一连串结构化编号标识货物、位置、服务、资产等有形或无形的结构。EPC标签如图8.11所示，除储存识别码之外，级别较高的EPC标签还可储存使用者自定义的资料。EPC系统具有全球唯一、包容性及延展性好、可兼容其他编码系统等特点。

图8.11　EPC标签

2）EPC编码

EPC编码是EPC系统的重要组成部分，其目的是通过统一、规范化的编码，将实体的信息及不同实体之间的关系信息代码化，转换为全球通用的信息交换语言。该编码的重要特点之一是，它是针对单品的。它以EAN.UCC系统为基础，并在EAN.UCC系统的基础上进行扩充。

（1）EPC 编码的原则如下。

①保证唯一性。

②操作简单性。

③空间扩展性。

保密性与安全性。

（2）根据 EAN.UCC 体系，EPC 编码体系也分为以下几种。

①SGTIN：系列化全球贸易标识码（Serialized Global Trade Identification Number）。

②SGLN：系列化全球位置码（Serialized Global Location Number）。

③SSCC：系列货运包装箱代码（Serial Shipping Container Code）。

④GRAI：全球可回收资产标识符（Global Returnable Asset Identifier）。

⑤GIAI：全球个人资产标识符（Global Individual Asset Identifier）。

3）EPC 系统的组成

EPC 系统是一个非常先进的、综合的和复杂的系统。其最终目标是为每个单品建立全球的、开放的标识标准。它由 EPC 体系、RFID 系统及信息网络系统三部分（六个组成单元）组成，如表 8.4 所示。EPC 系统的信息传输路径如图 8.12 所示。

表 8.4　EPC 系统的组成

| 所属系统 | 组成单元 | 注释 |
|---|---|---|
| EPC 体系 | EPC 编码标准 | 识别目标的特定代码 |
| RFID 系统 | EPC 标签 | 粘贴在物品上或内嵌在物品中的标签 |
| | 读取器 | 读取 EPC 标签的设备 |
| 信息网络系统 | 对象名解析服务（Object Naming Service，ONS） | 物品及对象解析 |
| | 实体标记软件语言（Physical Mark-up Language，PML） | 一种通用的、标准的、对物理实体进行描述的语言 |
| | EPC 信息服务（EPCIS） | 提供产品信息接口，采用可扩展标记语言（XML）进行信息描述 |

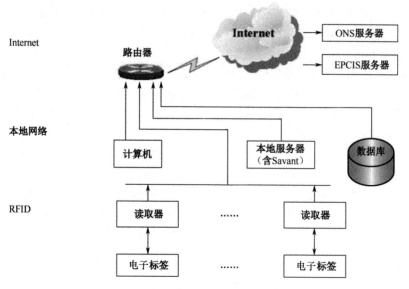

图 8.12　EPC 系统的信息传输路径

### 3．RFID 技术的应用

1）RFID 技术的典型应用

RFID 技术可以应用于物流和供应管理、生产制造和装配、文档追踪/图书馆管理、动物身份识别、运动计时、门禁控制/电子门票、道路自动收费、一卡通、仓储中塑料托盘和周转筐的管理等领域。

（1）门禁系统。门禁系统应用 RFID 技术，可以实现持有效电子标签的车不停车收费，方便通行又节约时间，提高路口的通行效率，更重要的是可以对小区或停车场的车辆出入进行实时的监控，准确验证出入车辆和车主身份，维护区域治安，使小区或停车场的安防管理更加人性化、信息化、智能化、高效化。

（2）电子溯源。溯源技术大致分为三种：一是 RFID 技术，在产品包装上粘贴一个带芯片的标识，产品进出仓库和运输就可以自动采集和读取相关的信息，产品的流向都可以记录在芯片上；二是二维码技术，消费者只要通过带摄像头的手机拍摄二维码，就能查询到产品的相关信息，查询的记录都会保留在系统内，一旦产品需要召回就可以直接发送短信给消费者，实现精准召回；三是条码加上产品批次信息（如生产日期、生产时间、批号等），生产企业采用这种方式基本不增加生产成本。

电子溯源系统可以实现所有批次产品从原料到成品、从成品到原料 100%的双向追溯功能。这个系统最大的特色就是数据的安全性高，每个人工输入的环节均被软件实时备份。

（3）食品、药品溯源。采用 RFID 技术进行食品、药品的溯源在一些城市已经开始实施，如宁波、广州、上海等地，食品、药品的溯源主要解决食品、药品来源的跟踪问题，如果发现了有问题的产品，可以通过追溯，找到问题的根源。

（4）产品防伪。RFID 技术经历几十年的发展应用已经非常成熟，在人们的日常生活中应用广泛。RFID 技术应用于产品防伪实际就是在普通的产品上加一个 RFID 电子标签，电子标签本身相当于产品的身份证号码，伴随产品进入生产、流通、使用各个环节，在各个环节记录商品各项信息。电子标签本身具有以下特点。

唯一性。每个电子标签具有唯一的标识信息。在生产过程中，电子标签与商品信息绑定在一起，在后续流通、使用过程中，该电子标签只代表其对应的那一件商品。

高安全性。电子标签具有可靠的安全加密机制，因此我国第二代居民身份证和新的银行卡都采用这种技术。

易验证性。不管是在售前、售中还是在售后，只要用户想验证，就随时可以通过非常简单的方式对商品进行验证。随着 NFC 手机的普及，用户的手机将是最简单、可靠的商品验证设备。

保存周期长。电子标签的保存时间一般可以达到几年、十几年甚至几十年，这样的保存周期对于绝大部分产品都已足够。

为了考虑信息的安全性，RFID 在防伪上的应用一般采用 13.56MHz 频段电子标签。RFID 电子标签配合一个统一的分布式平台，就构成了一个全过程的商品防伪体系。

（5）商品零售。据 Sanford C Bernstein 公司对零售业的分析，通过采用 RFID 技术，沃尔玛每年可以节省 83.5 亿美元，其中大部分是因为不需要人工查看进货的条码而节省的劳动力成本。RFID 技术的应用有助于解决零售业两大难题：产品断货和损耗（因盗窃和供应链被扰乱而损失的产品）。据统计，在使用 RFID 技术之前，单是因为盗窃，沃尔玛一年的损失就高达 20 亿美元。RFID 技术的应用能够帮助企业把失窃损失降低 25%。

2）应用案例：智能停车场管理系统

随着科技的进步，电子技术、计算机技术、通信技术不断地向各种收费领域渗透，当今的停车场管理系统已经向智能型的方向转变，先进可靠的智能停车场管理系统的应用越来越多。智能停车场管理系统是一种高效快捷、公正准确、科学经济的停车场管理手段，能实现车辆的动态和静态管理。从用户的角度来看，其服务高效，收费透明度高、准确无误；从管理者的角度来看，其易于操作维护，智能化程度高，大大减轻了管理者的劳动强度；从投资者角度来看，其可杜绝失误及任何形式的作弊，防止停车费用流失，使投资者的回报有了可靠的保证。

（1）智能停车场管理系统的分类。

按卡种：TI 停车场、EM 停车场、HID 停车场、AWID 停车场及 LEGID 停车场等。

按功能：在线停车场和脱机停车场。

（2）智能停车场管理系统的组成。

全自动高可靠智能道闸：起降时间为 1～6s（可选）；单层栅栏/双层栅栏（可选）；直杠/曲杆（可选）；可配置地感系统（适应不同车辆）；内设单片机，可根据用户需要编程或提供接口信号；配置先进的平衡机构，可使闸杆在任意点平衡停止；故障时可手动下杆，也可锁定手动功能；结构合理，维护方便。

核心控制机：可联机运行，也可脱机运行；具有对讲功能，便于车主对有关问题进行咨询；可对卡的有效性进行自动识别；结合 ID 卡读卡技术，可实现中距离（30～50cm）不停车收费；信息存储容量可达 1000 条以上。

入口控制机：读到有效卡，道闸自动打开，以提高车辆的通行速度；有车方可取卡，取卡后方可开闸，杜绝临时车辆不取卡进场的混乱；取卡的同时即可完成读卡；具有语音提示功能；配备的中文显示屏可以多种方式滚动显示自定义的信息。

出口控制机：自动计费和扣费，储值卡显示有效期；读到有效卡，控制道闸自动打开；配备的中文显示屏可以多种方式滚动显示自定义的信息；可对临时卡进行自动回收（可选）；具有短时停车免费功能；收费标准可调，突破了传统收费模式。

系统监控、管理软件：具有两级操作权限控制（管理员和操作员）；对进出停车场的车辆进行自动统计；具有财务核算和报表输出功能；具有数据库管理和数据库日常维护功能；对不同车型的车辆，可执行不同的收费标准；具有图像对比识别功能；可实现计算机对出入口道闸的自动控制。

系统安全保证措施：采用可靠性极高的非接触式卡，通过写入全球唯一的序列号实现防伪功能；图像对比识别功能可解决"认卡不认车"的问题；黑名单和一卡一车进出逻辑控制技术可有效提高停车场管理效能；ID 卡与发卡器间高度的一致性使只有授权过的卡才有效；可对软件操作权限进行管理。

（3）智能停车场控制要求。要求以集成了用户信息的非接触式 ID 卡作为车辆出入停车场的凭证，以图像对比识别功能进行实时监控，以稳定的通信和强大的数据库管理软件来处理出入车辆信息。有效避免偷盗车辆事件的发生，并保证收费的公正和合理。图 8.13 所示为智能停车管理系统示意图。

智能停车场入口主要由入口道闸、入口读卡机、感应线圈、满位显示牌、摄像机等组成，如图 8.14 所示。

当临时车辆进入停车场时，第一个感应线圈检测到车辆，自动吐卡机的按键才有效，其吐出的卡送至入口读卡机票箱出卡口，并自动完成读卡过程。同时启动摄像机，拍摄一幅该车辆图像，并依据相应卡号，存入中央计算机的数据库。中央计算机可以放在监控室，也可以放在出口收费处。司机取卡后，入口道闸起杆放行，车辆通过第二个感应线圈后闸杆自动放下。

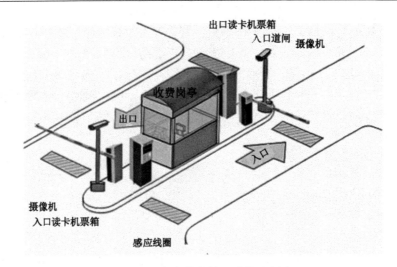

图 8.13　智能停车管理系统示意图

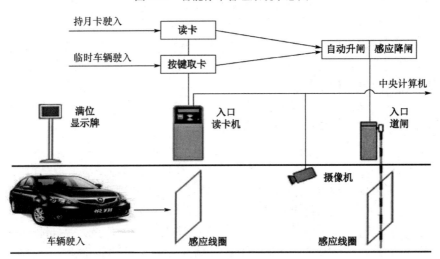

图 8.14　智能停车场入口示意图

当月卡车辆进入停车场时，第一个感应线圈检测到车辆，司机持月卡在入口读卡机感应区前方 10～15cm 距离内掠过，入口读卡机读取该卡的有关信息，判断其有效性，同时摄像机启动，拍摄一幅该车辆图像，并依据相应卡号，存入中央计算机的数据库。若刷卡有效，则入口道闸起杆放行，车辆通过第二个感应线圈后闸杆自动放下；若无效，则不允许车辆入场。

如图 8.15 所示，智能停车场出口主要由出口读卡机、出口道闸、感应线圈、摄像机等组成。当临时车辆驶出停车场时，在出口处，司机将非接触式 ID 卡交给收费员，收费员持卡在出口读卡机附近晃一下，ID 卡的相关信息被存入中央计算机的数据库，系统根据卡号自动计算出交费信息，LED 显示屏提示司机交费。收费员收费后，按"确认"键，闸杆升起；车辆通过埋在车道下的感应线圈后，闸杆自动落下。

当月卡车辆驶出停车场时，司机持月卡在出口读卡机前方 10～15cm 距离内掠过，出口读卡机读取该卡的信息，系统自动识别月卡有效性，若有效，则出口道闸起杆放行，感应线圈检测车辆通过后，闸杆自动落下；若无效，则不予放行。同时，中央计算机将相关信息记录到数据库内。

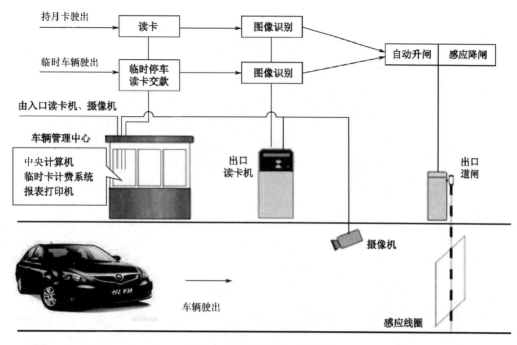

图 8.15　停车场出口示意图

3）工程技术方案

要完成一个工程项目，必须先和客户进行沟通，对施工现场进行详细调研，搞清楚客户的详细需求，然后在此基础上，制定项目的技术方案。技术方案的内容一般包含系统的软硬件配置等内容。下面以一进一出的智能停车场管理系统为例进行说明。

（1）停车场硬件配置。确定硬件配置须列出主要设备的名称、型号、单价、数量及产地等信息，如表 8.5 所示。此外，还须对主要硬件的参数进行说明，如表 8.6 所示。

表 8.5　硬件配置表

| 入口设备（一套） | | | | | |
|---|---|---|---|---|---|
| 名称 | 型号 | 单价 | 数量 | 附注 | 产地 |
| 入口读卡机 | | | 1 | 自主开发 | 福州 |
| 自动吐卡机 | | | 1 | 可选 | 深圳 |
| 车场控制板 | | | 1 | 自主开发 | 福州 |
| 显示屏 | | | 1 | 自主开发 | 福州 |
| 箱体 | | | 1 | 自主开发 | 福州 |
| 电源 | | | 2 | 自主开发 | 福州 |
| 对讲机 | | | 1 | 定制 | 日本 |
| 语音系统 | | | 1 | 自主开发 | 福州 |
| 入口道闸 | | | 1 | 直杠/曲杆/单双栅栏 | 福州 |
| 车辆探测器 | | | 2 | 含感应线圈 | 福州 |
| 感应读卡机 | | | 1 | 10～15cm | 福州 |
| 感应读卡机 | | | 1 | 5～10cm | 福州 |

续表

| 出口设备（一套） | | | | | |
|---|---|---|---|---|---|
| 名称 | 型号 | 单价 | 数量 | 附注 | 产地 |
| 出口读卡机 | | | 1 | 自主开发 | 福州 |
| 车场控制板 | | | 1 | 自主开发 | 福州 |
| 显示屏 | | | 1 | 自主开发 | 福州 |
| 语音系统 | | | 1 | 自主开发 | 福州 |
| 对讲机 | | | 1 | | 日本 |
| 箱体 | | | 1 | 自主开发 | 福州 |
| 电源 | | | 1 | 自主开发 | 福州 |
| 车辆探测器 | | | 1 | 含感应线圈 | 福州 |
| 感应读卡机 | | | 1 | 10～15cm | 福州 |
| 感应读卡机 | | | 1 | 5～10cm | 福州 |
| 出口道闸 | | | 1 | 直臂 | 福州 |
| 收费处设备（一套） | | | | | |
| 名称 | 型号 | 单价 | 数量 | 附注 | 产地 |
| 中央计算机/报表据打印机/UPS 电源 | | | 1 | 自备 | 福州 |
| ID 卡 | ISO | | 1 | 感应距离为 0.15m | 福州 |
| IC 卡 | ISO | | 1 | 感应距离为 0.05m | 福州 |
| 数据通信卡 | RS-485/232 | | 1 | | 福州 |
| 收费管理软件 | | | 1 | 单机带图像对比 | 福州 |
| 发卡机 | | | 1 | ID 型 | 福州 |
| 发卡机 | | | 1 | IC 型 | 福州 |
| 对讲机 | | | 1 | | 日本 |
| 配件及材料费 | | | 1 | 自备 | |
| 图像识别部分设备（可选） | | | | | |
| 名称 | 型号 | 单价 | 数量 | 附注 | 产地 |
| 彩色数码摄像机 | | | 2 | 自备 | |
| 自动光圈镜头 | | | 2 | 自备 | |
| 室外防护罩 | | | 2 | 自备 | |
| 安装支架立杆 | | | 2 | 自备 | |
| 聚光补光灯 | | | 2 | 自备 | |
| 图像捕捉卡 | | | 1 | | 福州 |

注：表中单价均未列出，如果是实际工程项目的技术方案，那么应综合考虑市场价、企业利润及税等因素，计算后列出单价并计算出总价，包括含税（增值税）价和非含税价。

表 8.6　硬件配置参数表

| 名称 | 参数 |
|---|---|
| 出入口控制机 | |
| 车场控制板工作电源 | AC 8V |
| 系统输入电源 | 220（1±15%）V |
| 储存温度 | −40～85℃ |
| **卡读写时间** | **≤2s** |
| **近距离卡读写距离** | **90～150mm** |
| **中距离卡读写距离** | **300～500mm（与工作环境有关）** |
| **通信接口** | **RS-485** |
| **系统数据传输距离** | **≥1200m** |
| 数据传输速率 | 9600bit/s |
| **车辆识别率** | **≥96%（正常光照条件下）** |
| 数据掉电保护时间 | 10 年 |
| 抗雷击 | 10kV |
| **ID 卡系统射频载波频率** | **125kHz** |
| **卡片发行的标准数量** | **1000 张** |
| 自动道闸 | |
| 工作电压 | AC 220V |
| 运行噪声 | ≤70dB |
| **起、落杆时间** | **2～6s** |
| **最大杆长** | **≤6m** |
| 出卡机 | |
| 工作电压 | DC 24V |
| 出卡机储卡量 | ≤200 张 |
| **读卡距离** | **≤5mm** |
| 出卡时间 | ≤1s |
| 以上三种设备的工作环境 | |
| 工作温度 | −25～85℃ |
| 相对湿度 | ≤95% |
| 使用环境 | 室内外全天候条件 |

注：表中字体加粗的参数比较重要，在选择的时候一定要注意。

（2）停车场软件配置。管理系统组成如图 8.16 所示。

① 进场过程。进场操作如图 8.17 所示，针对不同用户，操作不同。

② 出场过程。出场操作如图 8.18 所示，针对不同用户，操作不同。

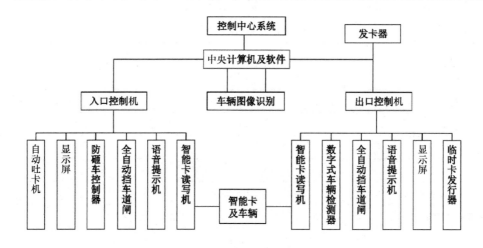

图 8.16　管理系统组成框图

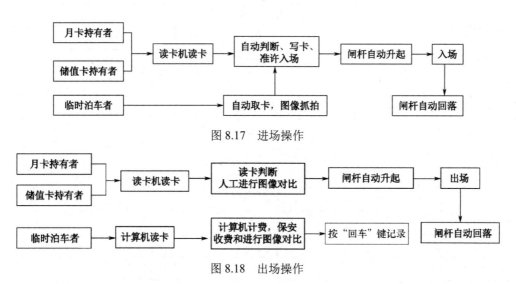

图 8.17　进场操作

图 8.18　出场操作

（3）小制作——RFID 门禁控制。

① 控制要求。门禁控制有多种控制方案。在设计方案时，要采用 AT89C52 单片机作为主控芯片，专用读取器模块用来读射频卡的信息。当有卡进入读取器感应范围时，自动读取相应的卡序列号，并进行判断。若正确，则开门；若不正确，则报警并显示错误信息。

② 设计方案。

硬件电路设计。RFID 门禁系统的主要电路包括两个部分：主控电路如图 8.19 所示，由处理器电路、LCD 显示电路、电源电路、RFID 接口电路、存储电路、继电器电路、蜂鸣器电路组成；读取器电路如图 8.20 所示。RFID 门禁系统的硬件清单如表 8.7 所示。

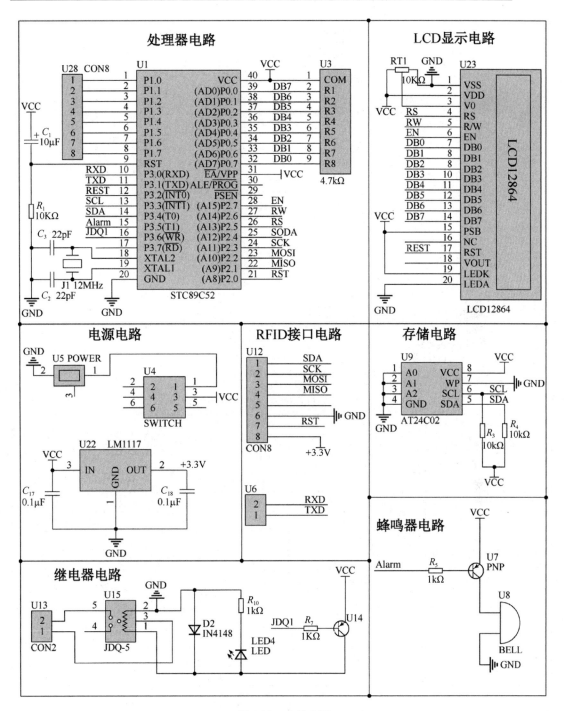

图 8.19　主控电路

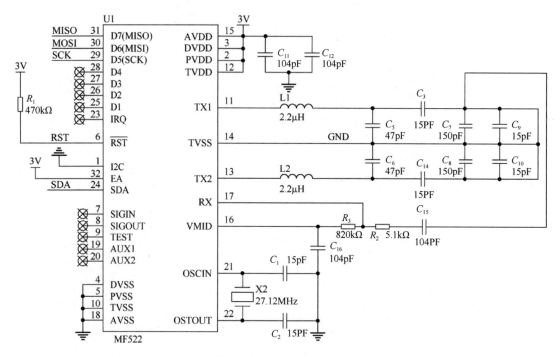

图 8.20　读取器电路

表 8.7　RFID 门禁系统的硬件清单表

| 元器件 | 规格 | 标号 | 数量 |
|---|---|---|---|
| 电解电容 | 10μF | C1 | 1 |
| 瓷片电容 | 22pF | C2，C3 | 2 |
| 瓷片电容 | 0.1μF | C17，C18 | 2 |
| 二极管 | IN4148 | D2 | 1 |
| 晶振 | 12MHZ | J1 | 1 |
| 发光=极管 | LED | LED4 | 1 |
| 金属膜电阻 | 10kΩ | R1，R3，R4 | 3 |
| 金属膜电阻 | 1kΩ | R5，R7，R10 | 3 |
| 电位器 | 10kΩ | RT1 | 1 |
| 单片机 | STC89C52 | U1 | 1 |
| 排阻 | 4.7kΩ | U3 | 1 |
| 开关 | SWITCH | U4 | 1 |
| 电源接口 | POWER | U5 | 1 |
| 排针 | | U6 | 1 |
| 三极管 | S8550 | U7 | 1 |
| 蜂鸣器 | BELL | U8 | 1 |
| 存储器 | AT24C02 | U9 | 1 |
| MF522 | CON8 | U12，U28 | 2 |
| 排针 | CON2 | U13 | 1 |
| 三极管 | S8550 | U14 | 1 |
| 继电器 | JDQ-5 | U15 | 1 |
| 稳压管 | LM1117 | U22 | 1 |
| 液晶显示屏 | LCD12864 | U23 | 1 |

软件设计。软件设计包含以下模块,具体程序略。

数据采集模块:读卡器通过天线读取RFID卡的数据,传送给STC89C52。

数据分析模块:AT89C52接收到数据后,与存储在AT24C02中的数据进行比较分析,从而判断数据的有效性。根据分析结果做出相应的处理,如显示、报警、门控等。

报警机制模块:当出现非法卡时产生报警。

 项目小结

在本项目中,我们学习了条码技术、RFID技术等现代识别技术的应用。这些技术改变着我们的工作、生活等方面。因此,了解并掌握这些技术的应用,会使我们的生活变得更加美好。

# 思 考 练 习

## 1. 填空题

(1)条码是由一组规则排列的( )及对应的字符组成的标记。

(2)条码编码方法有两种:( )、( )。

(3)条码按维度可分为( )和( )。

(4)RFID技术利用( )的( )来实现目标的自动识别。

(5)根据供电方式的不同,电子标签可以分为( )、( )、( )。

(6)RFID的中文名称是( );EPC的中文名称是( )。

## 2. 单项选择题

(1)国际标准书号使用哪种一维条码?( )

A. EAN          B. CodaBar          C. Code 39          D. ISBN

(2)微信/支付宝使用的二维码是( )。

A. QR Code       B. Aztec Code       C. Color Code       D. Maxi Code

(3)以下四个选项哪个是RFID系统的数据载体?( )

A. 读取器        B. 应用系统          C. 电子标签          D. 天线

(4)以下四个选项哪个属于EPC系统的子系统——RFID系统?( )

A. EPC编码标准                    B. EPC读取器

C. 对象名解析服务(ONS)           D. EPC信息服务(EPCIS)

## 3. 判断题

(1)条码技术和RFID技术均为非接触识别技术。                    ( )

(2)超市中的商品识别使用的是一维条码。                        ( )

(3)微信、支付宝支付使用的是二维码。                          ( )

(4)RFID系统由电子标签(Tag)、读取器(Reader)等硬件组成,不需要软件支持。

( )

(5)EPC相当于物件的"身份证号码",和人的身份证号码类似。        ( )

### 4. 简答题

（1）什么是 RFID？其工作原理是什么？一个典型的 RFID 系统由哪几部分组成？

（2）RFID 芯片由哪几部分组成？

（3）列举三种常用的一维条码、三种常用的二维码。

（4）按照频率来分类，电子标签的类型分为哪几种？各自的主要频率规格是多少？

（5）RFID 技术的典型应用有哪些？

# 项目九 生物识别技术

## 项目目标

（1）知识目标：掌握生物识别技术的概念；理解各种生物传感器的工作原理；了解生物传感器的分类及应用；了解各种生物识别技术的基本原理及应用。

（2）技能目标：会查找各类生物传感器、测试仪的相关信息；会按照使用说明书使用各类生物传感器、测试仪；会使用智能终端上集成的生物识别功能（如指纹识别、语音识别和人脸识别）。

（3）素质目标：培养学生谦虚好学的学习态度、认真细致的工作态度、严谨的工作作风、良好的职业习惯和一定的创新思维能力。

## 项目知识

生物识别技术（Biometric Recognition Technology）是指借助计算机与各种传感器，结合生物统计学原理等，依据人体固有的生理特性和行为特征，进行个人身份鉴定的技术，在一些场合也称为身份识别技术。事实上，生物识别技术不仅可用于身份识别，也可用于生物传感器中来实现各种生化检测。因此，广义的生物识别技术是指综合利用生化技术、计算机和传感器技术进行生化测量、身份识别的技术。

## 一、生物传感器

生物传感器是分子生物学与微电子学、电化学、光学相结合的产物，是生命科学与信息科学之间的桥梁。生物传感器技术与纳米技术相结合将是生物传感器领域新的增长点，其中以生物芯片为主的微阵列技术是当今研究的重点。

生物传感器是具有生物关联物质选择功能的化学量传感器，它能检测复杂化学物质，如酶和复杂蛋白质等。目前已问世的生物传感器有酶传感器、微生物传感器、免疫传感器、半导体生物传感器、热生物传感器、光生物传感器和压电晶体生物传感器等。生物传感器可用于医疗卫生、食品发酵及环境监测等领域。

生物传感器利用生物特有的生化反应，有针对性地对有机物进行简便而迅速地测定。它有极好的选择性，噪声低，操作简单，在短时间内能完成测定，重复性好，且能以电信号方式直接输出，容易实现检测自动化。

### 1. 生物传感器的工作原理

生物传感器是将基础传感器与生物功能膜结合在一起而形成的传感器。生物传感器的工作原理图如图 9.1 所示。在图 9.1 所示的生物功能膜上（或膜中）附着生物传感器的敏感物质（如酶、微生物、线粒体、抗体或抗原等），被测量溶液中待测定的物质先经扩散作用进入生物功能膜，然后经分子识别作用或生物化学反应产生相应的信息，再转变成可测量的电信号，最后通过分析该电信号就可知道被测物质的成分或浓度。

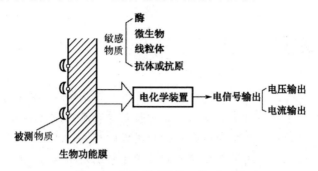

图 9.1　生物传感器的工作原理图

生物传感器的生物功能膜起分子识别的作用，它决定传感器的选择性。按设备功能可将生物传感器分为生物关联膜式、半导体复合膜式、热敏电阻复合膜式、光电导复合膜式和压电晶体复合膜式，如图 9.2 所示。

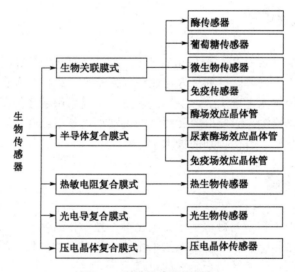

图 9.2　生物传感器的分类

### 2. 常用的生物传感器

1）酶传感器

酶传感器主要由具备分子识别功能的酶膜与电化学测量装置两部分构成。酶是生物催化剂，能催化许多生物化学反应，生物细胞的复杂代谢就是由多种不同的酶控制的。酶的催化效率极高，而且具有高度专一性，即只能对特定物质（底物）进行选择性催化，并且有化学放大作用，因此利用酶的特性可以制造出灵敏度高、选择性好的生物传感器。

如图 9.3 所示，当把装有酶膜的酶传感器插入试液时，被测物质在酶膜上发生催化化学反应，生成或消耗电极活性物质（如 $O_2$、$H_2O_2$、$CO_2$、$NH_3$ 等），用电化学测量装置（如电极）

测定反应中电极活性物质的含量的变化，电极就能把被测物质的浓度转换成电信号，根据被测物质浓度与电信号之间的关系就可测定试液中被测物质的浓度。

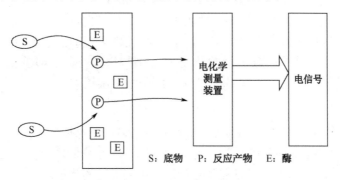

图9.3　酶传感器的工作原理图

产生电信号的方法通常有两种：电位法与电流法。

电位法：不同离子在不同的受体上生成，根据测得的膜电位计算与酶反应的有关离子的浓度。一般采用 $HN_4^+$ 电极（$NH_3$ 电极）、$H^+$ 电极、$CO_2$ 电极等。

电流法：根据与酶反应的有关物质的电极反应得到电流值，再据此计算被测物质的浓度。一般采用的电极是氧电极、燃料电池型电极和 $H_2O_2$ 电极等。

大多数酶是水溶性的，须通过固定化技术制成酶膜，才能构成酶传感器的受体。在酶传感器中固定酶有以下三种方式。

（1）把酶制成膜状，将其设置在电极附近，这种方式应用最普遍。

（2）让金属或 FET 栅极表面直接与酶结合，即让受体与电极结合起来。

（3）把固定化酶填充在小柱中作为受体，使受体与电极分开。

酶传感器可以检测各种糖、氨基酸、酯质和无机离子等，因此广泛应用在医疗、食品和环境分析等领域。例如，酚一般对人体是有害的，经常通过炼油和炼焦等工厂的废水排放到河流和湖泊中，科学家利用固定化多酚氧化酶研制成多酚氧化酶传感器，这种酶传感器可快速检测水中质量分数高于 $2\times10^{-5}\%$ 的酚，从而实现对水中酚含量的监测。

2）葡萄糖传感器

葡萄糖是典型的单糖，测定血液中葡萄糖浓度对糖尿病患者进行临床检查是十分重要的。葡萄糖传感器以葡萄糖氧化酶（GOD）为生物催化剂，以氧电极为电化学测量装置，通过测定酶作用后氧含量的变化实现对葡萄糖的测定，如图9.4所示。

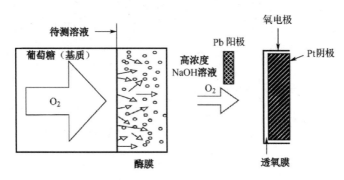

图9.4　葡萄糖传感器的工作原理图

图9.4中待测溶液中的葡萄糖因葡萄糖氧化酶的作用被氧化，反应方程为

$$C_6H_{12}O_6 + O_2 \xrightarrow{\text{葡萄糖氧化酶}} C_6H_{10}O_6 + H_2O_2 \qquad (9\text{-}1)$$

式（9-1）表明可以通过测量氧的消耗量或 $H_2O_2$ 的生成量或由葡萄糖酸引起的酸碱度的变化来测量葡萄糖的浓度。从待测溶液中向电极扩散的氧有一部分因反应被消耗掉，导致到达电极的氧含量减少，因此通过氧电极测定氧浓度的变化即可知道葡萄糖的浓度。氧电极是隔膜型 Pt 阴极，氧穿透膜一般是 $10\mu m$ 厚的特氟龙。测量时将其与 Pb 阳极浸入高浓度 NaOH 溶液中构成电池，待测溶液中的氧穿过氧穿透膜后达到 Pt 阴极被还原，反应方程为

$$O_2 + 2H_2O + 4e \rightarrow 4OH^- \qquad (9\text{-}2)$$

这样，阴极就有电流流过，$O_2$ 含量减小，此电流值就减小。当待测溶液中向氧穿透膜扩散的氧的量达到平衡时，电流值恒定，此恒定电流值与起始的电流值之差 $\Delta I$ 和待测溶液中葡萄糖的浓度有一定的关系，通过测得 $\Delta I$ 就能容易地求出葡萄糖的浓度。

　　3）微生物传感器

　　微生物传感器由固定化微生物膜及电化学测量装置组成，微生物膜的固定方式与酶膜的固定方式相同。不同微生物的生存特性也不相同，对氧气有厌氧型（又称厌气型）与喜氧型（又称好气型）之分，因此微生物传感器可分为好气型微生物传感器和厌气型微生物传感器两大类。

　　（1）好气型微生物传感器。好气型微生物生存在含氧条件下，生长过程离不开氧，它吸入氧气而放出 $CO_2$，这种微生物的呼吸可用氧电极或 $CO_2$ 电极来检测。将固定化微生物膜与氧电极或 $CO_2$ 电极组合在一起，构成呼吸测定式微生物传感器，其结构如图 9.5（a）所示。

　　将微生物固定于乙酰纤维素等制成的膜上，然后把它附着在隔膜式氧电极的透氧膜上，就构成了呼吸型微生物氧电极。把含有这种电极的生物传感器放入含有机物的试液中，有机物向膜内扩散，而被微生物摄取，微生物摄取有机物时呼吸作用明显，余下的氧通过特氟龙膜到达氧电极，使其产生稳定的阴极电流。也就是说，有机物被摄取前后，微生物呼吸量可转化为电流值来测定，即电流与有机物浓度间有着直接关系。利用这种关系就可对有机物进行定量测试。

　　（2）厌气型微生物传感器。厌气型微生物的生长会受到氧的抑制，可由其生成的二氧化碳或代谢物的量来测定其生理状态。当测定微生物的代谢物时，可用离子选择电极来测定，如图 9.5（b）所示。氢细菌固定膜能将有机物氧化生成氢，氢通过膜并在 Pt 电极表面扩散、氧化，即可产生电流，电流与试液中有机物的浓度有关，可由此测知有机物的浓度。

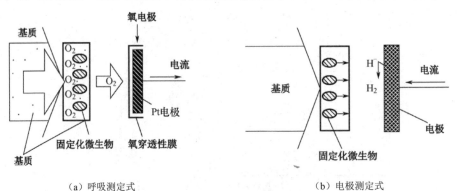

　　　　　　（a）呼吸测定式　　　　　　　　　　　　　（b）电极测定式
图 9.5　呼吸测定式微生物传感器的结构

　　微生物传感器是把活着的微生物固定于膜面上，作为生物功能元件来使用。目前，微生物传感器已应用于发酵工艺及环境监测等部门。如通过测水中有机物含量即可测量江河及工

业废水中有机物污染程度；医疗部门通过测定血清中的微量氨基酸（苯基丙氨酸和亮氨酸）含量，可诊断苯基酮尿素病毒感染情况和糖尿病病情。

酶和微生物传感器主要以小分子有机化合物作为测定对象，对大分子有机化合物的识别能力不佳。

4）免疫传感器

一旦病原菌或其他异性蛋白质（抗原）侵入人体，人体内就会产生能识别抗原并将其从体内排除的物质（抗体），抗原与抗体结合形成复合物（称为免疫反应），从而将抗原清除。

免疫传感器的基本工作原理就是免疫反应，它是利用抗体能识别抗原并与抗原结合的功能而制成的生物传感器。利用抗体（抗原）固定化膜与相应的抗原（抗体）的特异反应，可使抗体（抗原）固定化膜的电位发生变化。例如，将心肌磷质胆固醇固定在醋酸纤维膜上，就可以对梅毒患者血清中的梅毒抗体产生有选择性的反应，使醋酸纤维膜输出电位发生变化。

图 9.6 所示为这种免疫传感器的结构。图 9.6 中 2、3 两室间有抗原固定化膜，而 1、3 两室之间没有抗原固定化膜。正常情况下，1、2 室内电极间无电位差。若在 3 室内注入含有抗体的盐水，由于抗体和抗原固定化膜上的抗原相结合，使膜表面吸附了特异化的抗体（这是一种带有电荷的蛋白质），从而使抗原固定化膜带电状态发生变化，因此 1、2 室内的电极间有电位差产生。

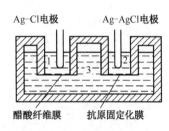

图 9.6　免疫传感器的结构

根据上述原理，可以把免疫传感器的敏感膜与酶免疫分析法结合起来进行超微量测量（以酶为标识剂进行化学放大）。化学放大就是微量酶（E）使少量基质（S）生成多量生成物（P）。当酶是被测物时，E 与 P 是一对多的关系，测量 P 对 E 来说就是化学放大，根据这种原理制成的传感器称为酶免疫传感器。

目前正在研究的诊断癌症用的传感器把 α-甲胎蛋白（AFP）作为癌诊断指标，它将 AFP 的抗体固定在膜上组成酶免疫传感器，可检测 $10^{-9}$g 级别的 AFP。这是一种非放射性超微量测量方法。

## 3．生物传感器的应用

1）生物医学应用

生物传感器目前仍处于开发阶段，具有广泛的应用前景。特别是随着生物医学工程的迅速发展，对生物传感器的需求十分迫切，表 9.1 列出了生物传感器在生物医学中的应用。由于医疗诊断的需要，很多场合要求生物传感器置入体内检测，并直接显示检测结果。因此，研究、开发集成化微型生物传感器是生物传感器发展的重要方向之一。

表 9.1　生物传感器在生物医学中的应用

| 传感器类型 | 应用实例 |
| --- | --- |
| 酶传感器 | 酶活性检测，尿素、尿酸、血糖、胆固醇、有机碱农药、酚的检测 |
| 微生物传感器 | BOD 快速监测，环境中致突变物质的筛选，乳酸、乙酸、抗生素、发酵过程的检测 |
| 免疫传感器 | 检测梅毒等的抗原抗体反应、血型判定、多种血清学诊断 |
| 酶免疫传感器 | 妊娠诊断，超微量激素 TSH 等的检测 |
| 组织切片传感器 | 具有酶传感器、免疫传感器功能，用作酶活性检测、组织抗体抗原反应检测 |

图 9.7 所示为血糖测试仪，图 9.8 所示为血型测试仪。

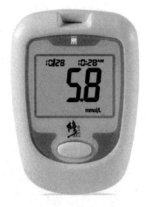 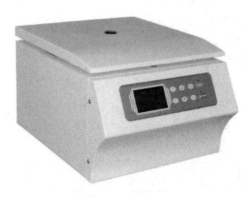

图 9.7　血糖测试仪　　　　　　　　　　图 9.8　血型测试仪

2）工业生产应用

生物传感器在工业生产中也得到广泛的应用，如发酵工业生产中，对各种化学物质须连续控制发酵生成物的浓度，以保证发酵质量。为了迅速检测发酵培养液中谷氨酸含量，可采用谷氨酸传感器，它是将大肠杆菌（含有谷氨酸脱羧酶）固定化在电极硅橡胶膜上，与 $CO_2$ 电极组合而成的。在测量时，谷氨酸脱羧酶引起发酵培养液反应产生 $CO_2$ 气体，而 $CO_2$ 气体可使电极电位升高，而电位变化又与谷氨酸浓度的对数成正比，因此这种传感器可连续测量谷氨酸含量。

生物传感器用于测定食品成分也有许多优越性，有广泛的应用前景。例如，由于采用了专一性高的酶法分析，在分析中不受颜色和其他成分的干扰，分析速度快，所以可使食品分析专业技术人员从烦琐的常规分析中解放出来。生物传感器不仅可以直接应用在食品成分的直接分析上，而且在许多场合可以作为打击假冒食品的主要工具。现以下列实例加以说明。

蜂蜜掺假的鉴别：当掺假物质为蔗糖、饴糖、面粉、人工转化糖等时，用葡萄糖传感器可测定以下几种情况中的葡萄糖含量。

（1）未经转化的蜂蜜中的葡萄糖含量。

（2）加糖化酶转化后的葡萄糖含量。

（3）加稀酸转化后的葡萄糖含量。

分析结果表明：若（1）中测得的葡萄糖含量超过（3）中测得的葡萄糖含量的 50%，说明蜂蜜中可能掺有转化糖、面粉、饴糖等成分；若（2）中测得的葡萄糖含量明显超过（3）中测得的葡萄糖含量，则表明其中掺有饴糖、面粉等。类似的分析测定方法也可以用在乳品、含糖酒品等食品的分析上，如用乳酸传感器可以测定牛乳鲜度，用葡萄糖传感器可鉴别奶中的糊精等。

其他生物传感器如尿素传感器、蔗糖传感器、酒精传感器、谷氨酸传感器等都可以应用于鉴别食品成分和打假。这些生物传感器与食品分析专业技术人员的日常工作结合，不仅可以产生很大的社会效益，而且可以丰富和发展食品分析科学，并且有助于发展和制定我国的食品分析法规。

图 9.9 所示为尿素测试仪，图 9.10 所示为血乳酸测试仪。

事实上，生物体本身就含有各式各样的“传感器”，生物体借助这些“传感器”不断地从周围环境中获取信息，以维持正常的生命活动。例如，细菌的趋化性和趋光性，植物的向阳性，动植物的感觉器官（人的皮肤和五官等）及某些动物的特殊功能（蝙蝠的超声波定位、海豚的声纳导航测距、信鸽和候鸟的方向识别、犬类敏锐的嗅觉等）都是生物体含有的"传感器"的典型例子。因此，制造各种人工模拟生物传感器或仿生生物传感器是传感器发展的重要课题。随着机器人技术的发展，视觉传感器、听觉传感器、触觉传感器的发展取得了相当不错的成绩。但是，生物体内的感觉器官的精巧结构和奇特功能仍是现阶段人工模拟生物传感器无法比拟的。目前，学界对生物体内的感觉器官的结构、性能和响应机理仍知之甚少，甚至连一些感觉器官在生物体内的分布和位置都不太清楚。因此，研制人工模拟生物传感器，需要做大量的基础研究工作。

图 9.9　尿素测试仪

图 9.10　血乳酸测试仪

## 二、生物识别

### 1. 概述

现阶段定义的生物识别技术主要用于个人的身份识别。

人的生物特征主要包括生理特征和行为特征两种。其中，生理特征与生俱来，多为先天性的，生物识别技术常用的生理特征有手形、指纹、脸形、虹膜、脉搏、耳廓等；行为特征则是习惯使然，多为后天形成的，生物识别技术常用的行为特征有步态、签名、声音、按键力度等。此外，声纹兼具生理和行为的特点，介于两者之间。基于这些特征，人们已经发展了手形识别、指纹识别、面部识别、语音识别、虹膜识别、签名识别等生物识别技术。

并非所有的生物特征都可用于个人的身份识别，身份识别可利用的生物特征必须满足以下几个条件。

（1）普遍性：必须每个人都具备这种特征。

（2）唯一性：任何两个人的特征是不一样的。

（3）可测量性：特征可测量。

（4）稳定性：特征在一段时间内不改变。

当然，在应用过程中，还要考虑其他的实际因素，如识别精度、识别速度、对人体无伤害、被识别者的接受程度等。

生物识别的过程：生物样本采集→采集信息预处理→特征抽取→特征匹配。

### 2. 常用的生物识别技术

常用的生物识别技术有以下几种。

1）指纹识别技术

指纹是灵长类动物手指末端指腹上由凹凸的皮肤所形成的纹路，也可指这些纹路在物体上印下的印痕。纹路的细节特征点有起点、终点、结合点和分叉点。由于每个人的指纹并不相同，同一个人不同手指的指纹也不一样，指纹识别就是通过比较这些细节特征来进行鉴别的。

指纹识别主要有以下几步：指纹的图像获取、指纹的特征提取和指纹匹配。

要想进行指纹识别，就要先获取指纹的图像。指纹图像的获取有三种方式：光学式指纹识别、电容式指纹识别和射频式指纹识别。

（1）光学式指纹识别。

如图9.11（a）所示，这种方法是将光源照射到指纹上，其反射光被接收器接收，就可以得到指纹的纹路。但是，这种方法有一定缺陷，就是手指的干净程度影响指纹识别的效果，如果手指沾了较多的灰尘，那么识别就可能出错。

（2）电容式指纹识别。

如图9.11（b）所示，由于手指的指纹是凹凸不平的，所以指纹在接触电容极板时，凸起的地方和凹陷的地方距离极板的距离就会不同，从而造成各个电容极板的电容量大小有差异。电容大的地方就是凸起的纹线，电容小的就是凹陷的地方，这样就可以识别出指纹的纹路。但是，如果是湿手状态，识别就很容易出错，因为水具有导电性，湿手时往往识别不出指纹的纹路，识别出的是水的"纹路"，这也是在湿手用手机时手电容式触摸屏往往不灵的原因。

（3）射频式指纹识别。

如图9.11（c）所示，这种方法是通过传感器本身发射出射频信号，穿透手指的表皮层去控测里层的纹路，以获得最佳的指纹图像。这种方法甚至不需要手指和识别模块接触，所以基本不会受湿手指、脏手指的影响，是目前最可靠的指纹识别方法。

  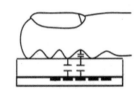  

（a）光学式指纹识别              （b）电容式指纹识别              （c）射频式指纹识别

图9-11　指纹识别

在获取了指纹图像之后，就要进行指纹特征的提取，记录一些细节特征，通常包括指纹纹路的端点、孤立点、分叉点等，其中指纹的纹路端点和分叉点是最稳定的，也是最容易获取的。特征提取完就相当于完成了指纹的采集。

最后是指纹的匹配。指纹匹配就是把现场采集到的指纹和指纹库中保存的指纹特征进行比较，根据判决算法给出两枚指纹的相似性得分，给出是否为同一个指纹的判决结果。至此，指纹识别就完成了。

指纹识别在公司考勤、手机解锁、门禁等场景都有使用，特别是在现在手机支付的应用中，这说明指纹支付已经在电子商务领域拓展开来。集成了指纹、RFID、红外、蓝牙等开锁模式的电子锁也逐步被广大消费者所接受。

2）手掌几何学识别

手掌几何学识别就是通过测量使用者的手掌和手指的物理特征来进行识别，高级的产品还可以识别三维图像。作为一种已经确立的方法，手掌几何学识别不仅效果好，而且使用比较方便。

3）虹膜识别技术

虹膜识别是与眼睛有关的生物识别方法中对人产生干扰较少的技术。它使用相当于普通照相机的元器件，而且不需要用户与机器发生接触。另外，它具有相对较强的模板匹配性能。目前，虹膜扫描设备在操作的简便性和系统集成方面没有优势。

4）基因识别技术

随着人类基因（DNA）组计划的开展，人们对基因的结构和功能的认识不断深化，相关技术也被应用到个人身份识别中。在全世界几十亿人口中，与你同时出生或姓名一致、长相酷似、声音相同的人都可能存在，指纹信息也有可能因受伤等原因受损甚至消失，只有基因才是代表一个人永不改变的遗传特性、指征。据报道，采用智能卡的形式，储存着个人基因信息的基因身份证已经在我国四川省、湖北省和香港地区出现。

制作这种基因身份证，首先要取得有关的基因物质，再进行化验，选取特征位点（DNA"指纹"），然后将信息存入计算机储存库，最后根据这些信息来制作基因身份证。如果人们喜欢加上个人病历并进行基因化验，也是可以的。诊疗时，医生及有关的医疗机构可利用智能卡读取器，提取患者的基因身份证中的病历。

基因识别是一种高级的生物识别技术，但由于技术上的原因，还不能做到实时取样和迅速识别，这在某种程度上限制了它的应用。

5）步态识别技术

步态识别是使用摄像头采集人体行走过程的图像序列，将其进行处理后同存储的数据进行比较，以达到身份识别的目的。步态识别作为一种生物识别技术，具有其他生物识别技术所不具有的独特优势，即在远距离或低视频质量情况下的识别潜力，且步态难以隐藏或伪装等。步态识别主要是针对含有人的运动的图像序列进行分析处理，通常包括运动检测、特征提取与处理，以及识别分类三个阶段。

目前仍存在很多问题制约其发展，例如，拍摄角度发生改变，或被识别人的衣着及携带物品不同，会影响对所拍摄的图像进行轮廓提取的识别效果。该识别技术可以实现远距离的身份识别，在主动防御上有突出的作用，如果能突破现有的制约因素，在实际应用中必定有用武之地。

6）签名识别技术

签名识别在应用中具有其他生物识别所没有的优势，人们已经习惯将签名作为一种在交易中确认身份的方法。实践证明，签名识别是相当准确的，因此签名很容易成为一种可以被接受的识别符。但与其他生物识别产品相比，这类产品现今数量很少。

7）语音识别技术

语音识别就是通过分析使用者的声音来进行识别的技术。目前，已经有一些语音识别产品进入市场，语音识别技术取得了较大的进步。图 9.12 所示为小度智能音箱，搭载百度 Duer OS 系统，其中包含超过 1400 万个百度百科词条内容，并拥有超过 800 项对生活常用技能的介绍，可以非常方便地进行语音互动。图 9.13 所示为"狗尾草"智能家居机器人，可以和人交流，完成对智能家居的控制。

思政小视频

微课：传感器应用　智能家居机器人

图 9.12　小度智能音箱

图 9.13　"狗尾草"智能家居机器人

8）人脸识别

广义的人脸识别包括构建人脸识别系统的一系列相关技术，包括人脸图像采集、人脸定位、人脸识别预处理、身份确认及身份查找等；而狭义的人脸识别特指通过人脸进行身份确认或身份查找的技术或系统。

人脸识别是一个热门的计算机技术研究领域，它属于生物特征识别技术，通过生物体（一般特指人）本身的生物特征来区分不同个体。图 9.14 所示为人脸识别示意图。当前，人脸识别技术实现了从 2D 到 3D 的转变。随着技术和设备的发展，目前人脸识别的精准度已经超过人眼，随着安防和互联网等行业的快速发展，人脸识别技术将会迎来更大的挑战。

思政小视频

微课：传感器应用-刷脸与法律

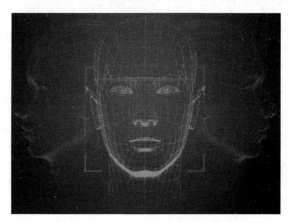

图 9.14　人脸识别示意图

（1）人脸识别的优势。人脸识别的优势在于其自然性和不被察觉的特点。所谓自然性，是指该识别方式同人类（甚至其他生物）进行个体识别时所利用的生物特征相同（人类也是通过观察比较人脸，区分和确认身份的）。其他具有自然性的识别还有语音识别、体形识别等，而指纹识别、虹膜识别等都不具有自然性，因为人类或者其他生物并不通过此类生物特征区别个体。不被察觉的特点对于识别应用也很重要，这使该识别方法不令人反感，并且因为不容易引起人的注意而不容易被欺骗。人脸识别利用可见光获取人脸图像信息，这与指纹识别或虹膜识别是不同的，前者要利用电子压力传感器采集指纹，后者则要利用红外线采集虹膜图像，这些特殊的采集方式很容易被人察觉，从而更有可能被伪装欺骗。

（2）技术难点。虽然人脸识别有很多其他识别技术无法比拟的优点，但是它的发展也存在许多技术难点。人脸识别被认为是生物特征识别领域，甚至人工智能领域最困难的研究课题之一。人脸识别的困难主要是人脸作为生物特征的特点所带来的。

人脸在视觉上的特点是，不同个体之间的区别不大，所有人脸的结构都相似，甚至人脸器官的结构、外形都很相似。这样的特点对于利用人脸进行检测区域定位是有利的，但是对于利用人脸区分人类个体是不利的。人脸的外形很不稳定，人可以通过脸部的变化产生很多表情，而在不同观察角度，人脸的视觉图像也相差很大。另外，人脸识别还受光照条件（白天和夜晚、室内和室外等）、人脸的遮盖物（口罩、墨镜、头发、胡须等）、年龄、拍摄的姿态及角度等方面的影响。

（3）技术细节。一般来说，人脸识别过程包括图像摄取、人脸定位、图像预处理，以及身份确认或者身份查找。系统输入的一般是一张或者一系列含有待测者脸部的图像，以及人脸数据库中若干已知身份的人脸图像或者相应的编码，而其输出的是一系列相似度得分，表明对待测者的身份确定。

目前，人脸识别的算法可以分为以下几种。

①基于人脸特征点的识别算法（Feature-Based Recognition Algorithm）。

②基于整幅人脸图像的识别算法（Appearance-Based Recognition Algorithm）。

③基于模板的识别算法（Template-Based Recognition Algorithm）。

④利用神经网络进行识别的算法（Recognition Algorithm Using Neural Network）。

⑤利用支持向量机进行识别的算法（Recognition Algorithm Using SVM）。

（4）发展与应用。对人脸识别技术的研究始于20世纪60年代。20世纪80年代后，随着计算机技术和光学成像技术的发展，人脸识别技术水平逐步得到提高，而真正进入初级应用阶段则在20世纪90年代后期，技术实现以美国、德国和日本的为主。人脸识别系统成功的关键在于是否拥有有效的核心算法，以及是否具有实用化的识别率和识别速度。人脸识别系统集成了人工智能、机器识别、机器学习、模型理论、专家系统及视频图像处理等专业技术，同时应用了中间值处理的理论与技术实现，是生物特征识别的最新应用。其核心技术的实现，展现了弱人工智能向强人工智能的转化。人脸识别技术的应用主要在以下几方面。

门禁系统：受安全保护的地区可以通过人脸识别技术辨识试图进入者的身份，如监狱、看守所、小区、学校等。

摄像监视系统：在银行、机场、体育场、商场、超市等公共场所对人群进行监视，以达到身份识别的目的，如在机场安装监视系统以防止恐怖分子登机。

网络应用：利用人脸识别技术辅助信用卡网络支付，以防止非信用卡的拥有者使用信用卡等。

学生考勤系统：我国部分地区的中、小学已开始采用智能卡配合人脸识别技术的方式来为学生进行每天的出席点名记录。

相机：新型的数码相机已内建人脸识别功能以辅助拍摄人物时对焦。

智能手机：解锁手机、识别使用者。

9）视网膜识别

视网膜识别是用光学设备扫描视网膜上独特的图案来辨别身份。有证据显示，视网膜扫描是十分精确的，但它要求使用者注视接收器并盯着一点。这对于戴眼镜的人来说很不方便，而且与接收器的距离很近，也让人不太舒服。所以，尽管视网膜识别技术效果很好，但用户的接受程度很低。

10）静脉识别

静脉识别是使用近红外线读取静脉模式，与存储的静脉模式进行比较而进行识别的技术。其工作原理是，人类手指中流动的血液可吸收特定波长的光线，而使用特定波长光线对手指进行照射，可得到手指静脉的清晰图像。利用这一原理，可对获取的影像进行分析、处理，从而得到手指静脉的生物特征，将得到的手指静脉特征信息与事先注册的手指静脉特征进行比对，从而确认被测者的身份。

当静脉识别系统工作时，首先通过静脉识别仪取得基准静脉分布图，然后采用专用比对算法对静脉分布图提取特征值，并将其存储在计算机系统中。静脉识别时，实时摄取静脉分布图，提取特征值，运用先进的滤波、图像二值化、细化手段对数字图像提取特征值，将其同存储在计算机系统中的静脉特征值比对，从而对个人进行身份识别。

目前，将静脉识别设备嵌入门禁控制系统的新一代门禁控制产品日趋成熟，并成功应用到监狱、计划生育、煤矿、信息安全、金融、教育、社保等行业或部门。

### 3．生物识别技术的应用

生物识别技术随着计算机技术、传感器技术的发展逐步成熟，在诸多领域被广泛采用。目前，生物识别技术主要应用在以下几方面。

（1）高端门禁：国家机关、企事业单位、科研机构、高档住宅楼、银行金库、保险柜、枪械库、档案库、核电站、机场、军事基地、保密部门、机房等的出入控制。

（2）公安刑侦：流动人口管理、出入境管理、身份证管理、驾驶执照管理、嫌疑犯排查、寻找失踪儿童、司法查证等。

（3）医疗社保：献血人员、社会福利领取人员及劳保人员等的身份确认等。

（4）网络安全：电子商务、网络访问及计算机登录等。

（5）其他应用：考勤、考试人员身份确认及信息安全等。

生物识别技术应用举例如下。

1）面部、指纹考勤一体机

每一个公司或企业对员工的考勤都比较重视。随着生物识别技术的不断发展，面部识别技术、指纹识别技术越来越多地被应用于员工考勤管理。为了增加识别成功率，市场上出现了面部、指纹考勤一体机，如图9.15所示。

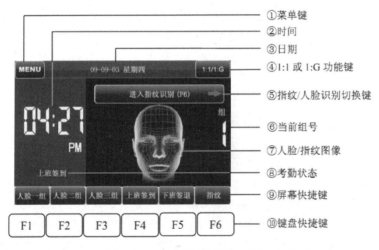

图9-15　面部、指纹考勤一体机

面部、指纹考勤一体机数据采集端采用了人脸识别技术和指纹识别技术，采集的数据存放到数据库中，配有相关的考勤管理系统，把考勤的结果和员工的工资挂钩。因此，考勤管理系统要使用到生物识别技术、数据库技术、计算机技术、网络通信技术等，也是一个综合性的物联网技术应用项目。

面部、指纹考勤一体机的使用也要进行硬件选型（选择考勤机、计算机、通信网络），硬件布线、安装和调试，安装数据库、考勤管理系统软件。在系统调试阶段，要登记指纹、进行面部信息识别储存工作，其操作要按照使用说明进行。

2）高档车应用

小度车载操作系统如图9-16所示，主要由流媒体智能后视镜组件、智能挡风玻璃组件、小度车载机器人组件、液晶仪表盘组件、大屏智能车机组件五部分组成，集成了AR技术和多种生物识别技术，具有五大核心能力：语音、语义、多模、驾驶员监测、车载信息安全。

图 9-16　小度车载操作系统

车载操作系统明确第一款搭载的车型是奇瑞发布的高端品牌星途（Exeed），采用 AR 增强实景导航的画面，整个虚拟引导线都可以动态实时地在整车前挡风玻璃上显示，实现导航界面上的动态实景显示画面。图 9-17 所示为 AR 增强实景导航界面。

思政小视频

微课：传感器应用-自动驾驶

图 9-17　AR 增强实景导航界面

除 AR 增强实景导航外，还拥有人脸登录/人脸支付（带有人脸登录个性化调整座椅、氛围灯、音乐人脸支付电影票等功能）、情感化主动关怀/贴心安全提醒（在天气不好时间候，在节日里送来祝福，陌生人驾驶时提醒防盗，车辆故障时提醒安全）、首屏+仪表双屏地图（首创首屏全浏览地图模式，双屏联动）、车家互联、链接智能家居生态（车控家，链接智能家居生态，音箱控车，热车、锁车在家语音唤醒）等功能。

2021 年 5 月，百度 Apollo 的无人驾驶 Robotaxi 在北京首钢园正式投放首批"无人共享车"，开启常态化商业运营。与一般的无人驾驶汽车不同，此次百度 Apollo 开放运营的 Robotaxi 均没有配备随车驾驶员，升级到完全无人驾驶的规模化运营阶段。用户通过手机 APP 预约找车，上车确认身份后汽车便会自行进行安全检查并开始行驶，期间完全无需人工控制。如果偶然遇到车辆受困情况，"5G 云代驾"会及时介入，由云端安全员进行远程人工操控协助车辆脱困。

## 项目小结

本项目介绍了生物传感器技术和生物识别技术。在智能手机、物联网快速发展的今天，以指纹识别、语音识别、人脸识别等为代表的生物识别技术被广泛应用。事实上，酶传感器、免疫传感器、微生物传感器等生物传感器在医学、食品、工业上的应用也非常广泛，有着广阔的发展前景。

# 思 考 练 习

### 1．填空题

（1）广义的生物识别是指综合利用利用生化技术、计算机和传感器技术进行（　　　　　）、（　　　　　）。

（2）生物传感器是在基础传感器上再结合一个（　　　　　）而形成的。

（3）生物传感器的生物功能膜起（　　　　　）的作用，它决定传感器的选择性。

（4）微生物传感器分为（　　　　　）微生物传感器和（　　　　　）微生物传感器两大类。

（5）免疫传感器的基本原理是（　　　　　），它是利用抗体能识别抗原并与抗原结合的功能而制成的生物传感器。

（6）测定蜂蜜中是否掺杂蔗糖、饴糖、面粉等杂质采用（　　　　　）传感器。

### 2．单项选择题

（1）以下四种传感器不属于生物传感器的是（　　　　）。

　　A．酶传感器　　　　B．免疫传感器　　　　C．葡萄糖传感器　　　D．光电式传感器

（2）有机碱农药监测采用的传感器是（　　　　）。

　　A．酶传感器　　　　B．免疫传感器　　　　C．微生物传感器　　　D．光电式传感器

（3）血型评定采用的传感器是（　　　　）。

　　A．酶传感器　　　　B．免疫传感器　　　　C．微生物传感器　　　D．光电式传感器

（4）以下既属于生理特征，又属于行为特征是（　　　　）。

　　A．指纹　　　　　　B．声纹　　　　　　　C．脸型　　　　　　　D．步态

### 3．判断题

（1）生物传感器利用生物特有的生化反应，有针对性地对有机物进行简便而迅速地测定。
　　　　　　　　　　　　　　　　　　　　　　　　　　　　　　　　　　　　（　　　）

（2）生物传感器是在基础传感器上再结合一个生物功能膜而形成的传感器。　（　　　）

（3）葡萄糖传感器以葡萄糖氧化酶（GOD）为生物催化剂，氧电极为电化学测量装置，通过测定酶作用后葡萄糖含量的变化实现对糖的量的测量。　　　　　　　（　　　）

（4）人的指纹、脸形、虹膜等生理特征是先天性的，而步态、签名、按键力度等生理特征是后天性的。　　　　　　　　　　　　　　　　　　　　　　　　　　（　　　）

### 4．简答题

（1）常用的生物传感器有哪几种？

（2）身份鉴别可利用的生物特征必须满足哪几个条件？

（3）列举五种基于人的生理特征进行识别的生物识别技术。

（4）简述人脸识别的过程。

# 项目十 图像识别技术

项目目标

（1）知识目标：掌握图像识别技术的概念及应用，掌握图像识别系统的组成；理解图像、图像采集、像素、图像分辨率、色彩空间、灰度转换、二值化、图像分割、边缘检测、降噪、模板匹配等概念。

（2）技能目标：会使用办公软件中的调色板，设置 RGB/HSL 模式下的颜色；会根据图像识别的要求选用相机；会使用百度识图识别历史人物。

（3）素质目标：培养学生谦虚好学的学习态度、认真细致的工作态度、严谨的工作作风、良好的职业习惯和一定的创新思维能力。

项目知识

## 一、图像识别的基础知识

图像识别（Image Recognition Technology）是指利用计算机对图像进行处理、分析和理解，以识别各种不同模式的目标和对象的技术。

### 1. 图像识别的发展

图像识别的发展经历了三个阶段：文字识别、数字图像处理与识别、物体识别。

文字识别的研究是从 1950 年开始的，一般是识别字母、数字和符号，从印刷文字识别到手写文字识别，应用非常广泛。

数字图像处理和识别的研究开始于 1965 年。数字图像与模拟图像相比具有存储、传输方便、文件可压缩、传输过程中不易失真等巨大优势，这些都为图像识别技术的发展提供了强大的动力。图像识别技术的主要缺点就是自适应性差，一旦目标图像被较强的噪声污染或目标图像有较大残缺，往往就得不出理想的结果。

物体的识别主要指的是对三维世界的客体及环境的感知和认识，属于高级的计算机视觉范畴。它是以数字图像处理与识别为基础的结合人工智能、系统学等学科的研究方向，其研究成果被广泛应用在各种工业机器人及探测机器人上。

### 2. 图像识别的方法

图像识别问题的数学本质属于模式空间到类别空间的映射问题。目前，图像识别方法主要有三种：统计模式识别、结构模式识别、模糊模式识别。

### 3．图像识别的应用

图像识别可应用于识别、定位、测量、检验等方面。

1）识别

在识别应用中，图像识别系统可以识别 EAN 码（一维条码）、Data Matrix 码［二维码，见图 10.1（a）］；可以直接识别部件标识（DPM），如图 10.1（b）所示；可以通过元器件标签和包装上印刷的字符来识别元器件，如图 10.1（c）所示；可以应用光学字符识别（OCR）读取 PDF 文档、图片、扫描仪上的文字信息并转换为 Word 文档、电子表格或 PDF，如图 10.1（d）所示；还可以应用光学字符验证（OCV）确认字符串的存在性。另外，图像识别系统还可以通过定位独特的图案来识别元器件，或者基于颜色、形状或尺寸来识别元器件。

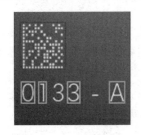

（a）识别二维码

（b）直接识别部件标识（DPM）

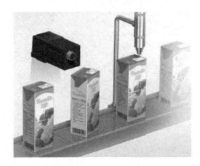

（c）识别生产日期

（d）识别文字（OCR）

图 10.1　图像识别应用于字符识别

除工业及仓储领域外，图像识别技术还常用于人脸识别、遥感图像分析（如植物学中的植被分析、考古专业的考古发掘等）、安全鉴别（门禁系统）、监视与跟踪（智能交通监控）、国防系统（目标自动识别与目标跟踪）等领域，应用非常广泛。

2）定位

定位主要应用于确定元器件在二维或三维空间内的位置和方向，如图 10.2（a）所示，也可以将定位系统和机器人连接，引导机器人动作，如图 10.2（b）所示。

（a）设备、工件定位

（b）引导机器人动作

图 10.2　图像识别应用于定位

3）测量

图像识别可以用于测量元器件的外形尺寸，如图 10.3（a）所示，也可以进行 3D 检测，如图 10.3（b）所示。基于测量结果，可以判断产品是否合格。

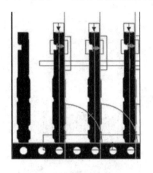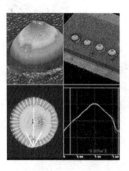

（a）外形尺寸测量　　　　　　　　　　　　　　（b）3D 检测

图 10.3　图像识别应用于测量

4）外观检测

图像识别可以应用于元器件外观检测。利用图像识别技术可以集中进行 IC 芯片的各项外观检测，如测量 IC 芯片的引脚数、宽度、位置偏移、引脚距离，检测字符缺损、表面污迹等，如图 10.4 所示。

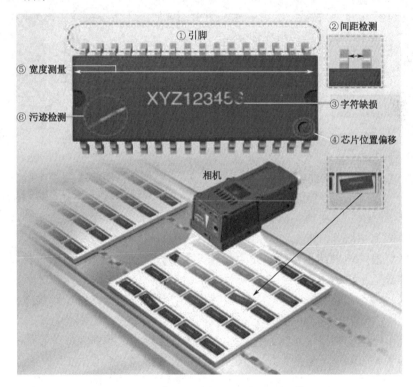

图 10.4　图像识别应用于 IC 芯片外观检测

## 二、图像识别系统的组成

典型的图像识别系统由光源、镜头、CCD 相机、图像采集卡、图像处理系统（如计算机）及其他外部设备组成，如图 10.5 所示。

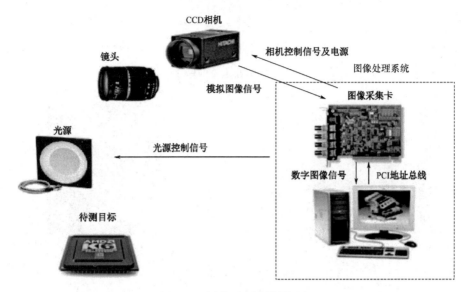

图 10.5　图像识别系统的组成

　　光源用于待测元器件照明，让元器件的关键特征能够凸显出来，确保相机能够清楚地拍摄到这些特征；镜头用于采集图像，并将图像以光线的形式呈现给传感器；相机中的传感器先将光线转换成数字图像，然后将该数字图像发送至图像处理系统，通过图像处理软件进行分析；图像采集卡是重要的输入/输出单元，用于图像的高速传输及数字化处理。

　　下面将介绍其中的几个重要组成部分。

### 1．光源

　　正在发光的物体称为光源，而"正在"这个条件必须具备。光源可以是天然的，也可以是人造的，如今应用于图像识别系统中的光源通常是 LED 光源。LED 光源由多颗 LED 排列而成，可以设计成复杂的结构，实现不同的照射角度。LED 光源使用寿命长且反应快捷，能在 10ms 或更短时间内达到最大亮度。

　　在中国国家标准 GB/T 5698-2001 中，颜色被定义为"光作用于人眼引起除空间属性以外的视觉特性"。也就是说，颜色是一种光学现象，是光刺激人眼的结果，有光才有色。颜色也是一种心理感觉，它与光源的照射能力分布及观看者的视觉生理结构有关。人眼可以感知的光线波长范围为 380～780nm。人们感知一个物体的颜色一般是指在日光照明的环境下所显示的颜色，对于同一物体在不同光线的照射下人们会感觉到不同的颜色，可见光源对于正确认知物体的颜色是至关重要的。

　　人眼视网膜里存在着大量光敏细胞，按其形状可分为杆状光敏细胞和锥状光敏细胞两种。杆状光敏细胞的灵敏度极高，主要靠它在低照度时辨别明暗，但它对颜色是不敏感的；而锥状光敏细胞既可辨别明暗，又可辨别颜色。白天的视觉过程主要靠锥状光敏细胞来完成，夜晚视觉则由杆状光敏细胞起作用，所以人们在较暗处无法辨别颜色。

　　三原色学说认为在视网膜上分布有三种不同的锥状光敏细胞，分别含有对红（波长为 700nm）、绿（波长为 546.1nm）、蓝（波长为 435.8nm）三种光敏感的视色素；当光线作用于视网膜时，以一定的比例使三种锥状光敏细胞分别产生不同程度的兴奋，这样的信息传至中枢，就产生某一种颜色的感觉。所以，当我们用某光源照明时，若光源发出的光的光谱只含有蓝色、绿色、红色三种人眼最敏感的谱线，就达到了人眼对照明的需求，可防止人眼无法察觉的射线和有害的射线对视力造成不良影响。

1）光源的参数

（1）色温。当光源所发出的光的颜色与黑体在某一温度下辐射的颜色相同时，黑体的温度就称为该光源的色温，其单位是开尔文（K）。黑体的温度越高，光谱中蓝色的成分越多，而红色的成分越少。例如，白炽灯的光色是暖白色，其色温在2700K左右，日光色荧光灯的色温在6400K左右，钠灯的色温在2000K左右。

（2）照度。单位被照面上接收到的光通量称为照度，其单位为勒克斯（lx）。如果每平方米被照面上接收到的光通量为1lm，则照度为1lx。在高速运动条件下拍摄图像，曝光时间很短，只有在高照度的光照条件下才能得到足够亮度的图像。夏日阳光下的照度约为100000lx；阴天室外的照度约为10000lx；电视台演播室内的照度约为1000lx；距60W台灯的60cm处桌面的照度约为300lx；黄昏室内的照度约为10lx；距烛光20cm处的照度约为10～15lx；晴朗的月夜地面照度约为0.2lx。

（3）使用寿命。光源的使用寿命应尽可能地长，且在使用寿命期内，光源的光谱应保持稳定，亮度衰减应尽可能地小。

（4）发热特性。光源的工作温度要低，避免高温损坏被检测物。

（5）信噪比。信噪比越高，抗干扰能力越强。

（6）闪烁频率。

（7）外形尺寸。

2）常用的光源颜色

光源的颜色也对图像的成像有影响。LED光源有多种可以选择，包括红色、绿色、蓝色、白色光源，还有红外线、紫外线光源。针对不同检测物体的表面特征和材质，选用不同光源，能够达到更加理想的拍摄效果。

每一种光源都有自己的光谱，而相机的图像都会受到光谱的影响。不同波长的光对物体的穿透力（穿透率）不同，波长越长，光对物体的穿透力越强；波长越短，光在物体表面的扩散率越大。下面以白色光、红色光、绿色光和蓝色光为例，说明在单色相机成像时，光源颜色对成像结果的影响。白色光对成像结果的影响如图10.6（a）所示，红色光对成像结果的影响如图10.6（b）所示，绿色光对成像结果的影响如图10.6（c）所示，蓝色光对成像结果的影响如图10.6（d）所示。

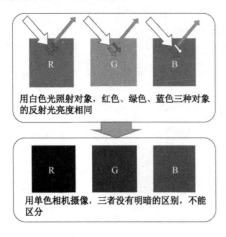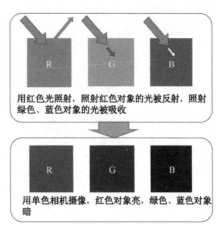

（a）白色光对成像结果的影响　　　　　　　　　（b）红色光对成像结果的影响

图10.6　不同颜色光源对成像结果的影响

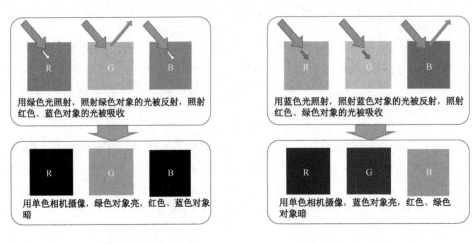

（c）绿色光对成像结果的影响 　　（d）蓝色光对成像结果的影响

图 10.6　不同颜色光源对成像结果的影响（续）

由图 10.6 可知，某种颜色的光照射在同种颜色的物体上，视野中的物体就是发亮的。应用此特征可以过滤掉检测中的无用信息，如使用红色光源可以过滤掉红色文字。此外，可以应用互补色增加图像的对比度，如红色背景使用绿色光源等。

光源颜色的适用范围如表 10.1 所示。

表 10.1　光源颜色的适用范围

| 光源颜色 | 适用范围 |
| --- | --- |
| 白色 | 适用范围广，亮度高，拍摄彩色图像时使用较多 |
| 红色 | 可以透过一些比较暗的物体，如底材为黑色的透明软板孔、绿色电路板（线路检测）、透光膜（厚度监测） |
| 绿色 | 红色背景产品、银色背景产品 |
| 蓝色 | 银色背景产品（钣金、车加工件等）、薄膜上的金属印制品 |

3）照明方式

（1）背光照明。入射光照明是指光源在相机和被检测物之间，而背光照明使用从被检测物背面照射的照明方式，被检测物在相机与光源之间，如图 10.7 所示。

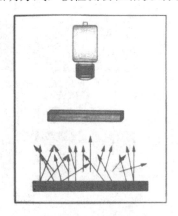

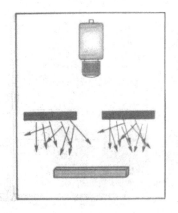

（a）背光照明　　　　　　　　　　　（b）入射光照明

图 10.7　背光照明与入射光照明

由于图像分析的是入射光而不是反射光，所以背光照明可以获得稳定的高对比度图像，可以强烈凸显物体的轮廓特征，却无法辨别物体的表面特性。背光照明适合物体的形状检测和半透明物体的检测。通常应用于机械零件的外形尺寸测量,电子零件、IC 芯片的形状检测,胶片的污迹检测及透明物体的划痕检测等。

（2）同轴光源。同轴光源（也叫漫射同轴灯、金属平面漫反射照明光源）从侧面将光线发射到反射镜上,反射镜再将光线反射到工件上,提供了几近垂直的光线,从而能够获得比传统光源更均匀、更明亮的照明,提高图像识别的准确性。如图 10.8 所示。

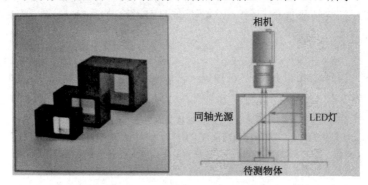

（a）同轴光源　　　　　　　　（b）同轴光源的工作原理

图 10.8　同轴光源

使用同轴光源照明时,光线照射到工件后进入相机,在工件表面凹凸不平的部分产生漫反射,可以从被测物的不光滑表面上获得带有少量阴影的稳定图像。同轴光源能够凸显物体表面的不平整,克服表面反光造成的干扰,主要用于检测物体平整光滑表面的碰伤、划伤、裂纹和异物。同轴光源适用于反射度极高的物体,如金属、玻璃、胶片、镜片等表面的划痕检测,芯片和硅晶片的破损检测,条码包装识别等。同轴光源的应用实例如图 10.9 所示。

标准照明下　　　　　　　同轴照明下　　　　　　　标准照明下　　　　　　　同轴照明下

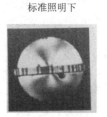

边缘不明显,因为漫反射
和镜面反射光都被 CCD
接收

凹陷区域的光发生扩散,显
得较暗,从而能够轻松识别
边缘

各种成分的光线向所有方向
反射,造成各个部分的图像
一致性较差

从弯曲到平坦的变化能清楚地
识别,平坦区域在 CCD 中被良
好地突出

（a）冲压部件的检测　　　　　　　　　　　　　　　　（b）螺钉头的检测

图 10.9　同轴光源的应用实例

（3）环形光源。环形光源是指 LED 阵列成圆锥状,并以斜角照射被测物体表面,通过漫反射方式照亮一小片区域。与检测目标的距离恰当时,环形光源可以突出显示被测物体的边缘和高度变化,突出原本难以看清的部分,适合用于边缘检测、金属表面的刻字和损伤检测,也适用于电子零件、塑料成型零件上的文字检查,可有效去除因小型工件表面的局部反射造成的影响。

（4）条形光源。使用条形光源可以均匀照射宽广区域,其方向性好,尺寸灵活多变,结构可自由组合,角度也可自由调整,条形光源可应用于金属表面检测、表面裂纹检测及 LCD 面板检测等。

（5）圆顶光源。圆顶光源（又叫穹顶光源、DOME 光源、连续漫反射光源）是指将 LED 环形光源安装在碗状表面内且向圆顶内照射，来自环形光源的光通过高反射率的扩散圆顶进行漫反射，实现均匀照明的照明方式。对于形状复杂的工件，圆顶光源可以从各个角度将工件照亮，从而消除不均匀的反光，获得工件整体的无影图像。圆顶光源适用于各种形状复杂的工件，通常可用于以下情况：饮料罐上的日期文字检查，手机按键上的文字检查，金属、玻璃等反射度较强的物体表面的检测，弹簧表面的裂缝检测等。

### 2．相机

相机可以分为模拟式相机和数字式相机（含数码相机），现阶段相机以数码相机为主。数码相机集光学技术、传感技术、微电子技术、计算机技术和机械技术于一身，采用光电阵列图像传感器，将光点图像信息转换为对应的电信息，再加上特定处理并进行存储，是一个典型的光机电一体化产品。相机分为民用相机和工业相机。图 10.10（a）所示为便携式卡片数码相机，图 10.10（b）所示为专业级单反数码相机。

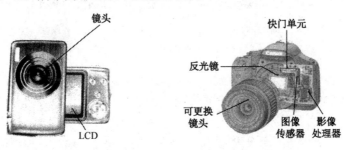

（a）便捷式卡片数码相机　　　　（b）专业级单反数码相机

图 10.10　数码相机

数码相机通常由镜头、图像传感器、A/D 转换器、MPU 微处理器、LCD 液晶显示器、存储卡、内存及输出接口等部分组成，如图 10.11 所示。

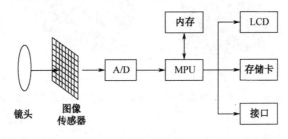

图 10.11　数码相机的组成

数码相机的镜头是由一块或者多块光学玻璃或塑料组成的透镜组，用于收集光线，产生"锐利"的图像。数码相机使用以下四种镜头。

（1）定焦镜头：价格便宜且适合抓拍，但使用受限。

（2）自动调焦的光学变焦镜头：类似于相机的镜头，具有"广角"与"远摄"选项和自动聚焦功能。

（3）数字变焦镜头：在图像传感器中获取像素并进行软件数字插补，以形成完整的图像，这种方法形成的图像可能有颗粒感或模糊。

（4）可更换镜头：高级单反数码相机可以使用 35mm 相机使用的镜头。

图像传感器是数码相机的核心部件，其像素规模决定了数码相机的成像质量。图像传感器的尺寸通常小于 24mm×35mm，但包含了几百万乃至上千万个具有感光特性的光敏元件——光敏二极管，每个光敏二极管对应一个像素。当有光线照射时，光敏二极管就会产生光电子形成电荷累积，光线越强，电荷的累积就越多，这些累积的电荷经过后续电路转换为相应的像素数据，从而构成数字图像。

根据累积电荷转换电路的不同，图像传感器分为电荷耦合元器件（Charge Coupled Device，CCD）和互补金属氧化物半导体（Complementary Metal Oxide Semiconductor，CMOS）。CCD 转换电路复杂，要在同步信号控制下逐位读取，信息读取速度慢；需要三组电源供电，耗电量大，但技术成熟，成像质量好，因此 CCD 主要占据图像传感器的高端市场。CMOS 转换电路简单，成像质量比 CCD 要低一些，占据图像传感器的中低端市场。

与民用相机相比，工业相机在图像稳定性、抗干扰能力和传输能力上有着较大优势，是组成图像识别系统的关键部件。图 10.12 中标出了与工业相机相关的关键参数，图中的硬件包括相机主机和镜头、图像传感器和被测对象。工业相机的相关参数如表 10.2 所示。下面将介绍工业相机的主要组成部分及重要参数。

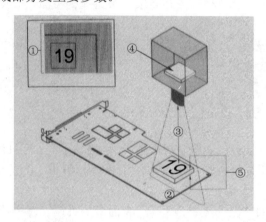

①—图像；②—视野；③—工作距离；④—传感器尺寸；⑤—景深

图 10.12　有关工业相机的各种参数

表 10.2　工业相机的相关参数

| 标号 | 定义 | 注释 |
| --- | --- | --- |
| ① | 图像 | 图像传感器接收到的内容 |
| ② | 视野 | 物体在某一方向上可被检测到的区域，即物体将传感器某一方向填满图像的区域 |
| ③ | 工作距离 | 从镜头前端到被测物体表面的距离 |
| ④ | 传感器尺寸 | 传感器的有效面积，典型的指标是水平尺寸 |
| ⑤ | 景深 | 在整个聚焦范围内，能够维持清楚成像对应的最大物体深度 |

1）工业相机的核心——CCD 图像传感器

根据前面的介绍，CCD 的作用就像传统的胶片一样，用来承载图像，它能够把光学影像转换成数字信号。CCD 的成像点成纵横矩阵排列，每个成像点由一个光敏二极管和其控制的一个邻近电荷存储区组成。光敏二极管先将光线转换为电荷，产生的电荷量与光线强度成正比，再根据电荷量形成数据，并存入缓存器中。读取时，每行的电荷信息被连续读出，并传至图像采集卡。

2）焦距

焦距，也称为焦长，是光学系统中衡量光的聚集或发散程度的度量方式，指从透镜中心到光聚焦点的距离；也是相机中从镜片光学中心到底片或图像传感器成像平面的距离。短焦距的光学系统往往比长焦距的光学系统具有更佳的聚光能力。

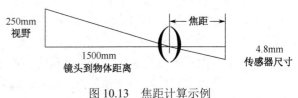

图 10.13  焦距计算示例

焦距的计算方法：焦距=传感器尺寸×镜头到物体的距离÷视野

例如，根据图 10.13 所示尺寸计算焦距。

$$焦距=1500mm×4.8mm÷250mm=28.8mm$$

在设计上，将镜头透镜的主平面与底片或图像传感器的距离调整为焦距的长度，远距离的物体就能在底片或 CCD 上形成清晰的影像。当要拍摄比较近的物体时，调整镜头的主平面与 CCD 或胶片的距离，有限距离内的物体便得以清晰成像。

在应用上，如果工作距离不变，那么可选择定焦镜头；如果工作距离改变，那么可选择变焦镜头。若要测量的景深大，则根据物体最近、最远端都可清晰成像的标准选择焦距范围。

3）光圈和景深

对于已经制造好的镜头，不能随意改变镜头的直径，但是可以通过在镜头内部加入多边形或者圆形的面积可变的孔状光栅来达到控制镜头进光量的目的，这个装置就是光圈。光圈是相机上用来控制镜头孔径大小的部件，用以控制景深、镜头成像质量，同时可以和快门协同控制进光量，光圈的大小（或称光圈系数、光圈值）用 $f$ 值表示，有

$$光圈f值=镜头的焦距÷光圈孔径$$

从上面的公式能够看出，在焦距不变的情况下，$f$ 值越小，光圈孔径越大，进光量越多，画面越亮，主体背景虚化程度越强；$f$ 值越大，光圈孔径越小，进光量越少，画面越暗，主体前后端成像越清晰。

用于调节光圈大小的光圈环位于镜头上，上面显示可调光圈系数（$f$ 值的范围一般为 2～16），如图 10.14 所示。光圈环下面有光圈值，对焦环上有对应的景深刻度，光圈值的颜色对应焦环上的景深刻度颜色。例如，把光圈调为黄色的 11，对应的景深就是上方黄色刻度线指示的数值位置，用米和英尺两种单位表示。在实际应用中，应根据不同的检测要求设定不同的光圈和景深。

事实上，在图 10.14 上可以看到，光圈值是通过一定规律排列的，光圈 $f$ 值序列中相邻两个光圈 $f$ 值的平方比约为 1∶2。例如，$2×2^2≈2.8^2$，$2×2.8^2≈4^2$ 等，光圈孔径和 $f$ 值成反比，进光量和光圈孔径的平方成正比，也就是和 $f$ 值的平方成反比，如图 10.15 所示。因此，光圈环转动 1 格，进光量相差 1 倍。

图 10.14  调节光圈的光圈环

图 10.15  光圈大小与孔径和进光量的关系

对于"主体背景虚化""主体前后端成像清晰"，用更加专业的名词来概括这类图像效果——景深，如图 10.16 所示。

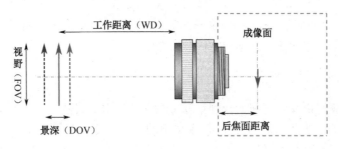

图 10.16 景深

在光学中，尤其是摄影领域，景深是一个描述在空间中可以清楚成像的距离范围的术语。虽然镜头只能够将光聚集到某一固定的距离（焦距），远离此点则会逐渐模糊，但是在某一特定的距离内，影像模糊的程度是肉眼无法察觉的，这段距离就是景深。景深之内的影像比较清楚，景深之外的影像比较模糊。

景深通常由物距、镜头焦距及镜头的光圈 $f$ 值所决定。

当固定光圈 $f$ 值，增加放大率时，无论是更靠近拍摄物还是使用更长焦距的镜头，都会减少景深；若减少放大率时，则会增加景深。

若固定放大率，则增加光圈 $f$ 值会增加景深，减少光圈 $f$ 值会减少景深。

4）快门速度

快门速度是摄影中常用的用于表达曝光时间的专业术语，即相机快门开启的有效时间长度。总的曝光量和曝光时间（光照射胶片或图像传感器的持续时间）成正比。快门速度和镜头的光圈大小一起决定光到达胶片或图像传感器的量。

### 3．图像采集卡

早期的相机多数使用 CCD 的线阵 TTL 工艺传感器，这种传感器成像后输出的是模拟信号，想要将其传到计算机进行处理和存储，就要通过图像采集卡进行 A/D 转换，再通过计算机总线实时传送到内存和显存。现在使用的 CCD 相机能够直接采集到数字图像，这时图像采集卡的作用仅是将数字信号通过计算机总线传输到计算机内存或显存，方便计算机对现场采集的图像进行实时处理和存储。

图像采集卡实际上是一块板卡。图 10.17 所示为研华视频采集卡，可以连接在计算机的PCI 扩展槽上（就是显卡旁边的插槽），主要功能就是完成图像数字化处理与传输。

图 10.17 研华视频采集卡

不同型号的图像采集卡的区别主要表现在输出信号、图像质量、总线形式及处理功能等方面。在选择图像采集卡时，首先要考虑的就是相机的输出信号类型（模拟信号还是数字信号）。由于不同图像采集卡使用的芯片及设计的不同，图像质量有较大差异。同时，不同用途的图像采集卡的图像质量及价格也有很大的差别。目前使用较多的总线有 PCI、PC/104-Plus、PCI-E、MimiPCI 及笔记本所用的 PCMCIA 总线。其中，以 PCI 总线使用最多，多数计算机及工控机均使用 PCI 总线，这种传输方式几乎不占用CPU，留给 CPU 更多的时间去进行图像的其他运算与处理。PCI 总线的缺点是总线的抗震能力不强，总线带宽最高只有 133Mbit/s，图像传输速率平均为 50～90Mbit/s，无法胜任大数据量传输。PCI-Express（简写为 PCI-E 或 PCIe）总线是继

PCI 总线后出现的计算机总线，由 Intel 公司开发并于 2004 年推出。由于 PCI-E 总线具有高带宽的优势，因此支持 PCI-E 总线的主板越来越多。

### 4．图像识别技术的新发展

双目立体识别是新发展起来的一种重要图像识别技术，它基于视差原理并利用成像设备从两个视点观察同一景物，以获取在不同视角下的图像，根据两幅图像之间像素的匹配关系，通过计算图像对应点间的位置偏差，获取物体三维几何信息。这一过程与人类视觉感知过程类似。融合两只眼睛获得的图像并计算它们之间的差别，使人们可以获得明显的深度感，建立特征间的对应关系，将同一空间物理点在不同图像中的映像点对应起来。在不同视角下获取存在差别的视图，称为视差图。

双目立体识别系统由左右两台性能相当、位置固定的相机获取相同景物的两幅图像，通过两个相机所获取的二维图像来计算出景物的三维信息。组建一个完整的双目立体识别系统一般要经过相机标定、图像匹配、深度计算等步骤。

双目立体识别技术广泛应用于机器人导航、精密工业测量、物体识别、虚拟现实、场景重建及勘测领域。双目立体识别测量方法具有效率高、精度高、系统结构简单、成本低等优点，非常适用于制造现场的在线非接触产品检测和质量控制。目前有很多研究机构进行三维物体识别研究，解决二维算法无法处理遮挡、姿态变化的问题，以提高物体的识别率。当测量运动物体（包括动物和人体形体）时，由于图像获取是在瞬间完成的，因此双目立体识别是一种更有效的测量方法。

图 10.18 所示为双目立体识别系统中应用最多的视觉传感器 KINECT，主要由红外摄像机、红外深度摄像头、彩色摄像头、麦克风阵列和仰角控制马达组成。

图 10.18　视觉传感器 KINECT

## 三、图像识别的工作内容

### 1．图像和图像采集

1）图像的概念

图像是人对视觉感知的物质再现，是图像识别技术的基础，图像采集、图像处理和图像分析都是与图像相关的概念。

图像可以由光学设备获取，如相机、镜子、望远镜及显微镜等，也可以人为创作，如手工绘画。图像可以记录、保存在纸质媒介、胶片等对光信号敏感的介质上，而随着信号处理理论和数字采集技术的发展，越来越多的图像以数字形式存储。所以，本项目中"图像"一词实际上是指数字图像。

图像分为静态图像（如图片、照片等）和动态图像（如视频等）两种。下面将对数字图像的三个参数——像素、分辨率和色彩空间进行介绍。

（1）像素。像素是图像显示的基本单位，通常被视为图像的最小完整采样。像素的英文单词是 Pixel，其中 Pi 为英语单词 Picture 的一部分，el 为英语单词 Element（元素）的一部分，故像素表示图像元素，有时也被称为 Pel（Picture Element）。

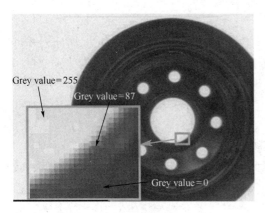

图 10.19　像素

每个像素都承载着图像中的信息，在很多情况下，它们采用点或者方块显示，如图 10.19 所示。单从像素的概念来说，每个这样的信息元素并不能简单地看作一个点或者一个方块，而是一个信息集合的抽象采样。通常每个像素都含有以下信息。

①图像中的（行、列）位置。

②光强度。

③黑白图像的灰度值。

④彩色图像的 RGB 色彩值。

图像是一个个取样点（像素）的集合，单位面积内的像素越多代表分辨率越高，所显示的图像就会越接近于真实物体。这也是在选购相机时人们关注的相机参数中通常会有分辨率的原因。兆像素（Mega Pixels，MP）是指"一百万个像素"，通常用于表示数码相机的分辨率。例如，一个相机可以使用 2048 像素×1536 像素的分辨率，通常称其有"310 万像素"（2048 像素×1536 像素=3145728 像素，通常只取前两位作为有效数字）。

（2）分辨率。分辨率泛指图像或显示系统对细节的分辨能力。日常用语中的分辨率多用于表示图像清晰度，分辨率越高，代表图像质量越好，越能表现出更多的细节。我们经常接触到的有屏幕分辨率和图像分辨率。

屏幕分辨率即屏幕每行的像素点数乘以每列的像素点数。每个屏幕都有自己的分辨率，屏幕分辨率越高，所呈现的色彩越丰富，清晰度越高。这个概念常常被用在计算机显示器、电视、投影仪和手机上。例如，人们去选购显示器时所说的分辨率为 1920 像素×1080 像素，就是指这个显示器能够达到的最大分辨率。

图像分辨率是指每英寸图像内的像素点数。分辨率越高，像素的点密度越高，图像越逼真，但因为记录的信息过多，图像文件也十分大。当进行大幅喷绘时，要求图片分辨率尽可能高，就是为了保证每英寸的画面上拥有更多的像素点。图 10.20 所示为不同分辨率的图像差别（单位为 PPI）。

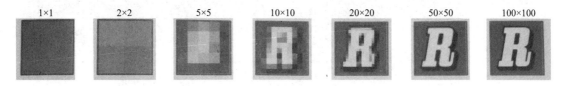

图 10.20　不同图像分辨率的图像差别

本项目主要介绍图像分辨率。描述图像分辨率的单位有 DPI（点每英寸）、LPI（线每英寸）及 PPI（像素每英寸）。LPI 是描述光学分辨率的，虽然 DPI 和 PPI 也同属于图像分辨率范畴内的单位，但是它们的含义与 LPI 不同，而且 LPI 与 DPI 无法互相换算，只能凭经验估算。

另外，人们经常会将 PPI 和 DPI 混淆，实际上二者的应用领域是存在区别的。从技术角度说，像素只存在于屏幕显示领域，而点只出现于打印或印刷领域。显然，适用于本项目内容的图像分辨率单位是 PPI，其计算公式为

$$M = \sqrt{\frac{X^2 + Y^2}{Z}}$$

式中，$M$ 为分辨率；$X$ 为长边像素数；$Y$ 为宽边像素数；$Z$ 为图像对角线长度。根据此公式可知，如果保持图像的尺寸不变，将图像的分辨率提高 1 倍，那么图像的像素数变为原来的 4 倍，图像文件的大小也变为原来的 4 倍。

（3）色彩空间。在绘画时使用红色、黄色和蓝色这三种原色可以生成其他不同的颜色，而这些颜色就定义了一个色彩空间。将红色的量定义为 $X$ 坐标轴、蓝色的量定义为 $Y$ 坐标轴、黄色的量定义为 $Z$ 坐标轴，这样就得到一个三维空间，每种可能的颜色在这个三维空间中都有唯一的位置（但这并不是唯一的色彩空间）。例如，在计算机监视器上显示颜色的时候，通常使用 RGB（红色、绿色、蓝色）色彩空间进行定义，红色、绿色及蓝色分别对应三个坐标轴。也就是说，任意颜色在 RGB 空间中都能找到一个唯一的三维坐标(R,G,B)。每个坐标值的范围都是 0～255，以 8 位二进制数保存（$2^8=256$）。图 10.21（a）所示为颜色设置对话框中的 RGB 模式。

当红色、绿色、蓝色取值均为 0 时，为黑色；当红色、绿色、蓝色取值均为 255 时，为白色。可以通过拖动图 10.2（a）中右侧的滚动条观察三种颜色取值的变化，体会颜色与 R、G、B 数值的对应关系。

除 RGB 色彩空间之外，常用的还有 HSL 色彩空间，其采用圆柱坐标系表示色调（Hue）、饱和度（Saturation）和亮度（Lightness）。图 10.21（b）所示为颜色设置对话框中的 HSL 模式。其同样可以通过调整色调、饱和度和亮度来获取不同的颜色。

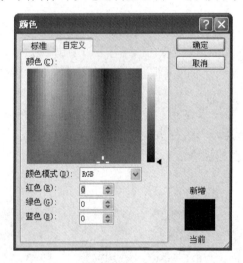 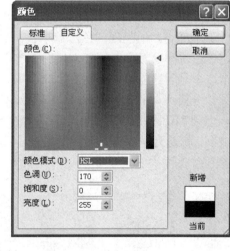

（a）RGB 颜色模式　　　　　　　　　　　（b）HSL 颜色模式

图 10.21　颜色设置对话框中不同的颜色模式

2）数字图像的获取

最初的相机获得的图像由连续的、不同色彩及亮度等属性的颜色点组成，以模拟图像形式存在。如果想要利用数字计算机处理模拟图像，就必须将模拟图像转换为用数字方式表示的数字图像。将模拟图像转换成数字图像的过程称为图像数字化过程。

数字图像的采集过程如下：首先，光经过镜头聚焦在图像传感器上；其次，图像传感器将光信号转变为电信号，传输给 A/D 转换器，由 A/D 转换器完成数字化转换；再次，由图像采集卡将数字信号输出到图像处理装置。图 10.22 所示为数字图像采集过程示意图。

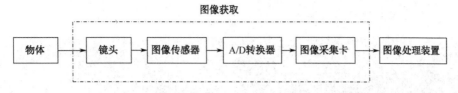

图 10.22 数字图像采集过程示意图

A/D 转换器的数字化过程又可以细分为采样和量化两个阶段。采样就是将图像在空间上离散化，通常是将在二维空间上连续的图像在水平和垂直方向上等间隔地分割成矩形的网状结构，进而得到若干个被称为像素的方形小区域。经过采样后，图像在空间上离散为像素，但像素的颜色幅值仍为连续量。将采样所得的各像素的颜色幅值进行离散化的过程，称为量化。

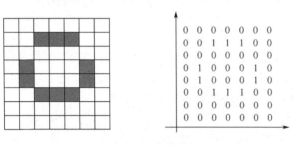

图 10.23 像素矩阵化的图像信息

经过采样和量化后，每一幅图像都被离散化为一个个像素，成为一个由像素组成的二维矩阵，矩阵中的每个元素对应了一个像素，如图 10.23 所示。每一个像素里保存着该像素的颜色或亮度信息，其值可以为 RGB 图像的向量，也可以为灰度图像的 0～255 之间的某一个数值，或者是二值图像的 0 或 1。

## 2．图像处理

与其他类型的传感器提供的信息不同，图像信息丰富多样，图像处理要从图像中提取数字信息，从而得到用户对场景中感兴趣的目标。图像处理就是对图像进行分析、加工和处理，使其满足图像识别及其他要求的技术。图像处理是信号处理在图像领域上的一个应用，目前大多数的图像是以数字形式存储的，因而图像处理在多数情况下指数字图像处理。

图像处理是信号处理的子类，与计算机科学、人工智能等领域有密切的关系。很多传统的一维信号处理的方法和概念仍然可以直接应用在图像处理上，比如降噪、量化等。然而，图像属于二维信号，和一维信号相比，它有自己特殊的一面，处理的方式和角度也有所不同。下面将介绍几种典型的图像处理方式，方便大家理解图像处理技术都能做些什么，以及它是如何有助于后续图像分析的。

1）颜色处理

（1）灰度转换。灰度图像是每个像素只有一个采样颜色的图像，得到灰度图像的过程被称为灰度转换。图 10.24 所示为九寨沟珍珠滩瀑布的标准图像与灰度图像的对比。

灰度值表示像素光强弱的信息，是将真实世界图像量化的表现方法。通常，灰度值从最黑到最白对应的数值为 0～255。光线进入 CCD 感光元件后，若某像素上的光强达到 CCD 感应的极限，则该像素表现为纯白色，对应的灰度值为 255；若完全没有光线进入 CCD，则此像素为纯黑色，对应的灰度值为 0。

灰度图像的每个像素的灰度值通常由 8 位二进制数来保存，这样就可以将 256 种灰度与 0～255 的二进制数对应起来。这种精度刚刚能够避免可见的条带失真，并且非常易于编程。在介绍 RGB 色彩空间时提到过，每一种颜色都可以由分别代表红、绿、蓝的三维向量表示，向量中沿每个坐标轴的分量都要用 8 位二进制数存储，那么每个像素点需要用 24 位二进制数来表示，因此彩色图像的信息量较大。灰度图像与 RGB 图像相比，后续图像处理的计算量大大减少。

图 10.24    标准图像与灰度图像的对比

与黑白双色图像不同，灰度图像中的不同像素在黑色与白色之间还有许多级的颜色深度，这些颜色深度经常是在单个电磁波频谱（如可见光）内测量每个像素的亮度得到的。但要注意的是，在数字图像领域之外，黑白图像也表示灰度图像，就如灰度的照片通常也称为黑白照片一样。

在医学图像与遥感图像的应用中，经常采用更多的存储级数以充分利用 10 位或 12 位的传感器精度，避免计算时的近似误差。在这样的应用领域流行使用 16 位即 65536 个灰度值（或 65536 种颜色）的表达标准。

（2）二值化。二值化是进行图像分割前经常使用的一种颜色处理方法。在对图像进行二值化时，会把大于某个临界灰度值（阈值）的像素灰度设为灰度极大值（255，即白色），把小于这个值的像素灰度设为灰度极小值（0，即黑色），从而实现二值化。根据阈值选取的不同，二值化的算法分为固定阈值和自适应阈值。比较常用的二值化方法有双峰法、P 参数法、迭代法和 OTSU 法（最大类间方差法）等。

二值图像是图像二值化的结果，每个像素只有黑色与白色两个可能值而没有中间颜色。也就是说，二值图像是一个对比清晰、非黑即白的单色图像，如图 10.25 所示。人们经常用黑白、B&W、单色图像表示二值图像。但是，其他领域也用上述这些词汇来表示灰度图像。

图 10.25    灰度图像与二值图像的对比

二值图像经常出现在数字图像处理中，使用位图格式存储。一些输入/输出设备，如激光打印机、传真机、单色显示器等都可以处理二值图像。

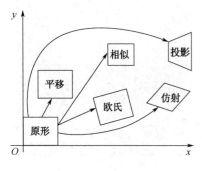

图 10.26　几何转换的分类

2）几何转换

几何转换是指从具有几何结构的集合至其自身或其他此类集合的一种映射。具体来说，几何转换是一个函数，其定义域与值域为点集合。

几何转换可以按其操作集合的维度来分类（可分为平面转换与空间转换），也可以依据其保留的性质来分类，如图 10.26 所示。

平移：保留距离与方向角度。

欧氏：保留距离与角度。

相似：保留距离间的比例。

仿射：保留平行关系。

投影：保留共线性。

3）图像分割与边缘检测

图像分割指的是将数字图像细分为多个图像子区域，并提取感兴趣的目标的过程。它是由图像处理到图像分析的关键步骤，其目的是简化或改变图像的表示形式，使得图像更容易被理解和分析。图像分割通常用于定位图像中的物体和边界（如曲线），大量应用了上文中提到的灰度转换和二值化。更精确地说，图像分割是对图像中的每个像素加标签的过程，这一过程使得具有相同标签的像素具有某种共同特性。

图像分割的结果是图像上子区域的集合，或者是从图像中提取的轮廓线的集合（如边缘检测）。子区域中的每个像素在某种特性的度量下或者由计算得出的特性都是相似的，如颜色、亮度、纹理；相邻区域在此种特性的度量下则有很大的不同。

图像分割包含边缘检测，但在介绍边缘检测前，先简要说明一下二者的联系与区别，方便大家理解。图像分割是将目标分割出来，针对的是目标对象；而边缘检测是通过图像的梯度变化将图像中梯度变化明显的地方检测出来，针对的是边缘信息。二者虽然有包含关系，但针对的目标有所不同。

边缘检测是图像处理中，尤其是特征检测中的一个研究领域，其目的是标识数字图像中亮度变化明显的点。未经处理的灰度图像如图 10.27（a）所示，经过边缘检测处理后如图 10.27（b）所示。图像属性中的显著变化通常反映了属性的重要事件和变化，包括深度上的不连续、表面方向不连续、物质属性变化和场景照明变化。

图像边缘检测大幅度减少了数据量，并且剔除了重要性较低的信息，保留了图像重要的结构属性。实现边缘检测有许多方法，绝大部分可以划分为两类：基于查找和基于零穿越。基于查找的方法是通过寻找图像灰度值一阶导数中的最大值和最小值来检测边界，通常是将边界定位在梯度最大的方向；基于零穿越的方法是通过寻找图像二阶导数零穿越来寻找边界，通常是拉普拉斯算子过零点或者非线性差分表示的过零点。

4）降噪

图像噪声是图像中一种亮度或颜色信息的随机变化（被拍摄物体本身并没有）的表现，通常是指电子噪声，如图 10.27（c）所示。它一般是由相机的传感器和电路产生的，也可能是受胶片颗粒或者图像传感器中不可避免的散粒噪声影响产生的。图像噪声是图像拍摄过程中不希望存在的副产品，给图像带来了错误和额外的信息。

　　　（a）灰度图像　　　　　　　　　　（b）边缘检测　　　　　　　　　　（c）降噪处理

图 10.27　边缘检测与降噪处理

　　图像噪声的强度范围可以小至具有良好光照条件的数字图片中难以察觉的微小的噪声，大到光学天文学或射电天文学观测结果中几乎满画面的噪声，在这种情况下（图像中的噪声水平过高，以至无法确定其中的目标是什么），只能通过非常复杂的手段获取一小部分有用信息。

　　图像降噪的目的是移除图像中不必要的噪声，保留图像中较为重要的细节信息，使得到的图像看起来清晰且干净。无论是使用数码相机还是传统的相机，拍摄出的图像时常会产生各种不同的噪声。如今的生活中有大量的数字影像，其拍摄的品质并不好，即便在性能良好的数码相机中，图像降噪等影像重建技术仍被广泛应用。

### 3．图像分析

　　1）图像分析的用途

　　图像分析和图像处理关系密切，两者有一定程度的交叉，但是又有所不同。图像处理侧重于信号处理方面的研究，如图像对比度的调节、图像编码、降噪等。而图像分析的侧重点在于研究图像的内容，包括但不局限于使用图像处理的各种技术，它更倾向于对图像内容的分析、解释和识别。因此，图像分析和计算机科学领域中的模式识别、计算机视觉等关系更密切一些。

　　图像分析一般利用数学模型并结合图像处理技术来分析图像的特征和结构，从而提取特定的信息，达到识别目标的目的。

　　2）模板匹配

　　模板匹配的本质是基于图像内容的检索，属于图像分析领域最常用的技术之一。其目的是在给定查询图像的前提下，依据内容信息或指定查询标准，在图像数据库中搜索并查找出符合查询条件的相应图像。

　　互联网上传统的搜索引擎，包括百度、Google 都推出了相应的图片搜索功能，但是这种搜索主要是基于图片的文件名建立索引来实现查询功能（或许利用了网页上的文字信息）。这种从查询文字、文件名到图片的查询机制并不是基于图像内容的检索。

　　基于图像内容的检索指的是查询条件本身就是一个图像，或者是对图像内容的描述，其建立索引的方式是先通过提取图像的底层特征，然后计算比较这些特征和查询条件之间的异同，决定两个图片的相似程度。

　　这里使用百度识图来进行说明，百度识图提供了人物、商品、建筑、艺术、影视、美食、游戏等图片的识别功能。图 10.28 所示为植物识别功能。

图 10.28　植物识别功能

　　用户想要在网上搜索某种不认识的植物，可以通过手机或相机拍摄该植物的相片，上传到百度识图。通过软件进行图像特征提取，然后在网站的数据库中跟众多图像进行查询和比对，即可找到符合特征条件的植物。

　　模板匹配的核心包括以下三部分。

　　（1）特征提取。从广义上讲，图像特征包括基于文本的特征（如关键字、注释等）和视觉特征（如色彩、纹理、形状、对象表面等）两类。视觉特征又可分为通用的视觉特征和领域相关的视觉特征。前者用于描述所有图像共有的特征，与图像的具体类型或内容无关，主要包括色彩、纹理和形状，这些特征又被称为底层特征；后者则建立在对所描述图像内容的某些先验知识（或假设）的基础上，与具体应用紧密相关，如人的面部特征或指纹特征等。

　　可提取的图像特征可以包括颜色、纹理、平面空间对应关系、外形或者其他统计特征。图像特征的提取与表达是模板匹配的基础。

　　（2）相似度测量。从图像中提取的特征可以组成一个向量，两个图像之间可以通过定义一个距离或者相似性的测量度来计算相似度。

　　（3）模板查询。模板查询有着不同的查询方式，三个典型的查询方式如下。

　　按例查询：用户提供一个查询图像，系统在数据库中搜索相似图像。

　　按绘画查询：用户利用类似画笔的接口进行简单的绘画，以此为标准进行查询。

　　按描述查询：如指定查询条件为30%的黄色、70%的蓝色等。

　　3）其他功能

　　（1）识别物体中心位置。在制造装配等应用中，确定物体的位置是十分重要的。工业应用中，物体通常出现在已知表面（如工作台面）上，而且相机相对已知表面的位置也是确定的。在这种情况下，图像中物体的位置表明了其空间位置。确定物体中心位置的方法很多，如采用物体的外接矩形、物体矩心（区域质心）等来表示物体的位置。

　　当物体的边界已知时，可用其外接矩形的尺寸来刻画它的基本形状，如图 10.29 所示。求物体在坐标轴方向上的外接矩形（矩形的边与坐标轴平行），只须计算物体边界点的最大坐标值和最小坐标值，就可以得到物体的水平和垂直跨度。

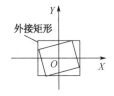

图 10.29　外接矩形

在工件的分拣操作中，工件的位置信息通常采用质心坐标来表示，从而方便机械手臂抓取目标工件。一般情况下，图像中的物体并不是一个点，因此采用物体或区域面积的质心坐标表示物体的位置。质心是通过对图像进行全局运算得到的一个点，因此它对图像中的噪声相对来说是不敏感的。对于二值图像，物体的中心位置与物体的质心位置相同。

（2）识别物体颜色。颜色是彩色图像的特征之一，其描述方法与所采用的颜色模型有关，常用的颜色模型有 RGB 和 HSL。

为了更好地根据颜色特征实时检测和识别生产线上的工件，可以先采用图像处理软件的检测工具将工件图像的颜色信息记录下来，通常在同一背景下对工件进行识别。当相机定位好后，先调用示教模块记录下工件的颜色信息，然后在工作时调用颜色识别模块对工件进行识别。调用示教模块的目的是让程序记住工件的局部颜色信息及工件的位置。在识别工件时，可以只对已经示教过的区域进行识别，采用对比的检测方法，以灰度或者色彩对比的方式获取当前图像和模型的相似程度。但采用这种方式时，产品色彩的细微差异比较容易导致相似度的下降。

（3）识别物体形状。形状识别是指采用边界轮廓对比的方式（边缘检测）获取当前图像和模型的相似度，产品色彩细微的差异不容易导致相似度的下降。

根据采用的方式不同，识别物体形状大致可以分为以下几类：基于局部图像函数的算法、图像滤波/多尺度算法、基于反应-扩散方程的方法、多分辨率方法、基于边界曲线拟合的方法及主动轮廓线方法等。

在实践时，由于形状检测处理的数据量较小，因此可以高速地进行检测。但若选中的模型（模板）太大，则检测速度会下降。

（4）识别旋转角度。角点是最适合计算工件旋转角度的特征。角点检测算法主要分为基于图像边缘和基于图像灰度两类。前者在图像分割的基础上提取边界构成链码，并将边界上转折较大的点看作角点，该算法过于复杂，且计算量较大，而后者没有这些缺点。

### 4．结果输出

1）输出对象和输出内容

（1）输出对象。图像识别的结果由视觉系统的存储单元发出，输出对象通常分为两种：显示设备（如显示屏）和上位机。显示设备显示的内容往往是软件界面、相机捕捉画面等内容，以方便用户操作和监控识别系统。通常应用在工业机器人识别系统中的上位机有 PLC、PC 和机器人控制器。

（2）输出内容。图像识别系统的输出内容如表 10.3 所示。

表 10.3　图像识别系统的输出内容

| 种类 | 内容 |
| --- | --- |
| 状态信号 | 由视觉控制器确认控制信号或命令输入并开始测量后，利用状态信号（如常见的可检测/正在检测）通知外部装置传感器的状态 |
| 判定结果 | 判定结果虽然是个布尔值，只有是或否（通过/不通过）两种可判定结果，却可以代表多种内容，如目标形状是否匹配、颜色是否匹配、数量是否匹配等。在包含多个处理项目的判定结果中，只要有一个项目判定为不通过，就会输出不通过的结果 |
| 测量值 | 可根据用户自己的设定，输出不同的数值，如目标的位置信息（平面坐标、旋转角度等）、数量信息、测量的长度等 |
| 字符串输出 | 可以用于输出从一维条码、二维码中读取的字符串等信息 |

2）与上位机的通信方法

就图像识别系统而言，通信非常重要，它是共享数据、支持决策和实现高效率一体化流程的基础。图像识别系统的上位机通常是 PC、PLC 和工业机器人控制器。联网后，图像识别系统可以向 PC 传输检测结果以进一步分析。工业中更常见的是直接传输给集成过程控制系统的 PLC、机器人和其他工厂自动化设备。不同品牌的图像识别系统支持不同的通信方式，不同品牌的 PC、PLC 及工业机器人控制器也有不同的接口。要把图像识别系统集成到工厂的机器人等其他自动化装置上，须找到一种二者共同支持的通信方式或协议。常见的通信方式和协议如下。

（1）并行通信通过并行接口，在图像识别系统和外部装置之间进行通信。

（2）串行通信通过 RS-232 或 RS-485 串行接口，可以与绝大多数的机器人控制器通信。

（3）工业以太网协议允许通过以太网网线连接 PC 和其他装置，无须复杂的接线方案和价格高昂的网络网关。常见的以太网协议有以下几种。

① TCP/IP：客户机/服务器让图像识别系统能够轻易通过以太网与其他系统和控制装置共享数据，无须开发代码。

② 现场总线网络：通常要设置一个协议网关附件将图像识别系统添加到现场总线网络，往往不同品牌的产品会使用不同的网络通信协议，但其本质都是以太网通信，如西门子常用的 PROFINET、欧姆龙常用的 EtherCAT、施耐德常用的 ModbusTCP/IP 等，可根据现场实际情况来选用合适的品牌。

图像识别系统与上位机根据接口的不同用不同的通信线缆连接，并根据各种通信协议进行通信。几种常用的通信连接如图 10.30 所示。

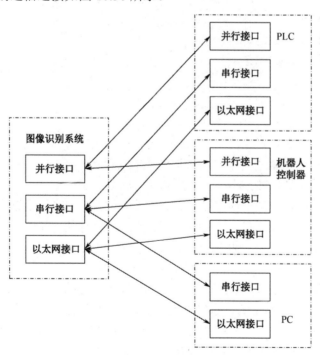

图 10.30 几种常用的通信连接

图像识别系统不同通信方式的优缺点如表 10.4 所示。

表 10.4　　图像识别系统不同通信方式的优缺点

| 通信方式 | 优点 | 缺点 |
| --- | --- | --- |
| 并行通信 | 因为可以多位数据一起传输，所以传输速度很快 | 内存有多少位，就要用多少根数据线，所以需要大量的数据线，成本很高。在高速传输状态下，并行接口的几根数据线之间存在串扰，而且并行接口要求信号同时发送、同时接收，任何一根数据线的延迟都会出现问题 |
| 串行通信 | 使用的数据线少，在远距离通信中可以节约通信成本。在高速传输状态下，串行通信只使用一根数据线，不存在信号线之间的串扰，而且串行通信还可以采用低压差分信号，大大提高了抗干扰性，可实现更高的传输速率 | 因为每次只能传输一位数据，所以传输速率比较低 |
| 工业以太网通信 | 实时性强。一定的时间内发送一个指令一定要被处理，不然通信就会失败 | 相对于其他的通信方式，工业以太网通信对温度、抗干扰的要求更高 |

### 5．图像识别系统的应用

思政小视频

微课：传感器应用-闯红灯拍照

1）图像识别系统开发步骤

图像识别系统开发是一个系统工程，须按照以下步骤进行开发。

（1）需求了解、分析、确认。

（2）样品准备、测试。

（3）系统软件、硬件选型。

（4）系统开发设计。

（5）现场试运行、大量测试。

（6）系统的局部修改和完善。

（7）系统验收。

（8）人员培训与系统维护。

2）输送链跟踪系统

工业生产中绝大多数机器人的图像识别系统是配合输送链搭建的，工业机器人只起到取放工件的作用。输送链面临的问题：由于输送链始终是运动的，且很多输送链的速度可调，这就造成图像识别系统如果捕捉不到工件的图像，就会在工业机器人动作时产生错误。

为了知道某一时刻待处理工件在输送链上的准确位置，引入输送链跟踪系统的概念。顾名思义，输送链跟踪系统能够跟踪输送链上的工件，使执行装置能够知晓某一时刻输送链上工件的准确位置。尤其是随着工业机器人在物流、包装等行业的应用越来越多，输送链跟踪系统与机器人系统的组合也成了一种常见的组合形式。

在输送链跟踪的硬件组态中，首先需要一条输送链，并且输送链上要固定一个同步开关。同步开关用于记录工件通过同步开关的时刻，工件通过同步开关时即触发一个同步信号，此信号用于记录工件初始位置，搭配增量式编码器可以计算出工件与同步开关的相对位置。对图像识别系统来说，多数采用的是相机触发机制，这里可将相机当作同步开关。同步开关可以有不同的触发方式，常见的有红外线触发、手动触发、连续触发等触发方式。对于相机触发机制，每当工件通过相机下方，即触发一个信号，此信号就作为机器人的同步信号。编码器安装在输送链的驱动单元上，以记录输送链的位移。输送链跟踪系统如图 10.31 所示。

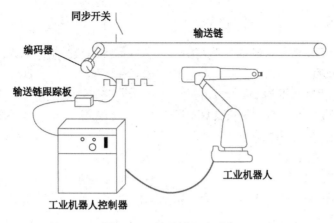

图 10.31　输送链跟踪系统

在本项目中，学习了图像识别技术的概念、方法和应用。图像识别系统由光源、镜头、CCD 相机、图像采集卡、图像处理系统及其他外部设备组成。本项目还介绍了图像的基本知识和获取图像的方法。图像处理主要涉及颜色处理、几何转换、图像分割与边缘检测、降噪等知识。图像分析通过模板匹配达到图像识别的目的，也能识别物体的几何中心、颜色、形状、旋转角度等。图像识别系统通过通信将识别结果传送给上位机，完成基于图像识别的智能控制。

# 思 考 练 习

### 1. 填空题

（1）图像识别是指利用计算机对图像进行（　　　　），以识别各种不同模式的目标和对象的技术。

（2）相机光圈孔径和 $f$ 值成（　　　　），进光量和光圈孔径的平方成（　　　　）。

（3）单位被照面上接收到的（　　　　）称为照度。

（4）不同波长的光对物体的穿透力不同，波长越长，光对物体的（　　　　）越强；波长越短，光在物体表面的（　　　　）越大。

（5）相机是由（　　　　）和相机主机组成的。

（6）相机的核心是（　　　　）传感器。

（7）焦距，也称为焦长，是光学系统中衡量光的（　　　　）的度量方式，指从透镜中心到光聚焦点的距离。

（8）快门速度是摄影中常用的用于表达（　　　　）的专业术语。

（9）图像显示的基本单位是（　　　　），通常被视为图像的最小完整采样，其英文单词是 Pixel。

## 2．单项选择题

（1）最适宜用于反射度极高的物体，如芯片和硅晶片的破损检测的光源是（　　　）。

　　A．同轴光源　　　B．背光照明光源　　C．环形光源　　　D．条形光源

（2）对于半透明物体的检测，宜选用（　　　）。

　　A．同轴光源　　　B．背光照明光源　　C．环形光源　　　D．条形光源

（3）图像识别的方法不包含（　　　）。

　　A．统计模式识别　　　　　　　　B．结构模式识别

　　C．模糊模式识别　　　　　　　　D．标签识别模式

（4）下面四个光圈 $f$ 值，选用哪一个拍摄的画面最亮？（　　　）。

　　A．$f/2$　　　　　B．$f/2.8$　　　　C．$f/4$　　　　　D．$f/11$

（5）以下四种分辨率的图片文件，文件最大的是（　　　）。

　　A．10×10　　　　B．20×20　　　　C．50×50　　　　D．100×100

（6）通常灰度值范围为 0～255，其中白色取值为（　　　）。

　　A．0　　　　　　B．127　　　　　C．128　　　　　D．255

（7）以下图像处理技术中属于颜色处理的是（　　　）。

　　A．几何转换　　　B．降噪　　　　C．灰度转换　　　D．边缘检测

（8）图像模板匹配的本质是基于图像（　　）的检索。

　　A．文件名　　　　B．网页文字　　　C．内容　　　　D．大小

（9）图像分析主要研究（　　　）。

　　A．图像对比度调节　　　　　　　B．图像编码

　　C．图像降噪　　　　　　　　　　D．图像特征提取及识别

（10）图像识别系统集成到工厂的机器人及其他自动化装置上需要的通信方式不包含
（　　　）。

　　A．并行通信　　　B．串行通信　　　C．蓝牙　　　　D．工业以太网通信

## 3．判断题

（1）图像识别可以识别字母、数字、符号和所有的物体。　　　　　　　　（　　　）

（2）二维码的识别采用了图像识别技术。　　　　　　　　　　　　　　　（　　　）

（3）图像识别技术能检测元器件的尺寸和外观。　　　　　　　　　　　　（　　　）

（4）图像识别系统包含光源、镜头、相机、图像采集卡、图像处理系统及其他外设等。
　　　　　　　　　　　　　　　　　　　　　　　　　　　　　　　　　（　　　）

（5）不同波长的光对物体的穿透力（穿透率）不同，波长越长，光对物体的穿透力越强；
波长越短，光在物体表面的扩散率越大。　　　　　　　　　　　　　　　（　　　）

（6）一般情况下，CCD 数码相机的成像质量比 CMOS 数码相机的高。　（　　　）

（7）在焦距不变的情况下，$f$ 值越小，光圈孔径越大，进光量越多，画面越亮，主体背景
虚化程度越高。　　　　　　　　　　　　　　　　　　　　　　　　　　（　　　）

（8）图像分辨率越高，像素点密度越高，图像越逼真，图像文件越大。　（　　　）

## 4．简答题

（1）想要过滤掉包装上的红色文字，应采用哪种颜色的光源？

（2）希望获得浅景深的照片，应选用大光圈还是小光圈？

（3）举例说明图像识别可应用于哪些方面？

（4）模板匹配的本质是什么？它的核心步骤有哪些？

（5）典型的图像识别系统由哪几个部分组成？

（6）简述数字图像的采集过程。

（7）图像识别系统的输出结果有哪几种？

# 第四部分

# 传感器技术的应用

　　本书第二部分主要介绍了典型传感器技术及其应用，第三部分主要介绍了 FRID、生物识别、图像识别等现代感知技术，第四部分将介绍如何应用传感器。按照循序渐进的原则，先制作传感器模块，然后将传感器与单片机结合制作智能传感器，最后介绍传感器在智能家居项目中的综合应用。

# 项目十一 传感器的制作及应用

## 项目目标

（1）知识目标：了解传感器输出信号的特点，常用传感器检测电路的作用，传感器与微处理器接口电路。

（2）技能目标：学会使用传感器进行简单的检测，初步掌握传感器结合单片机的综合应用，学会撰写实训报告。

（3）素质目标：培养学生谦虚好学的学习态度、认真细致的工作态度、严谨的工作作风、良好的职业习惯和一定的创新思维能力；培养学生安全用电的意识、遵守安全生产规范和操作规程的意识；培养学生的团队协作和沟通交流能力。

## 项目知识

## 一、传感器应用基础

### 1. 传感器输出信号处理

#### 1）传感器输出信号的形式

传感器输出信号的形式是多种多样的。例如，尽管同为温度传感器，热电偶随温度变化输出的是不同的电压值，热敏电阻随温度变化输出的是不同的电阻值，而双金属温度传感器则随温度变化输出开关信号。表 11.1 所示为传感器输出信号的一般形式。

表 11.1　传感器输出信号的一般形式

| 输出信号的形式 | 输出变化量 | 传感器的例子 |
|---|---|---|
| 模拟信号 | 电压 | 热电偶、磁敏元件、气敏元件、压电式传感器、光电池等 |
| | 电流 | 光敏二极管 |
| | 电阻 | 热敏电阻、应变片等 |
| | 电容 | 电容式传感器 |
| | 电感 | 电感式传感器 |
| 数字信号 | 机械/电子触点 | 双金属温度传感器、霍尔开关、光电开关、磁性开关等 |
| | 频率 | 多普勒速度传感器、谐振式传感器 |
| | 总线输出 | 单总线接口的温度传感器 DS18B20、二线数字串行通信接口 SCK 和 DAT 的湿度传感器 SHT11 等 |
| | 串行通信接口 | RS-232、RS-485 等 |
| | 无线通信接口 | ZigBee、蓝牙等 |

2）传感器输出信号的特点

（1）传感器输出的信号类型有电压、电流、电阻、电容、电感、频率等，通常是动态的。

（2）输出的电信号一般都比较弱，如电压信号通常为 μV 级到 mV 级，电流信号为 nA 级到 mA 级。

（3）传感器内部存在噪声，输出信号会与噪声信号混合在一起。当噪声比较大而输出信号又比较弱时，有用信号常会淹没在噪声之中。

（4）传感器的输出信号动态范围很宽。输出信号随着物理量的变化而变化，但它们之间的关系不一定呈线性关系，如热敏电阻值随温度的变化按指数函数变化。输出信号大小会受温度的影响，有温度系数存在。

（5）传感器的输出信号受外界环境（如温度、电场）的干扰。

（6）传感器的输出阻抗都比较高，这样会使传感器输出信号输入测量电路时产生较大信号衰减。

（7）传感器的输出特性与电源性能有关，一般须采用恒压电源或恒流电源供电。

3）传感器输出信号的处理方法

根据传感器输出信号的特点，采取不同的信号处理方法来提高测量系统的测量精度和线性度，这正是传感器信号处理的目的。另外，传感器在测量过程中常掺杂许多噪声信号，它会直接影响测量系统的精度，因此抑制噪声也是传感器信号处理的重要内容。

传感器输出信号的处理主要由传感器接口电路完成。因此，传感器接口电路应具有一定的信号预处理功能。经预处理后的信号，应成为可供测量、控制使用，以及便于向微型计算机输出的形式。传感器接口电路具有多样性，典型的传感器接口电路如表 11.2 所示。

表 11.2　典型的传感器接口电路

| 序号 | 接口电路 | 对信号的预处理功能 |
|---|---|---|
| 1 | 阻抗转换电路 | 在传感器输出为高阻抗的情况下，转换为低阻抗，以便检测电路准确地拾取传感器的输出信号 |
| 2 | 放大转换电路 | 将微弱的传感器输出信号放大 |
| 3 | 电流电压转换电路 | 将传感器的电流输出转换成电压输出 |
| 4 | 电桥电路 | 把传感器的电阻、电容、电感变化为电流或电压 |
| 5 | 频率电压转换电路 | 把传感器输出的频率信号转换为电流或电压 |
| 6 | 电荷放大器 | 将电场型传感器输出产生的电荷转换为电压 |
| 7 | 有效值转换电路 | 在传感器为交流输出的情况下，转为有效值，变为直流输出 |
| 8 | 滤波电路 | 通过低通及带通滤波器的噪声成分 |
| 9 | 线性化电路 | 在传感器的特性不是线性的情况下，用来进行线性校正 |
| 10 | 对数压缩电路 | 当传感器输出信号的动态范围较宽时，用对数压缩电路进行压缩 |

4）传感器输出信号的抗干扰技术

（1）噪声。在传感器电路的信号传递中，所出现的与被测量无关的随机信号被称为噪声。按照来源，噪声可分为以下两种。

内部噪声：内部噪声是由传感器或检测电路元器件内部带电微粒的无规则运动产生的，如热噪声、散粒噪声及接触不良引起的噪声等。

外部噪声：外部噪声是由传感器检测系统外部人为或自然干扰造成的。外部噪声的来源主要为电磁辐射，当电动机、开关及其他电子设备工作时会产生电磁辐射，雷电、大气电离及其他自然现象也会产生电磁辐射。

（2）干扰。在信号提取与传递过程中，噪声信号常叠加在有用信号上，使有用信号发生畸变从而造成测量误差，严重时甚至会将有用信号淹没，使测量工作无法正常进行，这种由噪声所造成的不良效应被称为干扰。常见的干扰有机械干扰（振动与冲击）、热干扰（温度与湿度变化）、光干扰（其他无关波长的光）、化学干扰（酸、碱、盐及腐蚀性气体）、电磁干扰（电/磁场感应）、辐射干扰（气体电离、半导体被激发、金属逸出电子）等。

（3）抗干扰方式。由于传感器或检测装置要在各种不同的环境中工作，于是噪声与干扰不可避免地要作为一种输入信号进入传感器与检测系统。因此，系统就不可避免地会受到各种外界因素和内在因素的干扰。为了减小测量误差，在传感器与检测系统设计与使用过程中，应尽量减少或消除有关影响因素的作用。

对由传感器形成的检测装置而言，形成噪声干扰通常有三个要素：噪声源、通道（噪声源与接收电路之间的耦合通道）、接收电路。所以，抗干扰的方式主要有以下三种。

第一，消除或抑制干扰源。消除干扰源是最有效、最彻底的方法，但在实际中是很难完全消除的。

第二，阻断或减弱干扰的耦合通道或传输途径。

第三，削弱接收电路对干扰的灵敏度。通过电子电路板的合理布局，如输入电路采用对称结构，信号传输线采用双绞线等措施来实现。

（4）抗干扰技术。控制噪声干扰的方式就是阻断干扰的耦合通道或传输途径。检测装置常采用的抗干扰技术有屏蔽技术、接地技术、隔离技术、滤波技术等硬件抗干扰技术，以及冗余技术、陷阱技术等软件抗干扰技术。

屏蔽技术。屏蔽就是用低电阻材料或磁性材料把元器件、传输导线、电路及组合件包围起来，以隔离内外电磁或电场的相互干扰。电场屏蔽主要用来防止元器件或电路间因分布电容耦合形成的干扰。磁场屏蔽主要用来消除元器件或电路间因磁场寄生耦合产生的干扰，磁场屏蔽的材料一般选用高磁导系数的磁性材料。电磁屏蔽主要用来防止高频磁场的干扰。电磁屏蔽的材料应选用电导率较高的材料，如铜、银等，利用电磁场在屏蔽金属内部产生涡流而起屏蔽作用。

接地技术。电路或传感器中的地指的是一个等电位点，它是电路或传感器的基准电位点，与基准电位点相连就是接地。传感器或电路接地，是为了清除电流流经公共地线阻抗时产生的噪声电压，也可以避免受磁场或地电位差的影响。把接地和屏蔽正确结合起来使用，就可抑制大部分的噪声。单级电路一点接地和多级电路一点接地分别如图 11.1 和图 11.2 所示。

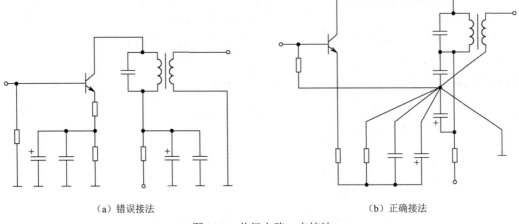

　　　　（a）错误接法　　　　　　　　　　　　　　（b）正确接法

图 11.1　单级电路一点接地

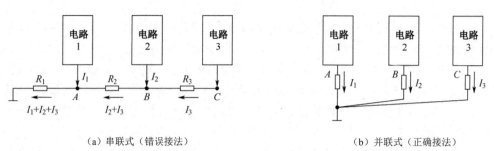

（a）串联式（错误接法）　　　　　　　　　　（b）并联式（正确接法）

图 11.2　多级电路一点接地

隔离技术。前后两个电路信号端直接连接，容易形成环路电流，引起噪声干扰。这时，常采用隔离的方法，把两个电路的信号端从电路上隔开。隔离的方法主要有变压器隔离和光电耦合器隔离。在两个电路之间加入隔离变压器可以切断地环路，实现前后电路的隔离，变压器隔离只用于交流电路。在直流或超低频测量系统中，常采用光电耦合的方法实现电路的隔离。变压器隔离和光电耦合器隔离如图 11.3 所示。

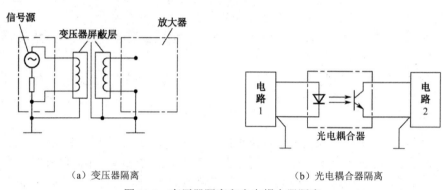

（a）变压器隔离　　　　　　　　　　（b）光电耦合器隔离

图 11.3　变压器隔离和光电耦合器隔离

滤波技术。滤波电路或滤波器是一种能使某一部分频率顺利通过而另一部分频率受到较大衰减的装置。由于传感器的输出信号大多是缓慢变化的，因此对传感器输出信号的滤波常采用有源低通滤波器，它只允许低频信号通过而不允许高频信号通过。常采用的方法是在运算放大器的同相端接入一阶或二阶有源 RC 低通滤波器，其频率特性如图 11.4（a）所示，使干扰的高频信号滤除，而有用的低频信号顺利通过；反之，在输入端接高通滤波器，其频率特性如图 11.4（b）所示，将低频信号滤除，使高频有用信号顺利通过。除上述滤波器以外，有时还要使用带通滤波器和带阻滤波器，二者的频率特性分别如图 11.4（c）、图 11.4（d）所示。带通滤波器的作用是只允许某一频带内的信号通过，而比通频带下限频率低和比上限频率高的信号都被阻断，它常用于从许多信号中获取所需要的信号，而使干扰信号被滤除。带阻滤波器和带通滤波器相反，在规定的频带内，信号不能通过，而在其余频率范围内，信号则能顺利通过。总之，由于不同检测系统的需要，应选用不同的滤波电路。

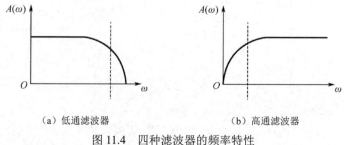

（a）低通滤波器　　　　　　　　　　（b）高通滤波器

图 11.4　四种滤波器的频率特性

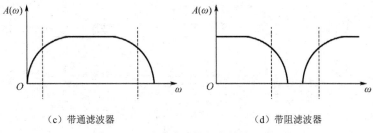

（c）带通滤波器  （d）带阻滤波器

图 11.4 四种滤波器的频率特性（续）

### 2. 传感器与微处理器接口电路

1）数字传感器与微处理器接口电路

（1）开关型传感器。红外对管实物及其电路图如图 11.5 所示，其中一个为红外发射管，另一个为红外接收管。不同型号的元器件有不同的工作电压、电流、波长，如 QED422 型红外对管，其红外发射管的正向压降为 1.8V，偏置电流为 100mA。当向红外发射管提供工作电压时，它能持续发射出波长为 880nm 的红外线（不可见）。红外接收管通常工作在反向电压状态，当 $S_1$ 断开，红外发射管无红外线发射时，红外接收管截止，于是输出端 $V_{out}$ =+5V；当 $S_1$ 闭合，红外发射管发射红外线时，如果红外发射管与红外接收管对齐，那么红外接收管导通而 $V_{out}$ 接近 0。

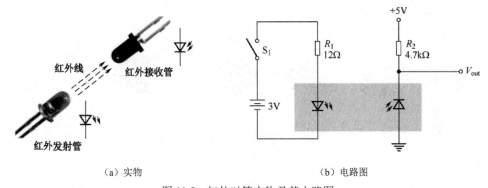

（a）实物  （b）电路图

图 11.5 红外对管实物及其电路图

将输出端直接连接到单片机上，通过编程检测对应引脚电平的高低（或者检测脉冲信号），判断红外对管之间是否有物体通过，如果有物体遮挡，那么输出端不能接收信号，输出高电平；如果没有物体遮挡，那么输出端能够接收发射的红外线，输出低电平。

（2）串行输出传感器。随着技术进步，数字传感器也越来越多，以 DS18B20 型为例，其就是一个单总线元器件，通过一条线，以串行方式和微处理器交换转换后的数据。

（3）串行通信/无线通信传感器。传感器的应用越来越广泛，传感器厂家生产了越来越多带 RS-232 通信接口、带无线通信接口的传感器，方便大规模应用传感器。其处理方式涉及串行通信编程和无线通信技术，是传感器应用开发的热点。

2）模拟传感器与微处理器接口电路

以微处理器为核心的控制系统，采用传感器检测各种参数，能自动完成测试、控制工作的全过程。其既能实现对信号的检测，又能对所获信号进行分析和处理获得有用信息。图 11.6 所示为微机控制系统框图，它能快速、实时测量，并能排除噪声干扰，进行数据处理、信号分析，由测得的信号求出与研究对象有关信息的量值或给出其状态的判别，从而控制执行装置，完成对被控对象的控制。

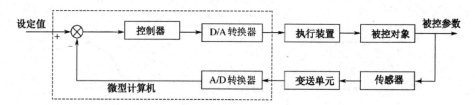

图 11.6　微机控制系统框图

传感器的作用是完成信号的获得，它把各种被测量转换成电信号。这种信号进行放大、滤波处理后经过 A/D 转换器送入微型计算机。

微型计算机是微型计算机控制系统的核心，它使整个系统成为一个智能化的有机整体，完成传感器数据的采集、处理、输出控制功能。

变送单元既可以采用厂家集成好的变送器，也可以自己设计，在设计过程中，要考虑传感器输出信号的特点和用途，所以传感器接口电路具有多样性。

（1）幅频转换。幅频转换是指把信号幅度的变化通过电路用频率变化的脉冲表示出来。这样做的目的是把模拟信号转换为数字信号，以便送入微处理器进行处理。幅频转换与 A/D 转换实现的方法不同，但是结果都是把模拟量转换成数字量。

MPX4115A 系列压力传感器专门用于气压测量，该系列传感器具有多种封装供选择，如图 11.7 所示。其内部已经集成了温度补偿、放大等电路，只要向其供电就可在输出端获得一个与实测气压相关的电压信号。

图 11.7　MPX4115A 系列压力传感器

MPX4115A 系列压力传感器参数表如表 11.3 所示。

表 11.3　MPX4115A 系列压力传感器参数表

| 参数 | 符号 | 最小值 | 典型值 | 最大值 | 单位 |
|---|---|---|---|---|---|
| 测量气压范围 | $P_{OP}$ | 15 | — | 115 | kPa |
| 供电电压 | $V_S$ | 4.85 | 5.1 | 5.35 | V（DC） |
| 工作电流 | $I_O$ | — | 7.0 | 10 | mA（DC） |
| 最小电压偏移 | $V_{off}$ | 0.135 | 0.204 | 0.273 | V（DC） |
| 满刻度输出 | $V_{FSO}$ | 4.725 | 4.794 | 4.863 | V（DC） |
| 灵敏度 | $V/P$ | — | 46 | — | mV/kPa |
| 响应时间 | $t_R$ | — | 1.0 | — | ms |

由表 11.3 可知，该系列传感器所能测量的气压范围为 15～115kPa，当实测气压达到最大（115kPa）时，传感器输出电压 $V_{out}$ 约为 4.794V。当所测气压改变 1kPa 时，输出电压变化 46mV（灵敏度），故输出电压与气压 $X$ 的关系为

$$V_{out} = 4.794 - (115 - X) \times 0.046 \tag{11-1}$$

例如，当实测气压为 50kPa 时，传感器的输出电压为

$$V_{out} = 4.794 - (115 - 50) \times 0.046 \approx 1.8（V）$$

由于 MPX4115A 系列压力传感器输出电压与实测气压有对应关系，如果把显示屏电压信号转换为数字信号，微处理器（单片机）就可以读取、处理，并通过数码管或显示屏显示出来。

幅频转换用不同频率的等幅信号来代表不同电平的模拟信号。图 11.8 所示为幅频转换器 LM331N 的应用电路，如果在输入端输入一个电压信号，那么在输出端可得到一个输出频率与输入电压满足式（11-2）的矩形波信号。

$$f_{V_{out}} = \frac{0.478}{R_T C_T} \frac{R_S}{R_L} V_{in} = \frac{0.478 \times 10k\Omega}{6.19k\Omega \times 0.01\mu F \times 100k\Omega} V_{in} = 772 V_{in} \qquad (11-2)$$

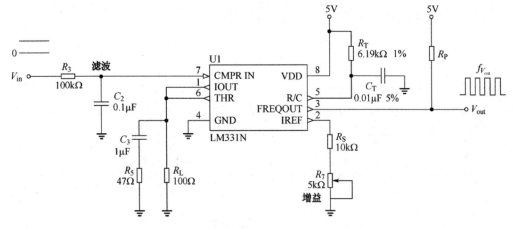

图 11.8  幅频转换器 LM33IN 的应用电路

若输入电压为 2V，则输出频率为 2×772=1544Hz。若输入电压不断变化，则输出频率也跟着变化，用式（11-2）计算可得输出电压的大小，再用式（11-1）计算压强的大小。

（2）A/D 转换。一般的 A/D 转换器要求输入信号是标准的模拟信号，如 0～5V、4～20mA 的模拟信号。为了满足这一要求，可采取以下方法：一是直接选择输出信号满足要求的传感器；二是对传感器输出信号进行处理，如放大、调理、采样、滤波等。下面以线性霍尔式传感器为例进行说明。

如图 11.9 所示，3503 系列线性霍尔式传感器是一个可精确测量磁通量微小变化的传感器系列，该系列传感器只有 3 个引脚，分别为 $V_{CC}$（1 引脚）、GND（2 引脚）、$V_{out}$（3 引脚）。在实测时，磁场要穿过有效传感器元器件才会被检测到。

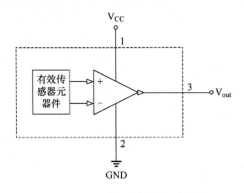

图 11.9  3503 系列线性霍尔式传感器

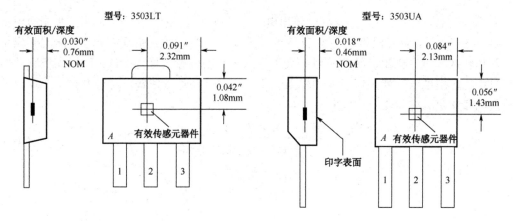

图 11.9　3503 系列线性霍尔式传感器（续）

3503 系列线性传感器的供电电压约为 5V、工作电流约为 9mA，如表 11.4 中的典型值列所示，当没有磁场作用时（$B = 0G$，G 是磁场强度的单位），输出电压 $V_{out} = 2.5V$；其灵敏度为 1.3mV，即当磁场强度变化 1G 时，输出电压改变约 1.3mV。

表 11.4　3503 系列线性霍尔式传感器的参数表

| 参数 | 符号 | 最小值 | 典型值 | 最大值 | 单位 |
| --- | --- | --- | --- | --- | --- |
| 供电电压 | $V_{CC}$ | 4.6 | 5 | 6.0 | V（DC） |
| 工作电流 | $I_C$ | — | 9.0 | 13 | mA（DC） |
| 输出电压 | $V_{out}$ | 2.25 | 2.5 | 2.75 | V（DC） |
| 灵敏度 | $\Delta V_{out}$ | 0.75 | 1.3 | 1.75 | V（DC） |
| 带宽（-3dB） | BW | — | 23 | — | mV/kPa |
| 输出阻抗 | $R_{out}$ | — | 50 | 220 | mΩ |

由于 3503 系列线性霍尔式传感器的灵敏度为 1.3mV，这个毫伏级的变化非常微弱，须经过放大才能用幅频转换器或 A/D 转换器采集。3503 系列线性霍尔式传感器的放大电路如图 11.10 所示。

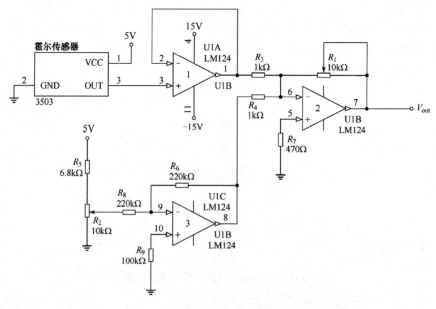

图 11.10　3503 系列线性霍尔式传感器的放大电路图

电位器 $R_1$ 可调节放大倍数。电位器 $R_2$ 与 U1C 组成调零电路，它可以在磁场强度为 0G 时将电路的输出电压 $V_{out}$ 调整至 0V。在调试时，先将电位器 $R_1$ 阻值调到最大，使电路获得最大增益。让 3503 系列线性霍尔式传感器尽量远离磁场，调节电位器 $R_2$ 使输出电压尽量接近 0V。调整好 $R_2$ 后，一般不用再调节。接下来可按实际需要调节电位器 $R_1$，使放大电路的输出电压与后一级（如幅频转换器、A/D 转换器）的输入电压范围匹配，并达到最大的分辨率。

经过放大的信号还要通过调理电路进行信号调理：放大或限制输入信号的幅度（调节电位器 $R_4$），增加或减少信号的偏置（调节电位器 $R_5$）。如图 11.11（a）所示，该调理电路由 3 个运算放大器组成，分别构成跟随器、电平移位器、增益控制器。调节电位器 $R_5$，电平移位器将跟随器输出的信号（从 LF347 的 1 引脚输出）进行上/下移位，也就是调整信号的直流电平分量，但是不改变信号的幅度。调节电位器 $R_4$ 可改变增益，从而控制信号的峰峰值。信号波形如图 11.7（b）所示。

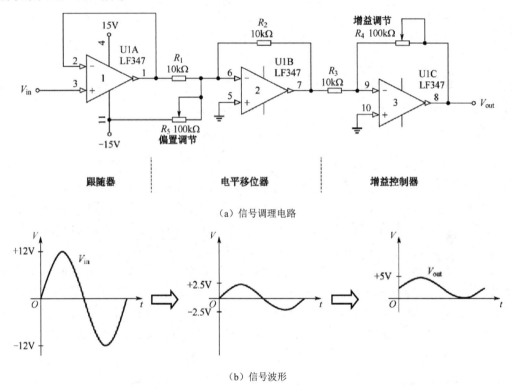

（a）信号调理电路

（b）信号波形

图 11.11 信号调理电路及信号波形

A/D 转换器将模拟信号转换成数字信号需要一定的时间。为了避免因模拟信号变化过快致使 A/D 转换器来不及转换，一般可根据实际需要使用采样保持电路对模拟信号进行稳定。假设有一个快速连续变化的模拟信号，采样保持电路中的采样模拟开关定期闭合一个瞬间，模拟信号通过模拟开关后给保持电容充电，采样模拟开关断开后，保持电容能维持信号的电平一段时间，于是就在 A/D 转换器的输入端出现了保持信号（图 11.12 中的粗横线段）。这个保持信号的保持时间可保证 A/D 转换器有足够的采样及转换时间，且可以通过对采样模拟开关和保持电容的设置来调整。

如图 11.13 所示，采样保持电路由模拟开关、保持电容、输入和输出缓冲器组成。模拟开关对经输入缓冲器后的模拟输入信号进行采样，保持电容能使采样信号的电平保持一段时间，同时输出缓冲器的高输入阻抗能较好地防止电容很快地放电。

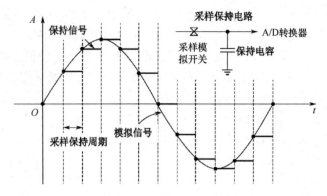

图 11.12　采样-积分示意图

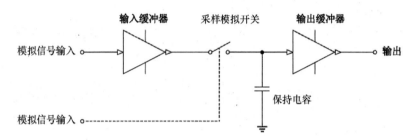

图 11.13　采样-积分电路

　　进行信号采样，为了避免采样信号被还原时出现信号的失真，必须遵守采样定理：采样频率大于或等于被采样信号的最高频率分量的 2 倍，被采样信号才能不失真地被还原。

　　A/D 转换器就是把模拟量转换为数字量的元器件。如图 11.14（a）所示，一个模拟信号每一时刻总有一个对应的幅度值，如果把峰值分成 16 份，并用 4 位二进制数来依次表示每一份幅度值，那么任意时刻都能找到唯一的二进制数来代表幅度值。例如，$t_0$ 时刻幅度值为 0001，$t_1$ 时刻幅度值为 0100，$t_2$ 时刻幅度值为 0111，$t_3$ 时刻幅度值为 1001 等。把这若干个代表幅度值的二进制数还原到坐标轴上就得到图 11.14（b）所示的折线，它与原来的模拟信号相比，虽然分辨率降低了，但是仍能大体上反映模拟信号。模拟信号离散化的目的是将模拟信号转换成二进制数字信号，这样，微处理器（单片机）等数字元器件就能派上用场。

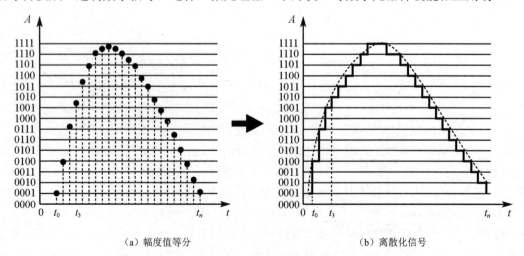

（a）幅度值等分　　　　　　　　　　（b）离散化信号

图 11.14　ADC 工作原理

A/D 转换器按数据传送方式分为串行 A/D 转换器和并行 A/D 转换器两种，常用的并行 A/D 转换器有 8 位的 AD0809、12 位的 AD574；常用的串行 A/D 转换器有 8 位的 TLC545 和 TLC0831。由于串行 A/D 转换器的接口电路简单，因此现在应用较多。

A/D 转换器根据转换原理可分为逐次比较式 A/D 转换器、双重积分式 A/D 转换器、量化反馈式 A/D 转换器和并行 A/D 转换器；根据其分辨率可分为 8 位 A/D 转换器、12 位 A/D 转换器、16 位 A/D 转换器。目前最常用的是逐次逼近式 A/D 转换器和双重积分式 A/D 转换器。常用的逐次逼近式 A/D 转换器有 ADC0801～ADC0805 型 8 位 MOS 型 A/D 转换器、ADC0808/0809 型 8 位 MOS 型 A/D 转换器、ADC0816/0817 型 8 位 MOS 型 A/D 转换器、AD574 型快速 12 位 A/D 转换器。常用的双重积分式 A/D 转换器有 ICL7106/ICL7126、MC14433/5G14433、ICL7135 等型号。

## 二、传感器小制作

### 1．敏电阻温度计

（1）制作要求。制作的热敏电阻温度计能测量 20～30℃范围内的任一温度，测量误差应不大于 1℃。

（2）电路说明。热敏电阻温度计的测温 Proteus 仿真电路如图 11.15 所示。其由固定电阻 $R_1$、$R_2$，热敏电阻 RT、$R_3$、$R_{V1}$ 构成测温电桥，先把温度的变化转化成微弱的电压变化，再由运算放大器 LM358 进行差动放大。由于 $R_4=R_5$，$R_6=R_7$，所以

$$U_o=(R_7/R_4)\times(V_+-V_-)\approx4(V_+-V_-)$$

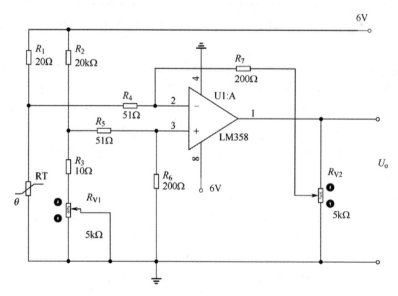

图 11.15　热敏电阻温度计的测温 Proteus 仿真电路

运算放大器的输出端接万用表，用来显示温度值对应的电压值。电阻 $R_1$ 与热敏电阻 RT 的节点接运算放大器的反相输入端，当被测温度升高时，该点电位降低，运算放大器的输出电压 $U_o$ 增大，以指示较高的温度值；反之，当被测温度降低时，运算放大器的输出电压 $U_o$ 减小，以指示较低的温度值。$R_{V1}$ 用于调零；$R_{V2}$ 用于调节放大器的增益，即分度值。

**注意：**

①LM358 为双运算放大器，4 引脚接地，8 引脚接电源，2 引脚为反相输入端，3 引脚为同相输入端，1 引脚为输出端。

②Proteus 仿真电路可以用于原理分析，但是仿真电路的电路符号和标准电路符号不一致。

③由于 Proteus 软件的元件库中并没有热敏电阻元件，如要验证电路功能，可以用可变电阻器替代 RT。

④在仿真时，可以在运算放大器的 1、2、3 引脚处放置电压探针，测试电压值。

（3）元器件和工具设备。

①热敏电阻温度计元器件表如表 11.5 所示。

**表 11.5　热敏电阻温度计元器件表**

| 序号 | 名称 | 标号 | 数量（个） | 型号 |
|------|------|------|-----------|------|
| 1 | 热敏电阻温度传感器 | RT | 1 | NTC |
| 2 | 集成运算放大器 | U1:A | 1 | LM358 |
| 3 | 色环电阻 | R1 | 1 | 20Ω |
| 4 | 色环电阻 | R2 | 1 | 20kΩ |
| 5 | 色环电阻 | R3 | 1 | 10Ω |
| 6 | 色环电阻 | R4、R5 | 2 | 51Ω |
| 7 | 色环电阻 | R6、R7 | 2 | 200Ω |
| 10 | 精密电位器 | | 2 | 5kΩ |
| 11 | PCB（万能板） | | 1 | 6cm×7cm |
| 12 | 松香、焊锡、导线 | | 适量 | |

② 工具设备：数字万用表、稳压电源、电烙铁等装接工具、水银温度计、盛水容器（容量≥1L）。

（4）组装与调试。参考图 11.15 将电路焊接在 PCB 上，认真检查电路，将热敏电阻的引脚用导线焊接后延长，输出端连接万用表（直流电压）。准备盛水容器、冷水、60℃以上的热水、水银温度计、搅棒等。调试步骤如下。

① 把热敏电阻温度传感器和水银温度计放到盛水容器中，接通电路电源。加入冷水和热水（不断搅动），通过调节冷、热水比例使水温为 20℃，调节电路中的 $R_{V1}$ 使万用表显示 0V（起点温度定为 20℃）。

② 容器中加热水和冷水，不断搅动把水温调到 30℃，通过调节电路中的 $R_{V2}$ 使万用表显示 5V。

③ 重复步骤①和步骤②，直至调试完成。万用表指示的电压值乘以 2 再加上 20 就等于所测温度。

④ 检验在 20～30℃ 范围内的任一温度点，水银温度计的读数与本电路所测温度值是否一致，误差应不大于 1℃。

**注意：**调试过程中要不断搅动，以使传感器与水银温度计感受同一温度，同时要等水银温度计的读数稳定后再调试电路。由于热敏电阻是一个电阻，电流流过它时会产生一定的热量，因此电路设计时应确保流过热敏电阻的电流不能太大，防止热敏电阻自热过度，否则系统测量的是热敏电阻发出的热度，而不是被测介质的温度。

## 2. 简易电子秤

（1）制作要求。采用上海天沐 NS-TH5B 型称重传感器，其选型标准如图 11.16 所示，具体型号为 NS-TH5B-1kg-10-L-1-L，即量程为 1kg，工作电压为 10V，输出信号为 L［灵敏度为（2.0±0.002）mV/V，当传感器工作电压为 10V，满量程工作时，输出电压为 2mV/V×10V=20mV］的传感器实现简易电子秤，并使用砝码进行称重测试。

如果不自己制作放大电路，那么可选择输出信号为 I，V1～V4 直接连接 A/D 转换电路即可进行称重数据采集，也可直接选择 RS 串行通信模式，以 RS485 方式和上位机通信，直接读取称重数据。由此可见，传感器的选型是非常重要的。如果自己设计放大电路、A/D 转换电路，那么成本较低，但设计周期变长，调试难度增加；如果选择通信方式，那么成本会上升，并且要具备通信程序设计能力，但是设计周期短，调试难度较低。具体采用哪种方式，要根据工期长短、成本、自身掌握的知识和具备的能力合理进行选择。

| NS | 商标 | | | | | |
|---|---|---|---|---|---|---|
| | 型号 | 产品名称 | | | | |
| | TH5A | 称重传感器（大尺寸） | | | | |
| | TH5B | 称重传感器（小尺寸，量程≤10kg） | | | | |
| | | X | X为额定载荷，单位为kg。例：5kg，25kg | | | |
| | | 代码 | 工作电压 | | | |
| | | 05 | 5V DC | | | |
| | | 10 | 10V DC | | | |
| | | 12 | 12V DC | | | |
| | | 24 | 24V DC | | | |
| | | T | 特殊规格 | | | |
| | | | 代码 | 输出信号 | | |
| | | | L | 2.0mV/V | | |
| | | | I | 4～20mA | | |
| | | | V1 | 0～5V | | |
| | | | V2 | 0～10V | | |
| | | | V3 | −5～5V | | |
| | | | V4 | −10～10V | | |
| | | | RS | RS485 | | |
| | | | T | 特殊规格 | | |
| | | | | 代码 | 安装形式 | |
| | | | | 1 | 直接引线 | |
| | | | | T | 特殊规格 | |
| | | | | | 代码 | 安装形式 |
| | | | | | L | 螺栓固定 |
| | | | | | T | 特殊规格 |
| NS | TH5B | 1kg | 10 | L | 1 | L | ←—— 选型举例 |

图 11.16 称重传感器选型标准

传感器输出接口有 4 针航空接插件、直出线、宾德 714、赫斯曼等类型，前两种接口定义如表 11.6 所示。

表 11.6　两种传感器输出接头定义表

| 传感器接口类型 | 引脚定义 | | |
|---|---|---|---|
| | 引脚号 | NS-P-I-4×3 | NS-P-I-2/3×3 |
| 4 针航空接插件（公共端） | 1 | 信号+ | 信号 |
| | 2 | 屏蔽线 | 屏蔽线 |
| | 3 | NC | 0V |
| | 4 | 电源 | 电源 |
| 直出线 | 1 | NS-P-I-4×0 | NS-P-I-2/3×0 |
| | 2 | +电源 | +电源 |
| | 3 | 信号+ | 信号 |
| | 4 | NC | 0V |
| | 5 | NC | NC |

（2）电路说明。简易电子秤电路图如图 11.17 所示。称重传感器输出微弱的电压变化量（0～20mV），由运算放大器 LM358 进行差动放大。由于 $R_4=R_5$，$R_6=R_7$，所以

$$U_o = (R_7/R_4) \times (V_+ - V_-) \approx 100(V_+ - V_-)$$

运算放大器的输出端接万用表，用来显示质量对应的电压值。当被测质量增加时，运算放大器的输出电压 $U_o$ 增大；当被测量减小时，运算放大器的输出电压 $U_o$ 减小。$R_{V1}$ 用于调零；$R_{V2}$ 用于调节放大器的增益，即分度值。称重传感器的输出信号从 IN+ 和 IN- 端接入，电源、地线的连接参考表 11.6。

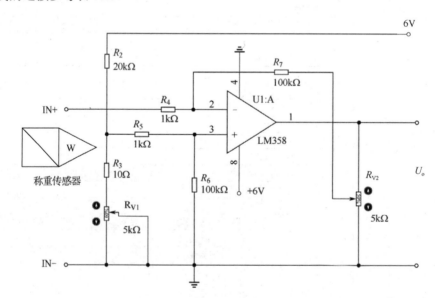

图 11.17　简易电子秤电路图

（3）元器件和工具设备。

①简易电子秤元器件表如表 11.7 所示。

表 11.7　简易电子秤元器件表

| 序号 | 名称 | 标号 | 数量（个） | 规格 |
|---|---|---|---|---|
| 1 | 称重传感器 | W | 1 | NS-TH$_5$B-1kg-10-L-1-L |

续表

| 序号 | 名称 | 标号 | 数量（个） | 规格 |
|------|------|------|-----------|------|
| 2 | 集成运算放大器 | U1:A | 1 | LM358 |
| 3 | 色环电阻 | R2 | 1 | 20kΩ |
| 4 | 色环电阻 | R3 | 1 | 10Ω |
| 5 | 色环电阻 | R4、R5 | 2 | 1kΩ |
| 6 | 色环电阻 | R6、R7 | 2 | 100kΩ |
| 7 | 精密电位器 | RV1、RV2 | 2 | 5kΩ×2 |
| 8 | PCB（万能板） |  | 1 | 6cm×7cm |
| 9 | 松香、焊锡、导线 |  | 适量 |  |
| 10 | 接线柱 |  | 4 |  |

②工具设备：数字万用表、稳压电源、电烙铁等焊接工具、砝码 1 套（可提供 1000g 以内的各种值）。

（4）组装与调试。

①利用焊接工具根据图 11.17 焊接制作电路模块。

②将 NS-TH$_5$B-1kg-10-L-1-L 型称重传感器引线焊接到放大电路模块（注意：工作电压为 10V）。

③将数字万用表黑色表笔连到放大电路模块 GND 端，红色表笔连到 V+端，并将数字万用表旋至 2V 挡位。

④将直流稳压电源的电源、地连接到电路和称重传感器中，并将输出电压旋至最低。

⑤再次检查连接线路，确认正确后进行加电测量实验。

⑥打开直流稳压电源开关，调节输出电压为 6V，给电路供电；另一路输出电压出 10V，给传感器供电。

⑦打开数字万用表电源，待数字显示稳定后，进行电路调零和 0.10kg 称重砝码标定。

在未称量物品的情况下，用螺钉旋具调节放大电路模块调零电位器，使数字万用表显示电压为零；加质量为 0.10kg 的砝码，此时传感器输出电压为 2mV，放大 100 倍后为 0.2V。用螺钉旋具调节放大电路模块，使数字万用表显示电压为 0.20V；取下砝码再调零，再加砝码，如此反复 3 次即可。

⑧根据表 11.8 中的数据单独或组合加砝码，读取数字万用表显示的电压值并将其填入表 11.8。

表 11.8　简易电子秤称重测量数据记录表

| 砝码质量（kg） | 0.10 | 0.20 | 0.30 | 0.40 | 0.50 | 0.60 | 0.70 | 0.80 | 0.90 | 1.00 |
|------|------|------|------|------|------|------|------|------|------|------|
| 输出电压（V） |  |  |  |  |  |  |  |  |  |  |

⑨根据测量数据进行线性分析、精度分析、误差分析，并做出综合评价。

### 3．酒精测试仪

（1）制作要求。图 11.18 所示为酒精测试仪电路。只要被试者向酒精测试仪吹一口气，便可显示出酒精含量，确定被试者是否适合驾驶车辆。气体传感器选用 QM-N5，这种传感器对酒精有较高的灵敏度，所以人们用它来制作酒精测试仪。酒精测试仪已成为交警执勤的标准配置。

QM-N5 加热时的工作电压是 5V，加热电流约 125mA。它的负载电阻为 $R_1$ 和 $R_P$，其输出直接连接 LED 显示驱动器 LM3914，共有 10 个输出端，每个输出端可以驱动 1 个发光二极管，具体资料可以查阅使用手册。

（2）电路说明。工作过程：当气体传感器探测不到酒精气体时，传感器为高阻状态，$R_1$ 和 $R_P$ 的输出电压很低，加在 LM39145 引脚的电平为低电平，10 个发光二极管都不亮；当气体传感器探测到酒精气体时，其内阻迅速降低，从而使 $R_1$ 和 $R_P$ 的输出电压升高，加在 LM3914 引脚 5 的电平变为高电平。气体中酒精含量越高，引脚 5 的电位就越高，点亮二极管的数目就越多（先绿色后红色），由此来判断被测试者饮酒的程度。如图 11.18 所示，上面 5 个发光二极管为红色，表示超过安全水平，下面 5 个发光二极管为绿色，表示安全水平（酒精含量不超过 0.5%）。

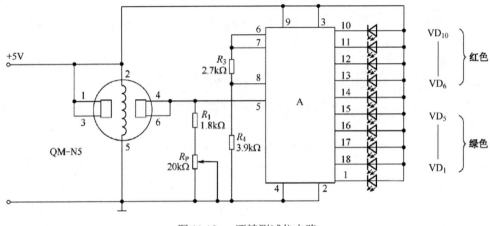

图 11.18　酒精测试仪电路

（3）元器件和工具设备。

①酒精测试仪元器件表如表 11.9 所示。

表 11.9　酒精测试仪元器件表

| 序号 | 名称 | 标号 | 数量（个） | 规格 |
|---|---|---|---|---|
| 1 | 气体传感器 | G | 1 | QM-N5 |
| 2 | 色环电阻 | R1 | 1 | 1.8kΩ |
| 3 | 色环电阻 | R3 | 1 | 2.7kΩ |
| 4 | 色环电阻 | R4 | 1 | 3.9kΩ |
| 5 | 精密电位器 | RP | 1 | 20kΩ×1 |
| 6 | 集成电路 | A | 1 | LM3914 |
| 7 | 集成电路插座 |  | 1 | 18 引脚 |
| 8 | 绿色发光二极管 | VD1~VD5 | 5 | 普通 |
| 9 | 红色发光二极管 | VD6~VD10 | 5 | 普通 |
| 10 | PCB（万能板） |  | 1 | 6cm×7cm |
| 11 | 松香、焊锡、导线 |  | 适量 |  |

②工具设备：数字万用表、稳压电源、电烙铁等装接工具、酒精 1 瓶。

（4）组装与调试。

①利用焊接工具根据图 11.18 焊接制作电路模块。由于 QM-N5 的引脚较万能板的过孔

粗，所以要用台钻扩孔，或将 QM-N5 的引脚用引线加长。

②将直流稳压电源的电源、地连接到电路中，并将输出电压旋至最低。

③再次检查连接线路，确认正确后进行加电测量实验。

④如果不能检测气体，那么先使用万用表检测 QM-N5 的 2 引脚和 5 引脚的加热电压是否正常，再测量 LM3914 的 5 引脚电压，逐步排除故障。

### 4．霍尔计数器

（1）制作要求。可以用于检测直流电动机转速的传感器较多，如霍尔式传感器、光电开关等。图 11.19 所示为光电开关检测转速的原理，光电开关的信号经过放大整形电路送入数字频率计就可计算出转速。

假定调制盘上有 $n$ 个齿，电动机转动一圈产生 $n$ 个脉冲信号，数字频率计的频率为 $f$，则电动机的转速为 $S=(f/n)\times60$（单位为 r/min）。在图 11.19 中，调制盘上有 6 个齿，电动机转动一圈产生 6 个脉冲信号，假定数字频率计的频率为 100Hz，则电动机的转速 $S=(100/6)\times60=1000$r/min。如果方便直接利用电动机齿轮产生的脉冲来计数，就可以不用调制盘。

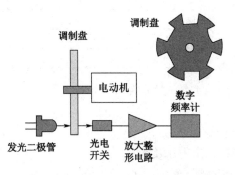

图 11.19　光电开关检测转速的原理

如果选择的是霍尔式传感器，那么要使用磁钢，磁钢的个数就相当于调制盘上齿的个数，其计算方法和采用调制盘时类似。

如果不采用频率计计数，那么可将整形后的脉冲信号输入单片机，用单片机编程来完成计数，同时设计显示电路显示电动机的转速。下面将详细介绍此种方式。

思政小视频

微课：传感器应用-霍尔测速

（2）计数器电路如图 11.20 所示。

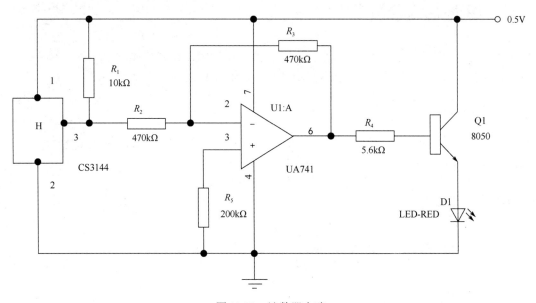

图 11.20　计数器电路

（3）元器件和工具设备。

①霍尔计数器元器件表如表11.10所示。

表 11.10　霍尔计数器元器件表

| 序号 | 名称 | 标号 | 数量（个） | 规格 |
| --- | --- | --- | --- | --- |
| 1 | 霍尔式传感器 | H | 1 | CS3144（或 AH3144E） |
| 2 | 色环电阻 | R1 | 1 | 10kΩ |
| 3 | 色环电阻 | R2、R3 | 2 | 470kΩ |
| 4 | 色环电阻 | R4 | 1 | 5.6kΩ |
| 5 | 色环电阻 | R5 | 1 | 200kΩ |
| 6 | 集成电路 | U1:A | 1 | UA741 |
| 7 | 集成电路插座 |  | 1 | 8 引脚 |
| 8 | 绿色发光二极管 | VD1 | 1 | 普通 |
| 9 | NPN 三极管 | Q1 | 1 | 8050 或 9014 |
| 10 | PCB（万能板） |  | 1 | 6cm×7cm |
| 11 | 松香、焊锡、导线 |  | 适量 |  |

② 工具设备：数字万用表、稳压电源、电烙铁等装接工具、小磁铁 1 块。

（4）组装与调试。

① 利用焊接工具根据图 11.20 焊接制作霍尔式传感器模块。

② 将直流稳压电源的电源、地连接到电路中，并将输出电压旋至最低。

③ 再次检查连接线路，确认正确后进行加电测量实验。正常情况下，若小磁铁靠近霍尔式传感器，则发光二极管亮；若小磁铁离开霍尔式传感器，则发光二极管灭。

④ 如果不能检测磁性物体，那么先使用万用表检测霍尔式传感器工作电压是否正常，输出是否正常；然后检测 UA741 的工作电压是否正常，输出是否正常；再检测三极管是否正确连接，输出是否正常，逐步排除故障。

# 三、传感器综合制作

思政小视频

微课：大国工匠
高凤林

前面的小制作都比较简单，但传感器应用的趋势是智能化、网络化，因此下面将传感器、单片机结合起来进行传感器综合制作。

## 1.数字温度计

（1）制作要求分析。使用集成温度传感器 LM35 采集温度值，并在 LCD 液晶显示器上显示温度值。根据此要求，选择硬件。采用 AT89C51+LM35+ADC0808+LMO16L 等元器件完成电路设计。

（2）电路设计。

①电路仿真：打开 Proteus 软件，加入如图 11.21 所示的元器件，制作如图 11.22 所示的数字温度计仿真电路。

```
P L    DEVICES
74LS02
ADC0808
AT89C51
CAP
CAP-ELEC
CRYSTAL
LM016L
LM35
POT-HG
RES
[74LS02]
```

图 11.21　温度采集显示仿真元器件

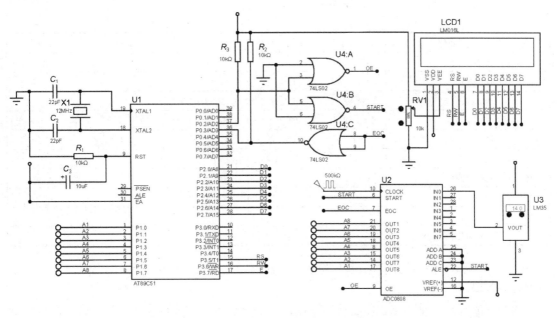

图 11.22 数字温度计仿真电路

**注意：** 在 ADC0808 的数据输出引脚中，21 引脚为高位，7 引脚为低位，如果高、低位接反了，就无法显示电压值。

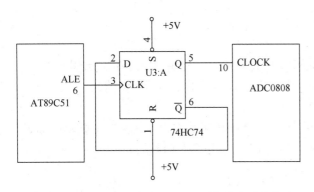

图 11.23 由硬件电路产生 ADC0808 的数字时钟信号

CLOCK 端使用的是数字时钟信号，频率为 500kHz。在实际应用中，可以采用定时器产生此数字时钟信号，也可采用 D 触发器对单片机的 ALE 上的 1/6 主频脉冲进行分频，形成此数字时钟信号，如图 11.23 所示。

温度传感器使用的是 LM35。LM35 是把温度传感器与放大电路做在一个硅片上，形成的一个集成温度传感器。它是一种输出电压与摄氏温度成正比的温度传感器，其灵敏度为 10mV/℃，工作温度范围为 0～100℃，因此其输出电压范围为 0～0.99V。

在设计基于传感器和单片机的控制系统时，可以采用先仿真再实做的方法。仿真可以验证系统是否正确，程序设计有无明显错误，可以提高项目制作的效率。

② 使用 Proteus 软件设计电路图。

（3）PCB 制作。根据设计要求制作 PCB，备好元器件，焊接元器件。焊接完成，进行硬件测试。

① 数字温度计元器件表如表 11.11 所示。

表 11.11 数字温度计元器件表

| 序号 | 名称 | 标号 | 数量（个） | 规格 |
|---|---|---|---|---|
| 1 | 温度传感器 | U3 | 1 | LM35 |
| 2 | 单片机 | U1 | 1 | STC89C52（以此代替 AT89C51） |
| 3 | 液晶显示器 | LCD1 | 1 | LCD1602 |

| 序号 | 名称 | 标号 | 数量（个） | 规格 |
|---|---|---|---|---|
| 4 | A/D 转换器 | U2 | 1 | AD0808 |
| 5 | D 触发器 | U3 | 1 | 74HC74 |
| 6 | 反相器 | U4 | 3 | 74LS02 |
| 7 | 色环电阻 | R1～R3 | 3 | 10kΩ |
| 8 | 精密电位器 | RV1 | 1 | 10kΩ |
| 9 | 瓷片电容 | C1、C2 | 2 | 22pF |
| 10 | 电解电容 | C3 | 1 | 10uF |
| 11 | 晶振 | X1 | 1 | 12MHz |
| 12 | 接插件、导线等 | | 若干 | |
| 13 | 松香、焊锡、导线 | | 适量 | |

② 工具设备：数字万用表、稳压电源、示波器、电烙铁等装接工具、计算机 1 台、USB 口程序下载器。

（4）程序设计。采用 KEIL C 编写程序，并调试通过，生成可执行文件。数字温度计参考程序见附录 C。

（5）软硬件联合调试。使用下载软件和工具下载程序文件到单片机，程序下载完成，先查看液压显示器能否正确显示温度值。如果能够显示，就采用对比法，记录测试温度数据，分析温度测量精度是否达到要求。

### 2.超声波测距仪

（1）制作要求。用一款成熟的低成本的产品（超声波测距模块 HC-SR04）制作一个测距仪，测量范围为 0.1～4.0m，分辨率为 1cm，要求在液晶显示器上显示测量值。

（2）电路说明。

①HC-SR04 传感器说明。图 11.24 所示为 HC-SR04 传感器实物，其 4 个引脚功能如下。

VCC：+5V 电源（接 STM32 单片机的 3.3V 输入端也是没有问题的）。

Trig：触发控制信号输入端。

Echo：接收端。

GND：地。

**注意**：单片机硬件引脚连接要和程序设计的引脚定义一致。

```
sbit RX=P2^7; //接收端Echo接单片机的P2.7口
sbit TX=P2^6; //发送端Trig接单片机的P2.6口
```

图 11.24　HC-SR04 传感器实物

HC-SR04 传感器的电气参数表如表 11.12 所示。

表 11.12　HC-SR04 传感器的电气参数表

| 名称 | 电气参数 |
|---|---|
| 工作电压 | 5V DC |
| 工作电流 | 15mA |
| 工作频率 | 40Hz |
| 最远射程 | 4m |
| 最近射程 | 2cm |
| 测量角度 | 15° |
| 输入触发信号 | 10μs 的 TTL 脉冲 |
| 输出回响信号 | 输出 TTL 信号，与射程成比例 |
| 规格尺寸 | 45mm×20mm×15mm |

②电路连接。使用一款 51 单片机的开发板（要求带 LCD 显示器），先给超声波模块接入电源和地，然后根据程序将 LCD 显示器的 RS、RW、E 和数据端口 P0 连接好，将超声波传感器的发送端和接收端连接好。

（3）元器件和工具设备。

① 超声波测距元器件表如表 11.13 所示。

表 11.13　超声波测距元器件表

| 序号 | 名称 | 标号 | 数量（个） | 规格 |
|---|---|---|---|---|
| 1 | 超声波传感器 | U3 | 1 | HC-SR04 |
| 2 | 单片机 | U1 | 1 | STC89C52 |
| 3 | 液晶显示器 | LCD1 | 1 | LCD1602 |
| 4 | 色环电阻 | R1~R3 | 3 | 10kΩ |
| 5 | 精密电位器 | RV1 | 1 | 10kΩ |
| 6 | 瓷片电容 | C1、C2 | 2 | 22pF |
| 7 | 电解电容 | C3 | 1 | 10uF |
| 8 | 晶振 | X1 | 1 | 12MHz |
| 9 | 接插件、导线等 | | 若干 | |
| 10 | 松香、焊锡、导线 | | 适量 | |

② 工具设备：数字万用表、稳压电源、示波器、电烙铁等装接工具、计算机 1 台、USB口程序下载器、5m 钢卷尺和反射板。

（4）程序设计。要学习和应用传感器，学会看懂传感器的时序图是很关键的，下面来分析一下如图 11.25 所示的 HC-SR04 的时序图。

先给脉冲触发引脚（Trig）输入一个长为 10μs 的 TTL 方波。模块会自动发射 8 个 40kHz的脉冲以驱动超声波发射器，与此同时回波引脚（Echo）端的电平会由 0 变为 1；控制器检测到回波信号变为高电平开始计时，并在检测到回波信号变为低电平停止计时，定时器记下的这个时间即为超声波由发射到返回的总时长 $t$。根据声音在空气中的速度为 344m/s，即可计算出所测的距离 $S$：

$$S = t \times 340 \div 2 = 172 \text{（m）}$$

**注意**：为防止发射信号对回波信号的影响，可以将测量周期设置在 60ms 以上。

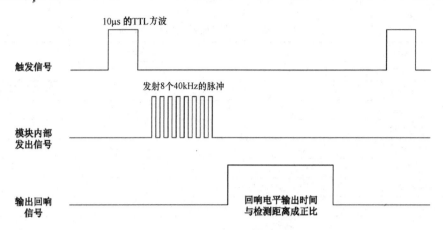

图 11.25　HC-RS04 的时序图

使用 KEIL C 编写控制程序，编译生成可执行文件，超声波测距仪参考程序见附录 D。

（5）使用下载软件和工具下载程序文件到单片机。

（6）软硬件联合调试。程序下载完成，先看显示器能否正确显示温度值。如果能够显示，就利用钢卷尺、反射板按表 11.14 所给出的距离测试 3 组数据，并进行结果分析。

表 11.14　超声波测距数据记录表

| 序号 | 距离 | | | | | | | |
|---|---|---|---|---|---|---|---|---|
| | 0.50m | 1.00m | 1.50m | 2.00m | 2.50m | 3.00m | 3.50m | 4.00m |
| 1 | | | | | | | | |
| 2 | | | | | | | | |
| 3 | | | | | | | | |

## 四、传感器综合应用

当今社会，物联网、智能家居、智能安防、自动驾驶等技术的不断发展，推进了传感器技术的发展和应用。下面以智能家居为例进行介绍。某智能家居项目安装点位图如图 11.26 所示。

图 11.26 所示的智能家居项目中主要包含家庭防盗、家庭安全、智能照明、环境监测、智能家电控制、窗帘窗户控制等功能模块，其中部分使用传感器的模块如表 11.15 所示。从表 11.15 中可以知道，传感器技术实实在在地进入了我们的生活，改变了我们的生活，提升了我们的生活品质，让我们的生活更加安全舒适，更加节能环保。

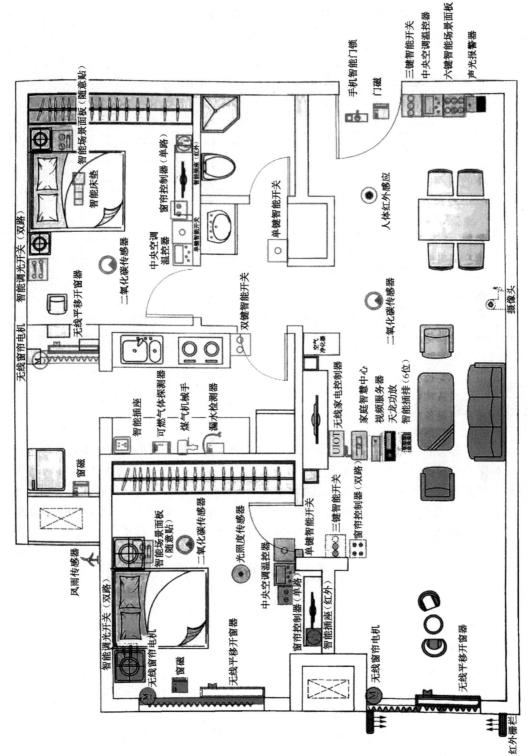

图 11.26　某智能家居项目安装点位图

表 11.15　智能家居项目中部分使用传感器的模块

| 序号 | 智能家居模块 | 传感器名称 | 数量（个） |
|---|---|---|---|
| 1 | 家庭防盗 | 手机智能门锁（含指纹、密码、刷卡） | 1 |
| | | 无线 Zigbee 近距红外栅栏 | 1 |
| | | 智能无线 Zigbee 声光报警 | 1 |
| | | 智能网络摄像头（含云台） | 1 |
| | | 无线 Zigbee 红外探测器（电池） | 1 |
| | | 无线 Zigbee 门磁 | 1 |
| | | 无线 Zigbee 窗磁 | 2 |
| 2 | 家庭安全 | 无线 Zigbee 风雨传感器套件 | 1 |
| | | 无线 Zigbee 燃气泄漏监测器 | 1 |
| | | 煤气开关机械手（直阀） | 1 |
| | | 无线 Zigbee 漏水检测器 | 1 |
| 3 | 环境监测 | 无线 Zigbee 光照传感器 | 1 |
| | | 无线 Zigbee 二氧化碳传感器 | 3 |
| | | 无线 Zigbee 空气净化器 | 1 |
| | | 中央空调无线智能控制面板 | 3 |

项目小结

　　传感器能够感知信息的变化，这只是信息处理的第一步，要实现信息的采集、处理、控制，必须要对传感器信号进行放大、抗干扰处理，将其转换为标准信号才能进行 A/D 转换或幅频转换，将其变化为数字信号，送入微处理器进行处理。在本项目中，介绍了传感器信号处理的各种实用电路，并循序渐进地通过 4 个传感器小制作、2 个结合单片机和传感器的综合制作，以及传感器在智能家居中的综合应用介绍了传感器综合应用技术。

# 思　考　练　习

## 1. 填空题

　　（1）传感器按输出信号的类型分为（　　　　）和（　　　　　）。

　　（2）将模拟信号转换为数字信号，可以采用（　　　　）和（　　　　　）两种方式。

　　（3）在传感器电路的信号传递中，所出现的与被测量无关的随机信号被称为（　　）。

　　（4）由噪声所造成的不良效应被称为（　　　）。

　　（5）某型传感器的输出为 0～5V 的电压信号，要连接（　　　　）元器件，才能使用单片机进行处理。

　　（6）根据图 11.16，选择一种量程为 50kg，工作电压为 24V，输出信号为 0～5V，安装形式为直接引线，采用螺栓固定的称重传感器，型号为（　　　　　　　　　　　　）

### 2. 单项选择题

（1）输出量为电阻的传感器为（     ）。

      A．热电偶           B．压电式传感器     C．应变片             D．光电池

（2）下面哪个选项不是形成噪声干扰的三要素之一？（       ）

      A．噪声源           B．通道               C．接收电路           D．处理器

（3）下面哪个选项不是硬件抗干扰技术？（       ）

      A．屏蔽技术         B．接地技术         C．冗余技术           D．隔离技术

（4）对温度传感器的输出信号进行滤波处理，常采用哪种滤波器？（       ）

      A．低通滤波器       B．高通滤波器       C．带通滤波器       D．带阻滤波器

### 3. 简答题

（1）传感器输出信号有何特点？

（2）简述抗干扰的方式。

（3）简要说明开发基于单片机结合传感器的应用系统的步骤。

（4）简要说明图 11.26 所示的智能家居项目采用了哪些传感器。

# 附录 A  分度表

表 A-1  Pt100 热电阻分度表

| 温度<br>(℃) | 0 | 1 | 2 | 3 | 4 | 5 | 6 | 7 | 8 | 9 |
|---|---|---|---|---|---|---|---|---|---|---|
| | 电阻值（Ω） | | | | | | | | | |
| −200 | 18.52 | — | — | — | — | — | — | — | — | — |
| −190 | 22.83 | 22.40 | 21.97 | 21.54 | 21.11 | 20.68 | 20.25 | 19.82 | 19.38 | 18.95 |
| −180 | 27.10 | 26.67 | 26.24 | 25.82 | 25.39 | 24.97 | 24.54 | 24.11 | 23.68 | 23.25 |
| −170 | 31.34 | 30.91 | 30.49 | 30.07 | 29.64 | 29.22 | 28.80 | 28.37 | 27.95 | 27.52 |
| −160 | 35.54 | 35.12 | 34.70 | 34.28 | 33.86 | 33.44 | 33.02 | 32.60 | 32.18 | 31.76 |
| −150 | 39.72 | 39.31 | 38.89 | 38.47 | 38.05 | 37.64 | 37.22 | 36.80 | 36.38 | 35.96 |
| −140 | 43.88 | 43.46 | 43.05 | 42.63 | 42.22 | 41.80 | 41.39 | 40.97 | 40.56 | 40.14 |
| −130 | 48.00 | 47.59 | 47.18 | 46.77 | 46.36 | 45.94 | 45.53 | 45.12 | 44.70 | 44.29 |
| −120 | 52.11 | 51.70 | 51.29 | 50.88 | 50.47 | 50.06 | 49.65 | 49.24 | 48.83 | 48.42 |
| −110 | 56.19 | 55.79 | 55.38 | 54.97 | 54.56 | 54.15 | 53.75 | 53.34 | 52.93 | 52.52 |
| −100 | 60.26 | 59.85 | 59.44 | 59.04 | 58.63 | 58.23 | 57.82 | 57.41 | 57.01 | 56.60 |
| −90 | 64.30 | 63.90 | 63.49 | 63.09 | 62.68 | 62.28 | 61.88 | 61.47 | 61.07 | 60.66 |
| −80 | 68.33 | 67.92 | 67.52 | 67.12 | 66.72 | 66.31 | 65.91 | 65.51 | 65.11 | 64.70 |
| −70 | 72.33 | 71.93 | 71.53 | 71.13 | 70.73 | 70.33 | 69.93 | 69.53 | 69.13 | 68.73 |
| −60 | 76.33 | 75.93 | 75.53 | 75.13 | 74.73 | 74.33 | 73.93 | 73.53 | 73.13 | 72.73 |
| −50 | 80.31 | 79.91 | 79.51 | 79.11 | 78.72 | 78.32 | 77.92 | 77.52 | 77.12 | 76.73 |
| −40 | 84.27 | 83.87 | 83.48 | 83.08 | 82.69 | 82.29 | 81.89 | 81.50 | 81.10 | 80.70 |
| −30 | 88.22 | 87.83 | 87.43 | 87.04 | 86.64 | 86.25 | 85.85 | 85.46 | 85.06 | 84.67 |
| −20 | 92.16 | 91.77 | 91.37 | 90.98 | 90.59 | 90.19 | 89.80 | 89.40 | 89.01 | 88.62 |
| −10 | 96.09 | 95.69 | 95.30 | 94.91 | 94.52 | 94.12 | 93.73 | 93.34 | 92.95 | 92.55 |
| 0 | 100.00 | 99.61 | 99.22 | 98.83 | 98.44 | 98.04 | 97.65 | 97.26 | 96.87 | 96.48 |
| 0 | 100.00 | 100.39 | 100.78 | 101.17 | 101.56 | 101.95 | 102.34 | 102.73 | 103.12 | 103.51 |
| 10 | 103.90 | 104.29 | 104.68 | 105.07 | 105.46 | 105.85 | 106.24 | 106.63 | 107.02 | 107.40 |
| 20 | 107.79 | 108.18 | 108.57 | 108.96 | 109.35 | 109.73 | 110.12 | 110.51 | 110.90 | 111.29 |
| 30 | 111.67 | 112.06 | 112.45 | 112.83 | 113.22 | 113.61 | 114.00 | 114.38 | 114.77 | 115.15 |
| 40 | 115.54 | 115.93 | 116.31 | 116.70 | 117.08 | 117.47 | 117.86 | 118.24 | 118.63 | 119.01 |
| 50 | 119.40 | 119.78 | 120.17 | 120.55 | 120.94 | 121.32 | 121.71 | 122.09 | 122.47 | 122.86 |
| 60 | 123.24 | 123.63 | 124.01 | 124.39 | 124.78 | 125.16 | 125.54 | 125.93 | 126.31 | 126.69 |
| 70 | 127.08 | 127.46 | 127.84 | 128.22 | 128.61 | 128.99 | 129.37 | 129.75 | 130.13 | 130.52 |
| 80 | 130.90 | 131.28 | 131.66 | 132.04 | 132.42 | 132.80 | 133.18 | 133.57 | 133.95 | 134.33 |
| 90 | 134.71 | 135.09 | 135.47 | 135.85 | 136.23 | 136.61 | 136.99 | 137.37 | 137.75 | 138.13 |
| 100 | 138.51 | 138.88 | 139.26 | 139.64 | 140.02 | 140.40 | 140.78 | 141.16 | 141.54 | 141.91 |
| 110 | 142.29 | 142.67 | 143.05 | 143.43 | 143.80 | 144.18 | 144.56 | 144.94 | 145.31 | 145.69 |
| 120 | 146.07 | 146.44 | 146.82 | 147.20 | 147.57 | 147.95 | 148.33 | 148.70 | 149.08 | 149.46 |
| 130 | 149.83 | 150.21 | 150.58 | 150.96 | 151.33 | 151.71 | 152.08 | 152.46 | 152.83 | 153.21 |
| 140 | 153.58 | 153.96 | 154.33 | 154.71 | 155.08 | 155.46 | 155.83 | 156.20 | 156.58 | 156.95 |

续表

| 温度<br>(℃) | 0 | 1 | 2 | 3 | 4 | 5 | 6 | 7 | 8 | 9 |
|---|---|---|---|---|---|---|---|---|---|---|
| | 电阻值（Ω） | | | | | | | | | |
| 150 | 157.33 | 157.70 | 158.07 | 158.45 | 158.82 | 159.19 | 159.56 | 159.94 | 160.31 | 160.68 |
| 160 | 161.05 | 161.43 | 161.80 | 162.17 | 162.54 | 162.91 | 163.29 | 163.66 | 164.03 | 164.40 |
| 170 | 164.77 | 165.14 | 165.51 | 165.89 | 166.26 | 166.63 | 167.00 | 167.37 | 167.74 | 168.11 |
| 180 | 168.48 | 168.85 | 169.22 | 169.59 | 169.96 | 170.33 | 170.70 | 171.07 | 171.43 | 171.80 |
| 190 | 172.17 | 172.54 | 172.91 | 173.28 | 173.65 | 174.02 | 174.38 | 174.75 | 175.12 | 175.49 |
| 200 | 175.86 | 176.22 | 176.59 | 176.96 | 177.33 | 177.69 | 178.06 | 178.43 | 178.79 | 179.16 |
| 210 | 179.53 | 179.89 | 180.26 | 180.63 | 180.99 | 181.36 | 181.72 | 182.09 | 182.46 | 182.82 |
| 220 | 183.19 | 183.55 | 183.92 | 184.28 | 184.65 | 185.01 | 185.38 | 185.74 | 186.11 | 186.47 |
| 230 | 186.84 | 187.20 | 187.56 | 187.93 | 188.29 | 188.66 | 189.02 | 189.38 | 189.75 | 190.11 |
| 240 | 190.47 | 190.84 | 191.20 | 191.56 | 191.92 | 192.29 | 192.65 | 193.01 | 193.37 | 193.74 |
| 250 | 194.10 | 194.46 | 194.82 | 195.18 | 195.55 | 195.91 | 196.27 | 196.63 | 196.99 | 197.35 |
| 260 | 197.71 | 198.07 | 198.43 | 198.79 | 199.15 | 199.51 | 199.87 | 200.23 | 200.59 | 200.95 |
| 270 | 201.31 | 201.67 | 202.03 | 202.39 | 202.75 | 203.11 | 203.47 | 203.83 | 204.19 | 204.55 |
| 280 | 204.90 | 205.26 | 205.62 | 205.98 | 206.34 | 206.70 | 207.05 | 207.41 | 207.77 | 208.13 |
| 290 | 208.48 | 208.84 | 209.20 | 209.56 | 209.91 | 210.27 | 210.63 | 210.98 | 211.34 | 211.70 |
| 300 | 212.05 | 212.41 | 212.76 | 213.12 | 213.48 | 213.83 | 214.19 | 214.54 | 214.90 | 215.25 |
| 310 | 215.61 | 215.96 | 216.32 | 216.67 | 217.03 | 217.38 | 217.74 | 218.09 | 218.44 | 218.80 |
| 320 | 219.15 | 219.51 | 219.86 | 220.21 | 220.57 | 220.92 | 221.27 | 221.63 | 221.98 | 222.33 |
| 330 | 222.68 | 223.04 | 223.39 | 223.74 | 224.09 | 224.45 | 224.80 | 225.15 | 225.50 | 225.85 |
| 340 | 226.21 | 226.56 | 226.91 | 227.26 | 227.61 | 227.96 | 228.31 | 228.66 | 229.02 | 229.37 |
| 350 | 229.72 | 230.07 | 230.42 | 230.77 | 231.12 | 231.47 | 231.82 | 232.17 | 232.52 | 232.87 |
| 360 | 233.21 | 233.56 | 233.91 | 234.26 | 234.61 | 234.96 | 235.31 | 235.66 | 236.00 | 236.35 |
| 370 | 236.70 | 237.05 | 237.40 | 237.74 | 238.09 | 238.44 | 238.79 | 239.13 | 239.48 | 239.83 |
| 380 | 240.18 | 240.52 | 240.87 | 241.22 | 241.56 | 241.91 | 242.26 | 242.60 | 242.95 | 243.29 |
| 390 | 243.64 | 243.99 | 244.33 | 244.68 | 245.02 | 245.37 | 245.71 | 246.06 | 246.40 | 246.75 |
| 400 | 247.09 | 247.44 | 247.78 | 248.13 | 248.47 | 248.81 | 249.16 | 249.50 | 245.85 | 250.19 |
| 410 | 250.53 | 250.88 | 251.22 | 251.56 | 251.91 | 252.25 | 252.59 | 252.93 | 253.28 | 253.62 |
| 420 | 253.96 | 254.30 | 254.65 | 254.99 | 255.33 | 255.67 | 256.01 | 256.35 | 256.70 | 257.04 |
| 430 | 257.38 | 257.72 | 258.06 | 258.40 | 258.74 | 259.08 | 259.42 | 259.76 | 260.10 | 260.44 |
| 440 | 260.78 | 261.12 | 261.46 | 261.80 | 262.14 | 262.48 | 262.82 | 263.16 | 263.50 | 263.84 |
| 450 | 264.18 | 264.52 | 264.86 | 265.20 | 265.53 | 265.87 | 266.21 | 266.55 | 266.89 | 267.22 |
| 460 | 267.56 | 267.90 | 268.24 | 268.57 | 268.91 | 269.25 | 269.59 | 269.92 | 270.26 | 270.60 |
| 470 | 270.93 | 271.27 | 271.61 | 271.94 | 272.28 | 272.61 | 272.95 | 273.29 | 273.62 | 273.96 |
| 480 | 274.29 | 274.63 | 274.96 | 275.30 | 275.63 | 275.97 | 276.30 | 276.64 | 276.97 | 277.31 |
| 490 | 277.64 | 277.98 | 278.31 | 278.64 | 278.98 | 279.31 | 279.64 | 279.98 | 280.31 | 280.64 |
| 500 | 280.98 | 281.31 | 281.64 | 281.98 | 282.31 | 282.64 | 282.97 | 283.31 | 283.64 | 283.97 |
| 510 | 284.30 | 284.63 | 284.97 | 285.30 | 285.63 | 285.96 | 286.29 | 286.62 | 286.85 | 287.29 |
| 520 | 287.62 | 287.95 | 288.28 | 288.61 | 288.94 | 289.27 | 289.60 | 289.93 | 290.26 | 290.59 |
| 530 | 290.92 | 291.25 | 291.58 | 291.91 | 292.24 | 292.56 | 292.89 | 293.22 | 293.55 | 293.88 |
| 540 | 294.21 | 294.54 | 294.86 | 295.19 | 295.52 | 295.85 | 296.18 | 296.50 | 296.83 | 297.16 |

续表

| 温度<br>（℃） | 0 | 1 | 2 | 3 | 4 | 5 | 6 | 7 | 8 | 9 |
|---|---|---|---|---|---|---|---|---|---|---|
| | 电阻值（Ω） | | | | | | | | | |
| 550 | 297.49 | 297.81 | 298.14 | 298.47 | 298.80 | 299.12 | 299.45 | 299.78 | 300.10 | 300.43 |
| 560 | 300.75 | 301.08 | 301.41 | 301.73 | 302.06 | 302.38 | 302.71 | 303.03 | 303.36 | 303.69 |
| 570 | 304.01 | 304.34 | 304.66 | 304.98 | 305.31 | 305.63 | 305.96 | 306.28 | 306.61 | 306.93 |
| 580 | 307.25 | 307.58 | 307.90 | 308.23 | 308.55 | 308.87 | 309.20 | 309.52 | 309.84 | 310.16 |
| 590 | 310.49 | 310.81 | 311.13 | 311.45 | 311.78 | 312.10 | 312.42 | 312.74 | 313.06 | 313.39 |
| 600 | 313.71 | 314.03 | 314.35 | 314.67 | 314.99 | 315.31 | 315.64 | 315.96 | 316.28 | 316.60 |
| 610 | 316.92 | 317.24 | 317.56 | 317.88 | 318.20 | 318.52 | 318.84 | 319.16 | 319.48 | 319.80 |
| 620 | 320.12 | 320.43 | 320.75 | 321.07 | 321.39 | 321.71 | 322.03 | 322.35 | 322.67 | 322.98 |
| 630 | 323.30 | 323.62 | 323.94 | 324.26 | 324.57 | 324.89 | 325.21 | 325.53 | 325.84 | 326.16 |
| 640 | 326.48 | 326.79 | 327.11 | 327.43 | 327.74 | 328.06 | 328.38 | 328.69 | 329.01 | 329.32 |
| 650 | 329.64 | 329.96 | 330.27 | 330.59 | 330.90 | 331.22 | 331.53 | 331.85 | 332.16 | 332.48 |
| 660 | 332.79 | | | | | | | | | |

表 A-2　B 型热电偶分度表

| 参考温度（℃） | 0 | 10 | 20 | 30 | 40 | 50 | 60 | 70 | 80 | 90 |
|---|---|---|---|---|---|---|---|---|---|---|
| 温度（℃） | 热电势 mV | | | | | | | | | |
| 0 | 0 | -0.002 | -0.003 | -0.002 | 0 | 0.002 | 0.006 | 0.011 | 0.017 | 0.025 |
| 100 | 0.033 | 0.043 | 0.0053 | 0.065 | 0.078 | 0.092 | 0.107 | 0.123 | 0.14 | 0.159 |
| 200 | 0.178 | 0.199 | 0.22 | 0.243 | 0.266 | 0.291 | 0.317 | 0.344 | 0.372 | 0.401 |
| 300 | 0.431 | 0.462 | 0.494 | 0.527 | 0.561 | 0.596 | 0.632 | 0.669 | 0.707 | 0.746 |
| 400 | 0.786 | 0.827 | 0.87 | 0.913 | 0.975 | 1.002 | 1.348 | 1.095 | 1.543 | 1.192 |
| 500 | 1.241 | 1.292 | 1.344 | 1.397 | 1.45 | 1.505 | 1.56 | 1.617 | 1.674 | 1.732 |
| 600 | 1.791 | 1.851 | 1.912 | 1.974 | 2.036 | 2.1 | 2.164 | 2.23 | 2.296 | 2.363 |
| 700 | 2.43 | 2.499 | 2.569 | 2.639 | 2.71 | 2.782 | 2.855 | 2.928 | 3.003 | 3.078 |
| 800 | 3.154 | 3.231 | 3.308 | 3.387 | 3.466 | 3.546 | 3.626 | 3.708 | 3.79 | 3.873 |
| 900 | 3.957 | 4.041 | 4.126 | 4.212 | 4.298 | 4.386 | 4.474 | 4.562 | 4.652 | 4.742 |
| 1000 | 4.833 | 4.924 | 5.016 | 5.109 | 5.202 | 5.297 | 5.391 | 5.487 | 5.583 | 5.68 |
| 1100 | 5.777 | 5.875 | 5.973 | 6.073 | 6.172 | 6.273 | 6.374 | 6.475 | 6.577 | 6.68 |
| 1200 | 6.783 | 6.887 | 6.991 | 7.096 | 7.202 | 7.308 | 7.414 | 7.521 | 7.628 | 7.736 |
| 1300 | 7.845 | 7.953 | 8.063 | 8.192 | 8.283 | 8.393 | 8.504 | 8.616 | 8.727 | 8.839 |
| 1400 | 8.952 | 9.065 | 9.178 | 9.291 | 9.405 | 9.519 | 9.634 | 9.748 | 9.863 | 9.979 |
| 1500 | 10.094 | 10.21 | 10.325 | 10.441 | 10.558 | 10.674 | 10.79 | 10.907 | 11.024 | 11.141 |
| 1600 | 11.257 | 11.374 | 11.491 | 11.608 | 11.725 | 11.842 | 11.959 | 12.076 | 12.193 | 12.31 |
| 1700 | 12.426 | 12.543 | 12.659 | 12.776 | 12.892 | 13.008 | 13.124 | 13.239 | 13.354 | 13.47 |
| 1800 | 13.585 | 13.699 | 13.814 | — | — | — | — | — | — | — |

读数方法：左边的 0 代表 0℃的温度。例如，0℃对应 0mV，50℃对应 0.002mV，1820℃对应 13.814mV。

# 附录 B 实训报告撰写要求

一、报告的封面

封面内容包含课程名称、实训名称、指导教师姓名、学生班级、姓名等。

二、摘要、关键词

三、报告目录

自动生成报告目录。

四、报告正文（根据实训内容变化）

1．设计要求

利用振动传感器制作一个振动式报警器，要求当报警器受到振动时发出报警声；再次受到振动时再报警。

2．设计电路图

3．原理说明

4．元器件清单

5．元器件介绍

（1）振动传感器。

（2）CD4013。

（3）压电陶瓷蜂鸣器。

6．制作与调试

五、实训总结

六、参考文献

# 附录 C　数字温度计参考程序

```
//程序：lm35.c
//功能：A/D 转换，LCD 液晶显示温度程序
#include <REG51.H>
#include <INTRINS.H>              //库函数头文件，代码中引用了_nop_（）函数
#define uchar   unsigned char     //无符号字符型数据预定义为 uchar
#define uint    unsigned int      //无符号字符型数据预定义为 uint
// 定义 LCD 控制信号端口
sbit RS= P3^5;                    //P3.5
sbit RW= P3^6;                    //P3.6
sbit E= P3^7;                     //P3.7

uchar   dat[16];                  //此数组用于显示温度值。
sbit P0_2=P0^2;                   //可寻址位定义
sbit P0_3=P0^3;

// 声明调用函数
void lcd_w_cmd（unsigned char com）;    //写命令字函数
void lcd_w_dat（unsigned char dat）;    //写数据函数
unsigned char lcd_r_start（）;          //读状态函数
void int1（）;                          //LCD 初始化函数
void delay（unsigned char t）;          //可控延时函数
void delay1（）;                        //软件实现延时函数，5 个机器周期
void sepr（unsigned   char   i）;       //
void ad（void）;                        //

void main（）                           //主函数
{
unsigned char lcd[]="cqhtzy:dzx-tt!";
unsigned char i;
P2=0xff;                               // 送全 1 到 P2 口
int1（）;                              // 初始化 LCD
//delay（50）;
lcd_w_cmd（0x80）;                     // 设置显示位置
delay（50）;
for（i=0;i<16;i++）                    // 显示固定信息字符串
```

```
{
lcd_w_dat（lcd[i]）;
delay（50）;
}
while（1）
    {  ad（）;
        lcd_w_cmd（0xc0）;                // 设置显示位置
delay（50）;
for（i=0;i<10;i++）                // 显示电压字符串
{
lcd_w_dat（dat[i]）;
delay（50）;
}
    }


}
```

//函数名：delay
//函数功能：采用软件实现可控延时
//形式参数：延时时间控制参数存入变量 t 中
//返回值：无

```
void delay（unsigned char t）
{
unsigned char j，i;
for（i=0;i<t;i++）
for（j=0;j<50;j++）;
}
```

//函数名：delay1
//函数功能：采用软件实现延时，5 个机器周期
//形式参数：无
//返回值：无

```
void delay1（）
{
_nop_（）;
_nop_（）;
_nop_（）;
}
```

//函数名：int1
//函数功能：LCD 初始化
//形式参数：无
//返回值：无

```
void int1（）
```

```
{
lcd_w_cmd（0x3c）;    // 设置工作方式
lcd_w_cmd（0x0e）;    // 设置光标
lcd_w_cmd（0x01）;    // 清屏
lcd_w_cmd（0x06）;    // 设置输入方式
lcd_w_cmd（0x80）;    // 设置初始显示位置
}
//函数名：lcd_r_start
//函数功能：读状态字
//形式参数：无
//返回值：返回状态字，最高位 D7=0，LCD 控制器空闲；D7=1，LCD 控制器忙
unsigned char lcd_r_start（）
{
unsigned char s;
RW=1;                //RW=1，RS=0，读 LCD 状态
delay1（）;
RS=0;
delay1（）;
E=1;                 //E 端时序
delay1（）;
s=P2;                //从 LCD 的数据口读状态
delay1（）;
E=0;
delay1（）;
RW=0;
delay1（）;
return（s）;          //返回读取的 LCD 状态字
}
//函数名：lcd_w_cmd
//函数功能：写命令字
//形式参数：命令字已存入 com 单元中
//返回值：无
void lcd_w_cmd（unsigned char com）
{
unsigned char i;
do {                 //查 LCD 忙操作
i=lcd_r_start（）;    //调用读状态字函数
i=i&0x80;            //与操作屏蔽掉低 7 位
delay（2）;
} while（i!=0）;       //若 LCD 忙，则继续查询，否则退出循环
RW=0;
```

```
delay1（）；
RS=0;                          //RW=0，RS=0，写 LCD 命令字
delay1（）；
E=1;                           //E 端时序
delay1（）；
P2=com;                        //将 com 中的命令字写入 LCD 数据口
delay1（）；
E=0;
delay1（）；
RW=1;
delay（255）；
}
//函数名：lcd_w_dat
//函数功能：写数据
//形式参数：数据已存入 dat 单元中
//返回值：无
void lcd_w_dat（unsigned char dat）
{
unsigned char i;
do {                           //查忙操作
i=lcd_r_start（）；             //调用读状态字函数
i=i&0x80;                      //与操作屏蔽掉低 7 位
delay（2）；
} while（i!=0）；               //若 LCD 忙，则继续查询，否则退出循环
RW=0;
delay1（）；
RS=1;                          // RW=0，RS=0，写 LCD 命令字
delay1（）；
E=1;                           // E 端时序
delay1（）；
P2=dat;                        //将 dat 中的显示数据写入 LCD 数据口
delay1（）；
E=0;
delay1（）；
RW=1;
delay（255）；
}
void sepr（unsigned  char  i）  //拆分数据函数，显示为 Tem：xxx.xC 格式的温度值。
{
uint ch;
ch=i*196;                      // i×0.0196×10000，温度数字量转换为电压盾，并扩大 10000 倍
```

```
        dat[0]='T';
        dat[1]='e';
        dat[2]='m';
        dat[3]=':';
        dat[4]=ch/10000+'0';
        dat[5]=（ch%10000）/1000+'0';
        dat[6]=（ch%1000）/100+'0';
        dat[7]='.';
        dat[8]=（ch%100）/10+'0';
        dat[9]='C';
}
void ad（void）           //转换函数
{
        uchar a;
        unsigned char i;
//P0.2 引脚产生下降沿，START 和 ALE 引脚产生上升沿，锁存通道地址
//所有内部寄存器清 0
P0_2=1;
for（a=0;a<50;a++）;   //延时
P0_2=0;
for（a=0;a<50;a++）;   //延时
P0_2=1;                  //在 P0.2 上产生上升沿，START 上产生下降沿，A/D 转换开始
while（P0_3!=0）;       //等待转换完成，EOC=1 表示转换完成
P0_2=0;                  //P0_2=0，则 OE=1，允许读数
P1=0xff;                 //作为输入口，P1 口先置全 1
i=P1;                    //读入 A/D 转换数据
        sepr（i）;       //数据每位分开
}
```

# 附录 D　超声波测距仪参考程序

```c
#include <reg51.h>
#include <intrins.h>

//超声波传感器的 VCC 连接开发板的 VCC，GND 接单片机的地
sbit RX=P2^7;                          //接收端 Echo 接单片机的 P2.7 口
sbit TX=P2^6;                          //发送端 Trig 接单片机的 P2.6 口

//液晶显示器 1602 屏幕向外
sbit RS=P2^2;                          //定义 LCD 目录/数据选择端
sbit RW=P2^1;                          //定义 LCD 读/写选择端
sbit E=P2^0;                           //定义 LCD 使能端

unsigned char lcd0[]="Measuring    distance:";
unsigned char lcd1[]=" ERROR ";
unsigned char lcd2[]=" TURE ";
// unsigned char lcd3[]="999";
unsigned char lcd_r_start();           //读状态字函数
unsigned char i;
unsigned long S=0;
unsigned int    time=0;

void lcd_w_cmd（unsigned char com）;   //写命令字函数
void lcd_w_dat（unsigned char dat）;   //写数据函数
void lcd_int();                        //LCD 初始化函数
void int_1();
void delay（unsigned int ms）;
void delay1();
bit    flag=1;

//函数功能：LCD 初始化
void lcd_int()
{
 lcd_w_cmd（0x38）;                     //设置工作方式
 lcd_w_cmd（0x0C）;                     //设置光标
 lcd_w_cmd（0x01）;                     //清屏
```

```
      lcd_w_cmd（0x06）;        //设置输入方式
      lcd_w_cmd（0x80）;        //设置初始显示位置
   }
//函数功能：读状态字
//形式参数：无
//返回值：返回状态字，最高位 D7=0，LCD 控制器空闲；D7=1，LCD 控制器忙
      unsigned char lcd_r_start()
       {
       unsigned char s;
       RW=1;                   //RW=1，RS=0，读 LCD 状态
       delay1();
       RS=0;
       delay1();
       E=1;
       delay1();
       P0=s;                   //s=P0，从 LCD 的数据口读状态
       delay1();
       E=0;
       delay1();
       RW=0;
       delay1();
       return（s）;
       }
//函数功能：写命令字
//形式参数：命令字已存入 COM 单元中
//返回值：无
void lcd_w_cmd（unsigned char com）
   {
      unsigned char i;
      do{
        i=lcd_r_start();
        i&=0x80;
        delay（2）;
        }
        while（i!=0）;
        RW=0;
        delay1();
        RS=0;
        delay1();
        E=1;
        delay1();
```

```
        P0=com;
        delay1();
        E=0;
        delay1();
        RW=1;
        delay（255）;
}
//函数功能：写数据
//形式参数：数据已存入 dat 单元中
//返回值：无
void lcd_w_dat（unsigned char dat）
  {
     unsigned char i;
     do{
      i=lcd_r_start();
      i &=0x80;
      delay（2）;
       }
     while（i!=0）;
      RW=0;
      delay1();
      RS=1;
      delay1();
      E=1;
      delay1();
      P0=dat;
      delay1();
      E=0;
      delay1();
      RW=1;
      delay（255）;
  }
/******************超声波测距公式******************/
void Conut（void）
{
     time=TH0*256+TL0;
     TH0=0;
     TL0=0;
     S=（time*1.87）/100;        //算出来的数据的单位是 cm
     lcd_w_cmd（0xC0）;
     lcd_w_dat（S/100+0x30）; //送数据百位
```

```
        lcd_w_cmd（0xC1）;
        lcd_w_dat（S%100/10+0x30）;        //送数据十位
        lcd_w_cmd（0xC2）;
        lcd_w_dat（S%100%10+0x30）;        //送数据个位
        if（（S>=200）||flag==1）
        {
            flag=0;
            lcd_w_cmd（0xCA）;              //设置显示位置
            for（i=0;lcd1[i]!='\0';i++）     //显示字符串，字符串结束符为"\0"
            {
            lcd_w_dat（lcd1[i]）;}
        }
        else
        {
            lcd_w_cmd（0xCA）;              //设置显示位置
            for（i=0;lcd2[i]!='\0';i++）     //显示字符串，字符串结束符为"\0"
            {
            lcd_w_dat（lcd2[i]）;}
        }
    }
    void zd0() interrupt 1                     //T0 中断用来计数器溢出，超过测距范围
    {
        flag=1;                                //中断溢出标志
    }
    void    StartModule()                       //T1 中断用来扫描数码管和计 800ms 启动模块
    {
        TX=1;                                   //800ms  启动一次模块
        _nop_(); _nop_(); _nop_(); _nop_(); _nop_(); _nop_();
        _nop_(); _nop_(); _nop_(); _nop_(); _nop_(); _nop_();
        _nop_(); _nop_(); _nop_(); _nop_(); _nop_(); _nop_();
        _nop_(); _nop_(); _nop_(); TX=0;
    }
     void main()
    {
        delay（40）;
        lcd_int();
        TMOD=0x01;                              //设 T0 为方式 1，GATE=1;
        TH0=0;
        TL0=0;
        ET0=1;                                  //允许 T0 中断
        EA=1;
```

```
    P0=0xff;                            //送全 1 到 P0 口

    lcd_w_cmd（0x80）;                   //设置显示位置
    for（i=0;lcd0[i]!='\0';i++）          //显示字符串，字符串结束符为 "\0"
    {
    lcd_w_dat（lcd0[i]）;
    delay1();}
    lcd_w_cmd（0xc3）;
    lcd_w_dat（'c'）;
    lcd_w_cmd（0xc4）;
    lcd_w_dat（'m'）;

    while（1）
    {
        StartModule();
        while（!RX）;                     //当 RX 为零时等待
        TR0=1;                          //开启计数
        while（RX）;                      //当 RX 为 1 计数并等待
        TR0=0;                          //关闭计数
        Conut();                        //计算
        delay（80）;                      //80ms
    }
    }
/******************延时函数******************/
void delay（unsigned int i）
{
    unsigned int k，y;
    for（k=i;k>0;k--）
    for（y=1;y>0;y--）;
}
void delay1()
    {
    _nop_();
    _nop_();
    _nop_();
    }
```

# 参 考 文 献

[1]  杨少春，万少华，高友福，等. 传感器原理及应用[M]. 北京：电子工业出版社，2011.

[2]  张玉莲. 传感器与自动检测技术[M]. 北京：机械工业出版社，2009.

[3]  王晓敏，王志敏. 传感器检测技术及应用[M]. 北京：北京大学出版社，2011.

[4]  徐军，冯辉. 传感器技术基础与应用实训[M]. 北京：电子工业出版社，2010.

[5]  汤平，邱秀玲，陈晶瑾，等. 传感器及 RFID 技术应用[M]. 西安：西安电子科技大学出版社，2013.

[6]  兰子奇. 传感器应用技术[M]. 北京：高等教育出版社，2018.

[7]  程军. 传感器及实用检测技术[M]. 西安：西安电子科技大学出版社，2009.

[8]  金发庆. 传感器技术及其工程应用[M]. 北京：机械工业出版社，2012.

[9]  杨欣，张延强，张凯麟，等. 案例解读 51 单片机完全学习与应用[M]. 北京：电子工业出版社，2011.

[10] 蒋正炎，许妍妩，莫剑中，等. 工业机器人视觉技术及行业应用[M]. 北京：高等教育出版社，2018.

# 反侵权盗版声明

电子工业出版社依法对本作品享有专有出版权。任何未经权利人书面许可，复制、销售或通过信息网络传播本作品的行为；歪曲、篡改、剽窃本作品的行为，均违反《中华人民共和国著作权法》，其行为人应承担相应的民事责任和行政责任，构成犯罪的，将被依法追究刑事责任。

为了维护市场秩序，保护权利人的合法权益，我社将依法查处和打击侵权盗版的单位和个人。欢迎社会各界人士积极举报侵权盗版行为，本社将奖励举报有功人员，并保证举报人的信息不被泄露。

举报电话：（010）88254396；（010）88258888

传　　真：（010）88254397

E-mail：　　dbqq@phei.com.cn

通信地址：北京市万寿路 173 信箱

　　　　　电子工业出版社总编办公室

邮　　编：100036